“十二五”职业教育国家规划教材
经全国职业教育教材审定委员会审定
全国高职高专艺术设计类专业系列教材

# 室内与环境艺术设计制图

## 第2版

主　编　关俊良
副主编　蒋才冬　欧阳平
参　编　周翠微　王闽松
主　审　陈伟涛

机械工业出版社

本书是“十二五”职业教育国家规划教材，经全国职业教育教材审定委员会审定。主要内容包括：制图基础、投影的基本知识、轴测投影图、透视图、建筑工程图、室内装饰工程图、室外环境工程图。

本书在第1版的基础上，内容更简洁，重点更突出，符合高职教育的特点和改革方向，对室内设计和环境艺术设计专业有较强的针对性和较好的实用性，每章都有“学习目标”和“复习思考与练习题”供学生参考和教师使用。

本书主要作为高职高专室内设计和环境艺术设计专业制图课的教材，还可以供设计人员参考。

为方便教学，本书配有电子课件，凡使用本书作为教材的教师可登录机工教育服务网 www. cmpedu. com 注册下载。咨询邮箱：cmpgaozhi@ sina. com。咨询电话：010-88379375。

**图书在版编目（CIP）数据**

室内与环境艺术设计制图/关俊良主编. —2版. —北京：机械工业出版社，2015.3（2024.6重印）

“十二五”职业教育国家规划教材　全国高职高专艺术设计类专业系列教材

ISBN 978-7-111-49404-1

Ⅰ.①室…　Ⅱ.①关…　Ⅲ.①室内装饰设计-建筑制图-高等职业教育-教材　Ⅳ.①TU238

中国版本图书馆 CIP 数据核字（2015）第034914号

机械工业出版社（北京市百万庄大街22号　邮政编码100037）

策划编辑：常金锋　责任编辑：常金锋

责任校对：张　力　封面设计：鞠　杨

责任印制：单爱军

北京虎彩文化传播有限公司印刷

2024年6月第2版第9次印刷

210mm×285mm · 10.75印张 · 353千字

标准书号：ISBN 978-7-111-49404-1

定价：39.00元

| 电话服务 | 网络服务 |
|---|---|
| 客服电话：010-88361066 | 机　工　官　网：www. cmpbook. com |
| 010-88379833 | 机　工　官　博：weibo. com/cmp1952 |
| 010-68326294 | 金　　书　　网：www. golden-book. com |
| **封底无防伪标均为盗版** | 机工教育服务网：www. cmpedu. com |

# 第 2 版前言

室内设计与环境艺术设计与广大人民群众的生活密切相关，它直接影响人们的生活质量和生活环境。工程图是设计师的语言，绘制与阅读设计图、施工图是设计师的重要基本技能。对于培养室内与环境艺术设计专业高级实用型人才的高职高专艺术设计院校来说，使学生熟练掌握绘图和读图的技能是至关重要的。近年来，高等职业教育得到了迅猛的发展，室内设计与环境艺术设计专业也不例外，已成为全国最热门的专业之一。目前，已经出版的高职高专艺术设计类教材很多，但符合高职教育特点且适应性、针对性强的教材尚不多见。

本书贯彻高职教育的教育思想和人才培养目标，以培养室内和环境艺术设计企业第一线的实用型人才的制图、读图能力为目标，对室内设计、环境艺术设计专业教学有很强的针对性，弥补了以往该专业制图课教材的贫乏。在内容安排上，减少制图理论部分，以“够用”为度，简明扼要介绍绘图基本知识、基本作图的方法、绘图工具使用、投影原理、三视图的形成，以及组合体及尺寸标注，将传统教材中的画法几何原理和学生很难掌握的线面空间关系、立体相贯等内容全部舍去；加强轴测投影、透视投影、室内装饰图、景观园林设计图的实用部分，使学生较快掌握绘制和阅读专业设计图、施工图的关键技能。

本书由广州番禺职业技术学院关俊良任主编，蒋才冬、欧阳平任副主编，周翠微、王闽松参与编写，由中煤建设集团有限公司陈伟涛任主审。

本书由长期从事高等职业艺术设计教育的一线教师共同编写，由于时间仓促，不足之处在所难免，真诚期待使用本书的学生和教师提出宝贵意见。

编　者

# 目　　录

# 第一章　制图基础

### 学习目标

1. 了解和学习绘图工具和仪器的正确使用方法。
2. 掌握常用几何图形的作图方法。
3. 熟悉国家“建筑制图”标准的有关规定。

## 第一节　绘图工具的使用方法

制图所需工具和仪器有图纸、丁字尺、铅笔、圆规等。了解它们的性能，熟练掌握它们的正确使用方法，并注意维护保养，是提高绘图质量、加快绘图速度的保证。

### 一、图板

图板是用来安放图纸进行画图的工具。图板有几种规格，可根据需要选用。一般有 0 号图板（900mm × 1200mm）、1 号图板（600mm × 900mm）及 2 号图板（450mm × 600mm）等。图板均用木料制成，板面要求光滑平整，软硬合适。图板的四个边（特别是左边即工作边）必须平直，这样才能确保丁字尺移动和所画线条平直，如图 1-1 所示。

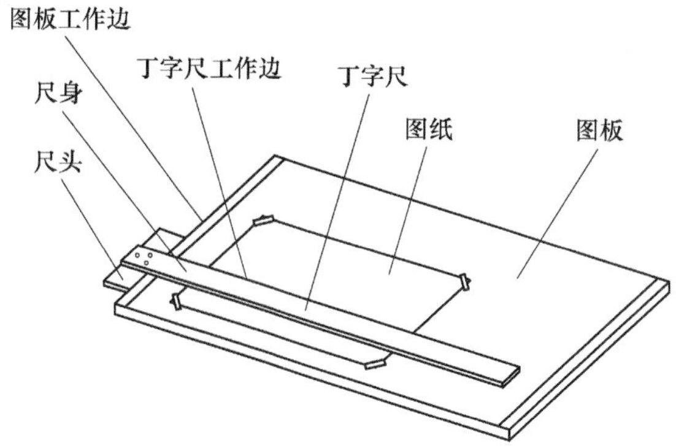


图 1-1　图板与丁字尺

### 二、丁字尺

丁字尺由尺头和尺身构成（图 1-1），尺头与尺身的工作边必须垂直。尺头与尺身的连接必须牢固，否则，两者的相对活动将使画图不准确。

### 三、三角板

三角板是制图的主要工具之一，包括 45°角和 30°、60°角各一块。三角板与丁字尺配合可以画出垂直线以及与水平方向 15°或 15°倍角的斜线，如图 1-2 所示。

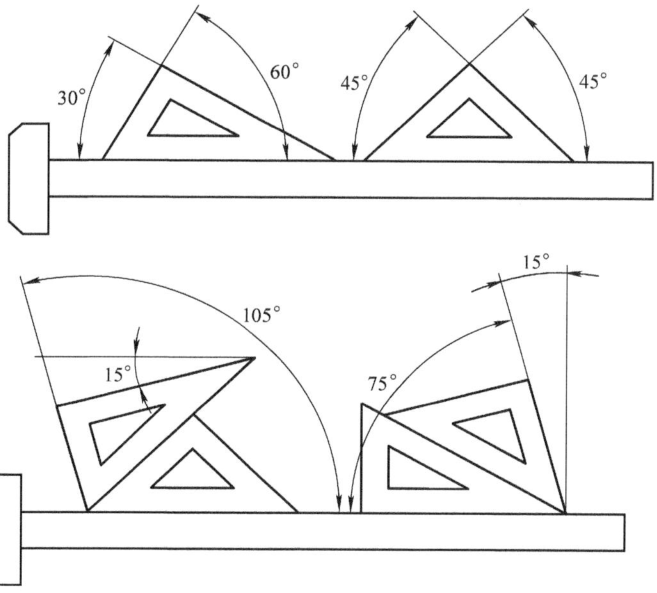


图 1-2　三角板的使用

### 四、铅笔

绘图用铅笔种类很多，其型号以铅芯的软硬程度来分。H 表示硬，B 表示软，H 或 B 前面的数字越大表示越硬或越软。使用铅笔绘图时，用力要均匀，用力过大会刮破图纸，甚至折断铅芯。画长线时要边画边转动铅笔，使线条粗细一致。画线时持笔姿势要自然，要使笔尖与尺边距离保持一致，线条才能画得平直准确。

### 五、比例尺

比例尺是用来缩小（也可以放大）图形用的。绘图用比例尺常造成三棱柱状，所以叫三棱尺。比例尺的三个棱面上刻有 6 种刻度，分别表示 1∶500、1∶1000、1∶1500、1∶2000、1∶2500和 1∶1250 六种比例。

### 六、圆规

圆规是绘图仪器中的主要元件，用来画圆和画圆弧。用时将带针插脚轻轻插入圆心处，使带铅芯的插脚接触图纸，然后转动圆规手柄，沿顺时针方向画圆，注意铅芯端部与针肩大致平齐。画一系列同心圆时，针尖宜用带平台的一头。圆规的使用方法如图 1-3 所示。

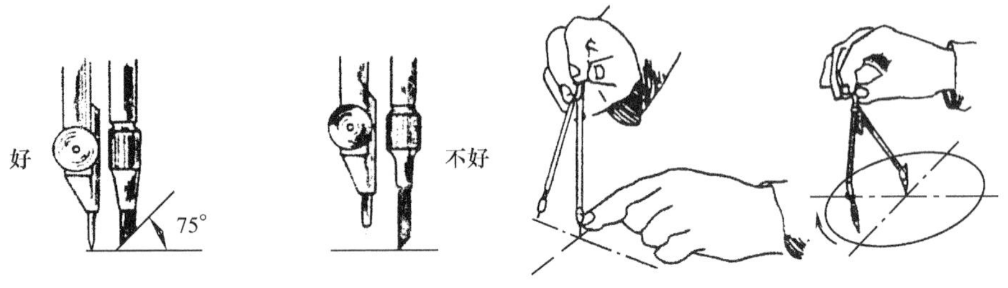


a)　　b)

图 1-3　圆规的使用方法

a）对齐铅芯与针肩　b）画圆的手势

### 七、分规

分规是用来等分线段和量取已知尺寸于图纸上的一种仪器。使用分规时，要检查两针尖是否平齐，如不一致则要旋松螺钉调整。分规的使用方法如图 1-4 所示。

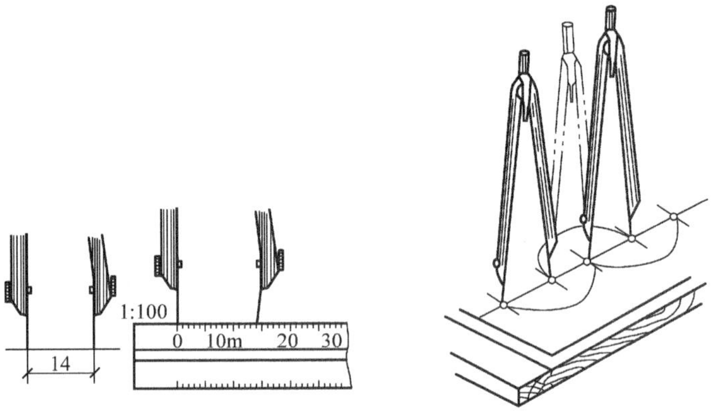


a)　　b)

图 1-4　分规的使用方法

a）量取尺寸　b）等分线段

### 八、墨线笔和针管绘图笔

墨线笔又叫鸭嘴笔或直线笔，是描图和在图纸上画墨线的主要仪器。笔尖的螺钉用来调整两叶片间的距离，从而达到所画线型的粗度。用墨水瓶盖上的吸管蘸上墨水送进两叶片之间，每次加进墨水高度约 2～3mm。如加入量过多则墨水可能会在落笔处使线条变粗，或墨水溢出弄脏图纸；如加入量过少，绘图的线太短，接画时易使线条不平滑，影响绘图质量。

近年来，一般已用针管绘图笔代替了鸭嘴笔。针管绘图笔形似自来水钢笔，它的笔尖是用管径从 0.2mm 到 1.2mm 不等的不锈钢管制作的，选择不同管径的针管笔可以画出不同粗细的线型，而且一次加墨可较长时间使用，比较方便。

## 第二节　常用几何作图

在建筑和装饰工程图中，许多图样都是由几何图形组合而成的，为能正确、迅速地画出工程图中的某些平面图形，首先要熟练地掌握各种几何图形的作图原理和方法，现分别介绍如下。

## 一、过已知点作直线平行于已知直线

已知 *AB* 直线和线外一点 *P*，要求过 *P* 点作直线与 *AB* 平行，作图步骤如下：

1）使三角板的一边与 *AB* 直线重合。

2）用丁字尺或另一块三角板靠紧三角板的另一边。

3）移动三角板到 *P* 点，过 *P* 点画直线即为所求，如图 1-5 所示。

## 二、画已知直线的垂直线

1）将 45°三角板的斜边靠齐已知直线。

2）用另一块三角板靠齐直角边。

3）将靠齐已知直线的三角板反转 180°，画出已知直线的垂直线，如图 1-6 所示。

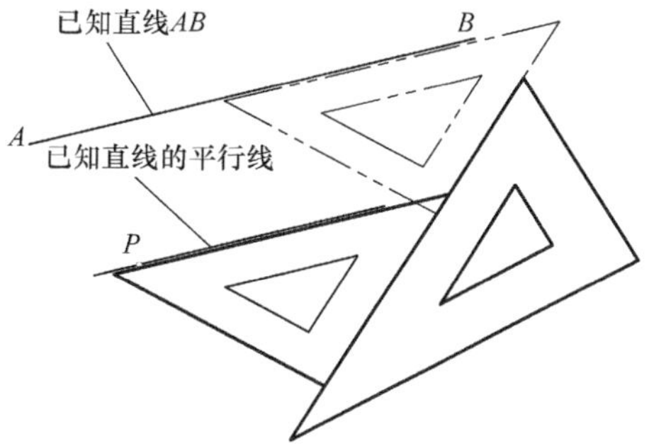


图 1-5　画已知直线的平行线

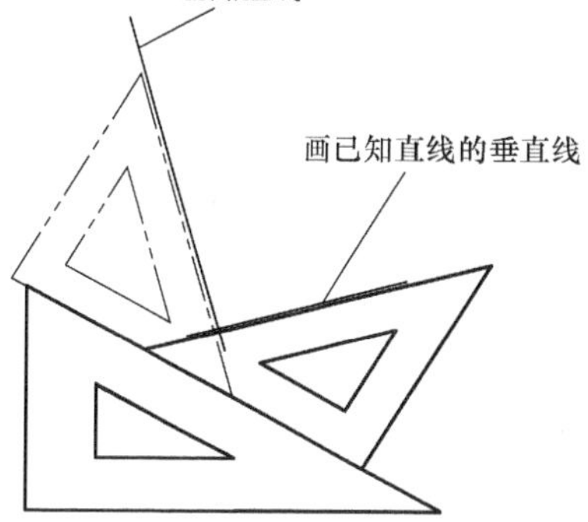


图 1-6　画已知直线的垂直线

## 三、分线段为任意等分

已知 *AB* 线段，要求将其分为 7 等分，作图步骤如下：

1）过 *A* 点作任意直线 *AC*，在 *AC* 上用分规或直尺截取 7 等分得分点 1、2、3、4、5、6、7。

2）连接 *B* 点和 7 点。

3）过 1、2、3、4、5、6 点分别作直线与 *B*7 平行。

4）各直线与 *AB* 的交点即是等分点，如图 1-7 所示。

## 四、分两条平行线间的距离为若干等分

已知 *AB*、*CD* 两直线平行，要求将其距离分为 5 等分，作图步骤如下：

1）用直尺或三角板将 0 刻度对准 *CD* 直线上一点 *E*。

2）保持 *E* 点位置不变，摆动尺身使刻度 5 落在 *AB* 直线上，得到 1、2、3、4 各分点。

3）过各分点作 *AB* 的平行线，即为所求，如图 1-8 所示。

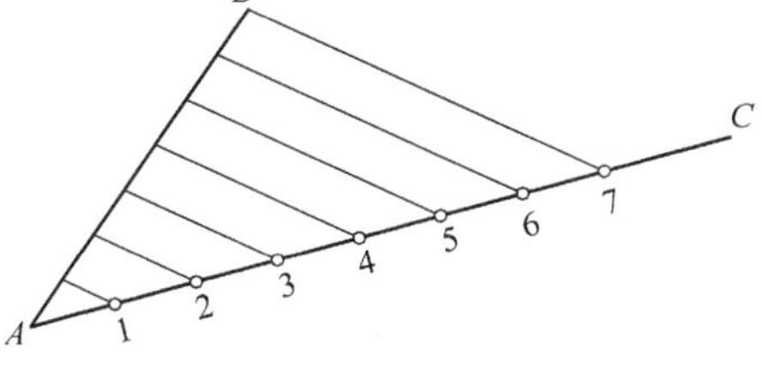


图 1-7　分线段为 7 等分

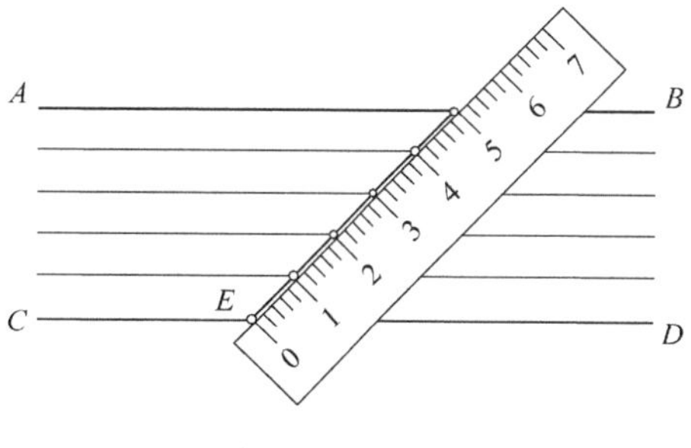


图 1-8　分两条平行线间的距离为 5 等分

## 五、作圆的内接正五边形

作图步骤如下：

1）已知圆 *O*，作出半径 *OF* 的中点 *G*。

2）以 *G* 为圆心，*GA* 为半径画弧，交半径于 *H*。

3）以 *A* 为圆心，*AH* 为半径画弧交圆于 *B* 点。

4）以弦长 *AB* 等分圆周，得到分点 *C*、*D*、*E*。

5）连接 *A*、*B*、*C*、*D*、*E*、*A*，完成正五边形作图，如图 1-9 所示。

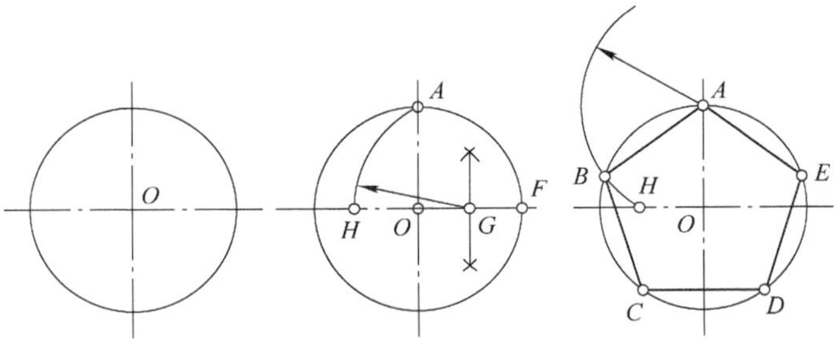


图 1-9　作圆的内接正五边形

## 六、作已知圆的内接正*N* 边形

作图步骤如下（以正七边形为例）：

1）已知圆 *O*，*A*、*B* 是直径上的两点。

2）分别以 *A*、*B* 为圆心，*AB* 长为半径画弧交于 *C*。

3）7 等分 *AB*（求几边形就几等分），得分点 1、2、3、4、5、6。

4）连接 *C*2 并延长与圆周相交于 *D*。

5）*AD* 即是正七边形的边长，也可以连接 *C*4，*C*6 得到其他顶点，作出对称点并依次相连，完成作图，如图 1-10 所示。

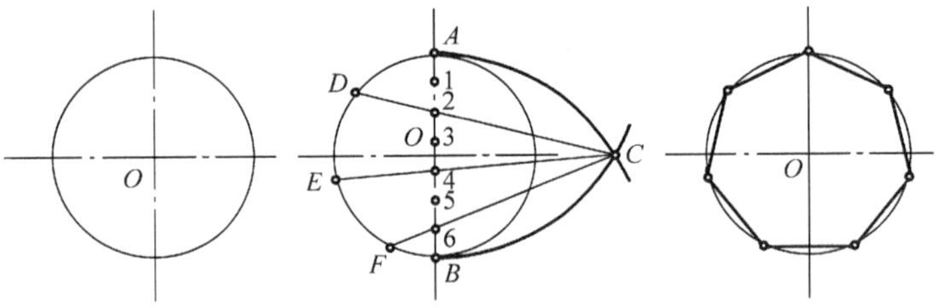


图 1-10　作已知圆的内接正七边形

# 第三节　基本制图标准

为了统一房屋建筑制图规则，保证制图质量，提高制图效率，做到图面清晰、简明，符合设计、施工、审查、存档的要求，适应工程建设的需要，国家有关部委颁布了有关建筑制图的国家标准，包括：《房屋建筑制图统一标准》（GB/T 50001—2010）、《总图制图标准》（GB/T 50103—2010）、《建筑制图标准》（GB/T 50104—2010）、《建筑结构制图标准》（GB/T 50105—2010）等。

房屋建筑制图，除应符合以上标准外，还应符合国家现行有关强制性标准的规定以及各有关专业的制图标准。制图国家标准（简称国标）是一项所有工程人员在设计、施工、管理中应严格执行的国家法令。

## 一、图纸

### 1. 图纸幅面和图框

图纸幅面简称图幅。图幅有 5 种规格尺寸：A0～A4，即 0 号到 4 号。图幅的规格尺寸见表 1-1。图纸四周应画出图框，以标志绘图范围。图框线以粗实线绘制，图框左边距纸边 25mm，作装订用，其余三边随图纸幅面不同而各异，详见表 1-1 和图 1-11 所示。

**表 1-1　图纸幅面和图框尺寸**　（单位：mm）

| 幅面代号 / 尺寸代号 | A0 | A1 | A2 | A3 | A4 |
|---|---|---|---|---|---|
| $b \times l$ | 841×1189 | 594×841 | 420×594 | 297×420 | 210×297 |
| $c$ | 10 | | | 5 | |
| $a$ | 25 | | | | |

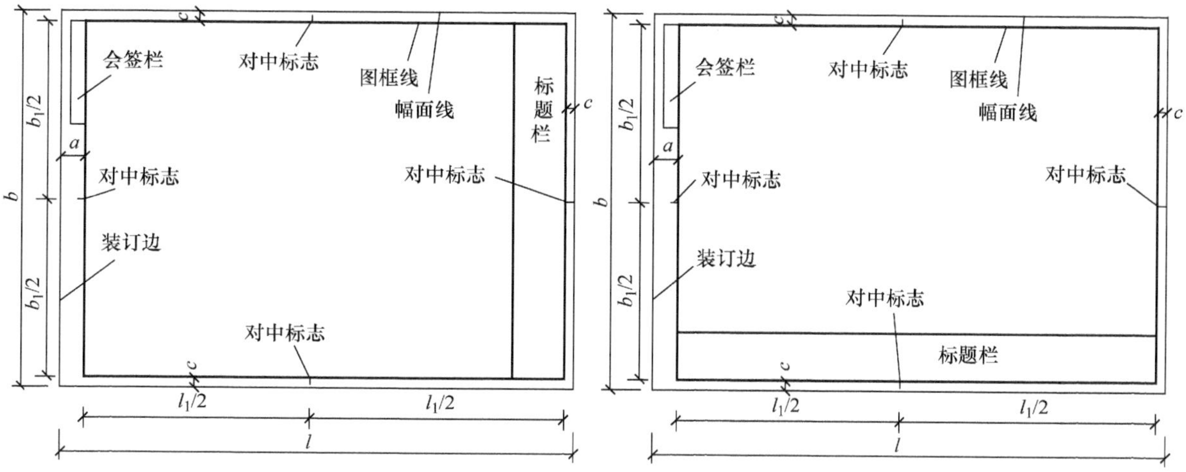


a)

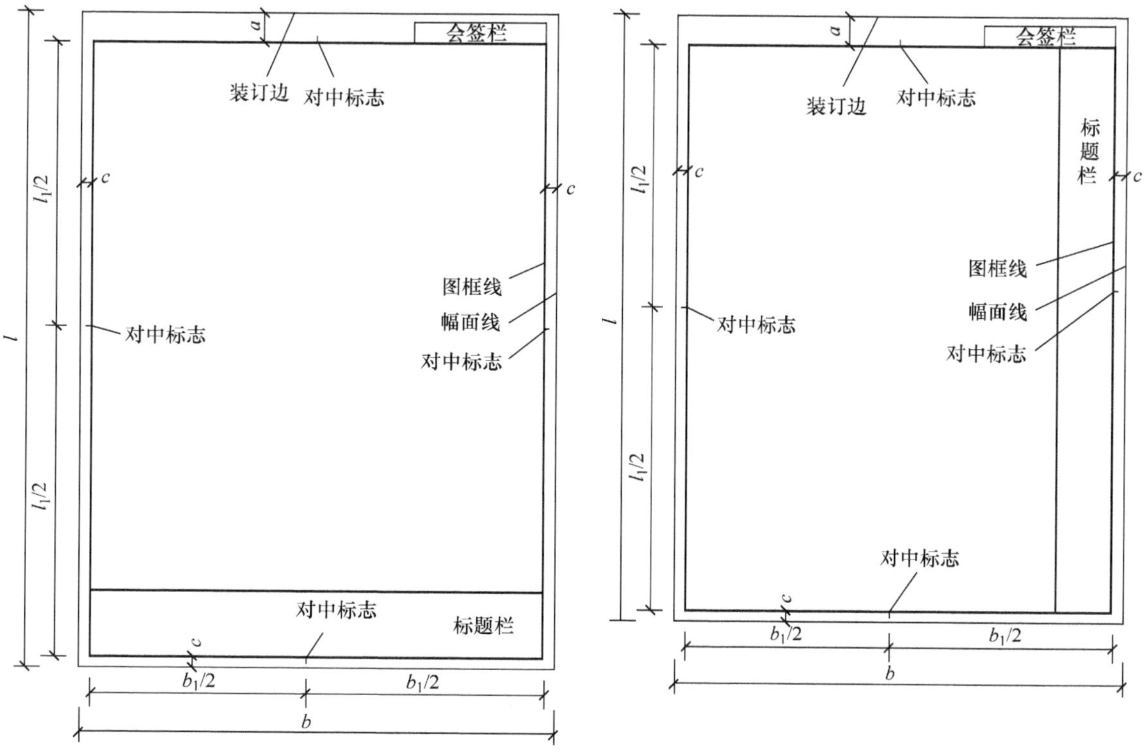


b)

图 1-11　图纸幅面格式

a）A0～A3 横式幅面　b）A0～A4 立式幅面

必要时，图纸幅面的长边可按表1-2加长，特殊情况下，还可以使用841mm×891mm、1189mm×1261mm两种近似方形的图纸。

**2. 图纸标题栏与会签栏**

图纸的标题栏简称图标。标题栏应按图1-12所示，根据工程的需要确定其尺寸、格式及分区。签字栏应包括实名列和签名列，并应符合下列规定：

**表1-2　图纸长边加长尺寸**　（单位：mm）

| 幅面代号 | 长边尺寸 | 长边加长后的尺寸 |
| --- | --- | --- |
| A0 | 1189 | 1486(A0+$1/4l$)　1635(A0+$3/8l$)　1783(A0+$1/2l$)　1932(A0+$5/8l$)　2080(A0+$3/4l$)<br>2230(A0+$7/8l$)　2378(A0+$1l$) |
| A1 | 841 | 1051（A1+$1/4l$）　1261（A1+$1/2l$）　1471（A1+$3/4l$）　1682（A1+$1l$）　1892（A1+$5/4l$）<br>2102（A1+$3/2l$） |
| A2 | 594 | 743（A2+$1/4l$）　891（A2+$1/2l$）　1041（A2+$3/4l$）　1189（A2+$1l$）　1338（A2+$5/4l$）<br>1486（A2+$3/2l$）　1635（A2+$7/4l$）　1783（A2+$2l$）　1932（A2+$9/4l$）　2080（A2+$5/2l$） |
| A3 | 420 | 630（A3+$1/2l$）　841（A3+$1l$）　1051（A3+$3/2l$）　1261（A3+$2l$）　1471（A3+$5/2l$）<br>1682（A3+$3l$）　1892（A3+$7/2l$） |

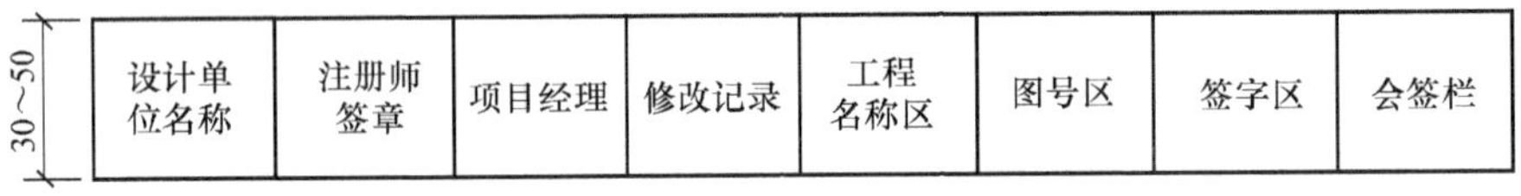


a)

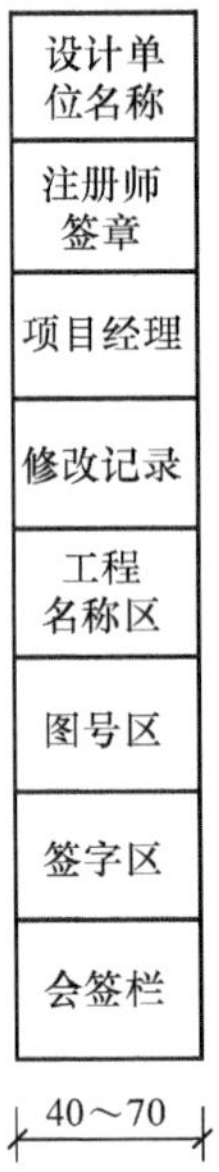


b)

图1-12　标题栏

a）标题栏一　b）标题栏二

1）涉外工程的标题栏内，各项主要内容的中文下方应附有译文，设计单位的上方或左方，应加“中华人民共和国”字样。

2）在计算机制图文件中当使用电子签名与认证时，应符合国家有关电子签名法的规定。

会签栏的格式如图1-13所示，栏内应填写会签人员所代表的专业、姓名、日期。一个会签栏不够时，可另加一个，两个会签栏应并列。不需会签的图纸也可以不设会签栏。

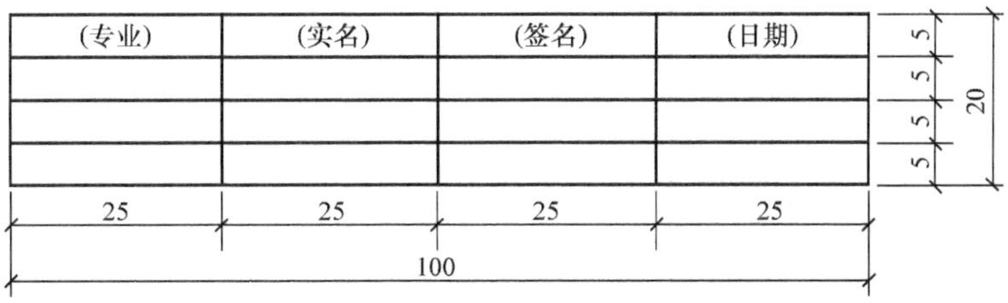


图 1-13　会签栏

## 二、图线

建筑和装饰制图规定不同的线型、不同的线宽用来绘制图样中的不同内容。表 1-3 列举了建筑室内装饰装修制图常用线型的名称、线型、线宽和主要用途，在制图时按标准线型参考选用。

**表 1-3　建筑室内装饰装修制图常用线型**

| 名称 | | 线型 | 线宽 | 一般用途 |
|---|---|---|---|---|
| 实线 | 粗 | | $b$ | 1. 平、剖面图中被剖切的房屋建筑和装饰装修构造的主要轮廓线<br>2. 房屋建筑室内装饰装修立面图的外轮廓线<br>3. 房屋建筑室内装饰装修构造详图、节点图中被剖切部分的主要轮廓线<br>4. 平、立、剖面图的剖切符号 |
| | 中粗 | | $0.7b$ | 1. 平、剖面图中被剖切的房屋建筑和装饰装修构造的次要轮廓线<br>2. 房屋建筑室内装饰装修详图中的外轮廓线 |
| | 中 | | $0.5b$ | 1. 房室建筑室内装饰装修构造详图中的一般轮廓线<br>2. 小于 $0.7b$ 的图形线、家具线、尺寸线、尺寸界线、索引符号、标高符号、引出线、地面、墙面的高差分界线等 |
| | 细 | | $0.25b$ | 图形和图例的填充线 |
| 虚线 | 中粗 | | $0.7b$ | 1. 表示被遮挡部分的轮廓线<br>2. 表示被索引图样的范围<br>3. 拟建、扩建房屋建筑室内装饰装修部分轮廓线 |
| | 中 | | $0.5b$ | 1. 表示平面中上部的投影轮廓线<br>2. 预想放置的房屋建筑或构件 |
| | 细 | | $0.25b$ | 表示内容与中虚线相同，适合小于 $0.5b$ 的不可见轮廓线 |
| 单点长画线 | 中粗 | | $0.7b$ | 运动轨迹线 |
| | 细 | | $0.25b$ | 中心线、对称线、定位轴线 |
| 折断线 | 细 | | $0.25b$ | 不需要画全的断开界线 |
| 波浪线 | 细 | | $0.25b$ | 1. 不需要画全的断开界线<br>2. 构造层次的断开界线<br>3. 曲线形构件断开界限 |
| 点线 | 细 | | $0.25b$ | 制图需要的辅助线 |
| 样条曲线 | 细 | | $0.25b$ | 1. 不需要画全的断开界线<br>2. 制图需要的引出线 |
| 云线 | 中 | | $0.5b$ | 1. 圈出被索引的图样范围<br>2. 标注材料的范围<br>3. 标注需要强调、变更或改动的区域 |

## 三、字体

字体是指文字的风格式样。图样上常用的字体有汉字、阿拉伯数字、拉丁字母，其用来标注尺寸及施工的技术要求等内容。有时也会出现罗马数字、希腊字母等。例如：用汉字注写图名、建筑材料；用数字标注尺寸；用数字和字母表示轴线的编号等。图纸上所需书写的文字、数字或符号等，均应笔画清晰、字体端正、排列整齐；标点符号应清楚正确。

文字的字高，应从表1-4中选用。字高大于10mm的文字宜采用True type字体，如需书写更大的字，其高度应按$\sqrt{2}$的倍数递增。

**表1-4　文字的字高**　　（单位：mm）

| 字体种类 | 中文矢量字体 | True type字体及非中文矢量字体 |
|---|---|---|
| 字高 | 3.5、5、7、10、14、20 | 3、4、6、8、10、14、20 |

### 1. 汉字

制图标准规定汉字宜采用长仿宋体或黑体。长仿宋体字具有笔画粗细一致，起落转折顿挫有力、笔锋外露、棱角分明、清秀美观、挺拔刚劲又清晰好认的特点，书写长仿宋体字要领可归纳为：横平竖直、起落有锋、布局均匀、填满方格。各种字号的汉字长仿宋体示例如图1-14所示。

建筑制图材料设计厂房平立剖面计算机
结构施工比例尺寸土木石水泥路拱楼梯
各种图纸工程建设造价管理地势地形山坡混凝土照明
石灰钢筋桥梁道路机械设备顶棚墙线踏脚装饰门窗梁
灯光总平面图室内环境风雨操场运动阳台给排水通风防火车辆客厅卧室书房间
隔断空间草坪花园绿化陈设吊臂弯曲直线圆弧房屋金属玻璃塑料家具消防器材

图1-14　汉字长仿宋体示例

### 2. 数字与字母

图样及说明中的拉丁字母、阿拉伯数字与罗马数字，宜采用单线简体或ROMAN字体。拉丁字母、阿拉伯数字与罗马数字的书写规则，应符合表1-5的规定。

**表1-5　拉丁字母、阿拉伯数字与罗马数字的书写规则**

| 书写格式 | 字体 | 窄字体 |
|---|---|---|
| 大写字母高度 | $h$ | $h$ |
| 小写字母高度（上下均无延伸） | $7/10h$ | $10/14h$ |
| 小写字母伸出的头部或尾部 | $3/10h$ | $4/14h$ |
| 笔画宽度 | $1/10h$ | $1/14h$ |
| 字母间距 | $2/10h$ | $2/14h$ |
| 上下行基准线的最小间距 | $15/10h$ | $21/14h$ |
| 词间距 | $6/10h$ | $6/14h$ |

拉丁字母、阿拉伯数字与罗马数字，如需写成斜体字，其斜度应是从字的底线逆时针向上倾斜75°。

斜体字的高度和宽度应与相应的直体字相等。

拉丁字母、阿拉伯数字与罗马数字的字高不应小于2.5mm。

数量的数值注写，应采用正体阿拉伯数字。各种计量单位凡前面有量值的，均应采用国家颁布的单位符号注写。单位符号应采用正体字母。

数字与字母书写范例如图1-15所示。

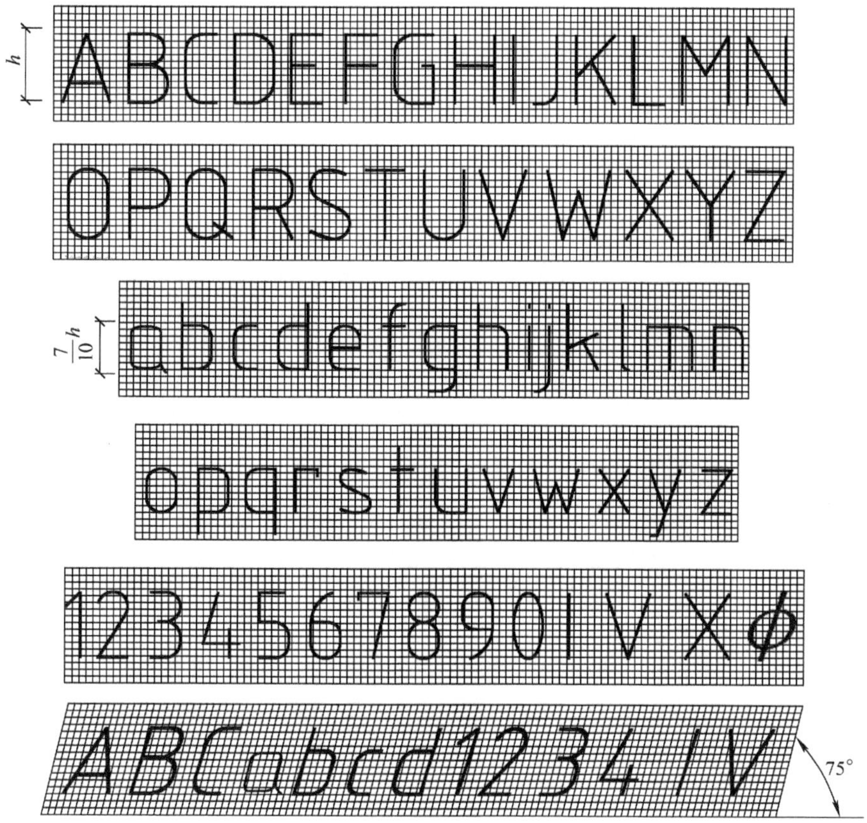


图1-15　数字与字母书写范例

## 四、比例

图样的比例是图形与实物相对应的线性尺寸之比。例如1∶20和5∶1等，比例符号的左侧表示所画图形的大小，而右侧表示物体的实际大小。如1∶20的含义是，实际上20个单位的大小在图上只用1个单位的大小表示，是缩小的比例。而5∶1则表示实际上1个单位的大小，在图上用5个单位的大小来表示，是放大的比例。比例的标注一般在图名的右下侧，比例的字高一般比图名的字高小一号，字的底线应与图名相平齐。

绘图所用的比例应根据图样的用途与被绘制对象的复杂程度，从表1-6中选用，并应优先采用表中常用比例。

**表1-6　绘图常用比例**

| | |
|---|---|
| 常用比例 | 1∶1、1∶2、1∶5、1∶10、1∶20、1∶30、1∶50、1∶100、1∶150、1∶200、1∶500、1∶1000、1∶2000 |
| 可用比例 | 1∶3、1∶4、1∶6、1∶15、1∶25、1∶40、1∶60、1∶80、1∶250、1∶300、1∶400、1∶600、1∶5000、1∶10000、1∶20000、1∶50000、1∶100000、1∶200000 |

## 五、尺寸标注

建筑工程图除了画出建筑物的形状以外，还必须准确、详尽、完整而又清晰地标注出各部分的实际尺寸。有了尺寸的图样才能作为施工的依据。

**1. 尺寸的组成**

图样中的尺寸由尺寸线、尺寸界线、尺寸起止符号和尺寸数字四部分组成，如图1-16所示。

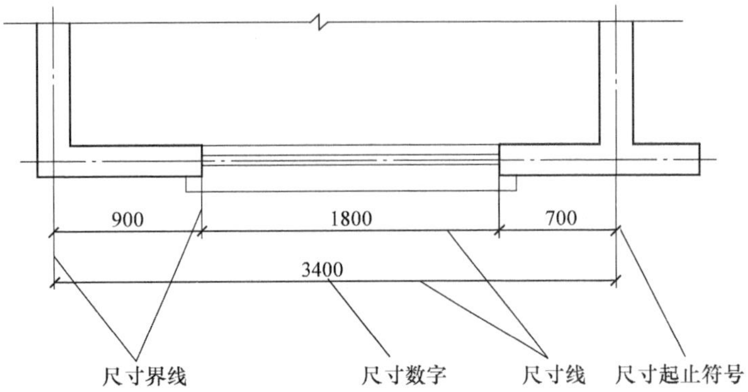


图1-16 尺寸的组成

1）尺寸线用以表示所注尺寸的长度，应用细实线绘制，且必须与所标图形轮廓线段平行，如图1-16所示。当尺寸线不是水平位置时，尺寸数字应按图1-17a规定的方向注写（尽量避免在斜线范围内注写尺寸数字）。若尺寸数字在30°斜线区内，宜按图1-17b的形式注写。

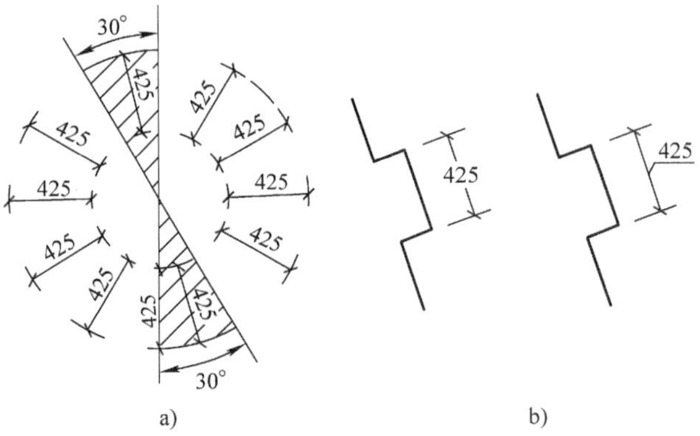


图1-17 尺寸数字的注写方向

2）尺寸界线用来限定所注尺寸的范围，应用细实线绘制。尺寸界线一般从图形的轮廓线、轴线或中心线引出，但在引出处一端应与所注尺寸的轮廓线保持不小于2mm的间距，另一端应超出尺寸线2~3mm，如图1-18所示。

3）尺寸起止符号表示尺寸的起始和终止点，一般用中粗斜短线表示。斜短线倾斜方向为尺寸界线顺时针旋转45°，其长度一般为2~3mm，如图1-18所示。

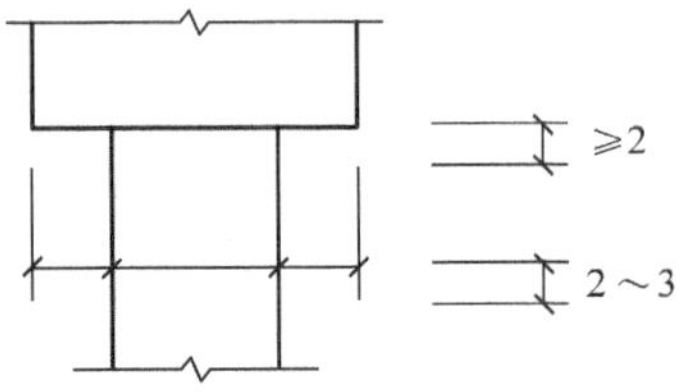


图1-18 尺寸界线和尺寸起止符号

4）尺寸数字为物体的实际尺寸，与图形比例无关。建筑工程图上的尺寸单位，除标高以及总平面图以m为单位外，均必须以mm为单位。尺寸数字应依据其读数方向注写在靠近尺寸线的中上方（水平方向尺寸）和中左方（竖直方向尺寸），水平方向的尺寸字头朝上，竖直方向的尺寸字头朝左，如图1-19所示。

**2. 尺寸标注**

（1）尺寸的排列与布置 尺寸线与所标图形最外轮廓线的距离不宜小于10mm，平行排列的尺寸线间隔宜为7~10mm；标注时小尺寸应离轮廓线较近，大尺寸应离轮廓线较远，如图1-20所示。

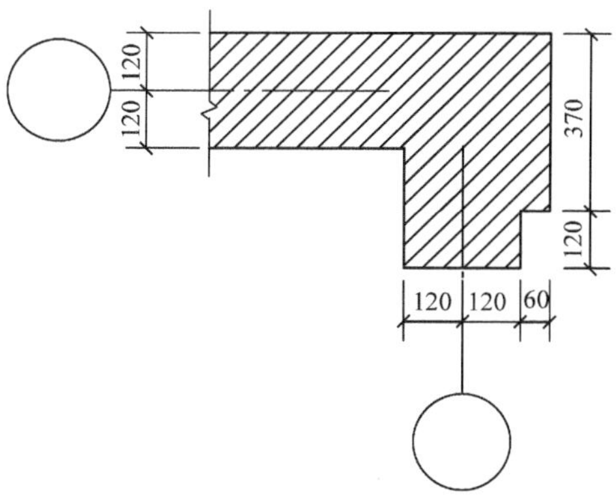


图 1-19　尺寸数字

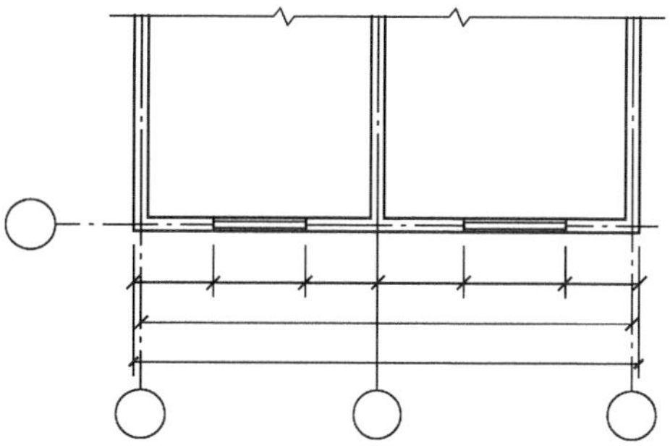

图 1-20　尺寸的排列

如果没有足够的注写位置，最外边的尺寸数字可以标注在尺寸界线外侧，中间的尺寸可用图 1-21 所示的方式标注。任何图线不得穿过尺寸数字，当不能避免时，必须将此图线断开。

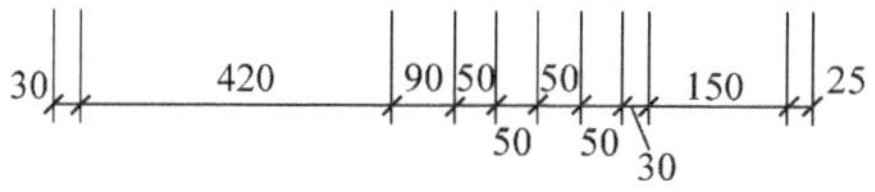


图 1-21　尺寸数字的注写位置

（2）半径、直径的尺寸标注　标注圆的直径时，应在直径数字前加符号“$\phi$”，标注方法如图 1-22 所示。

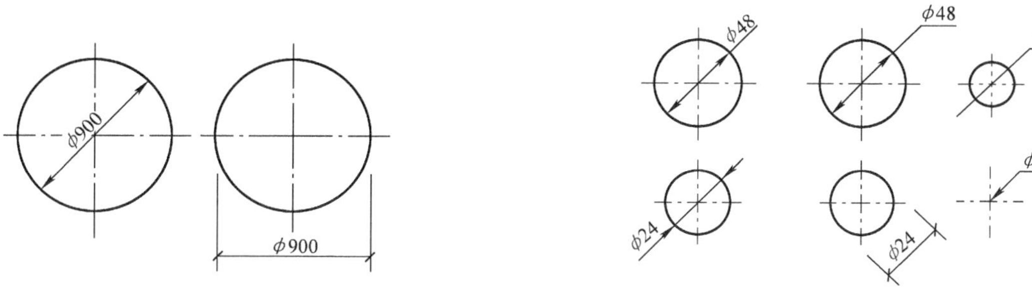


图 1-22　圆直径的标注方法

半径的尺寸线应一端从圆心开始，另一端画箭头指至圆弧。半径数字前应加注半径符号“*R*”，标注方法如图 1-23 所示。

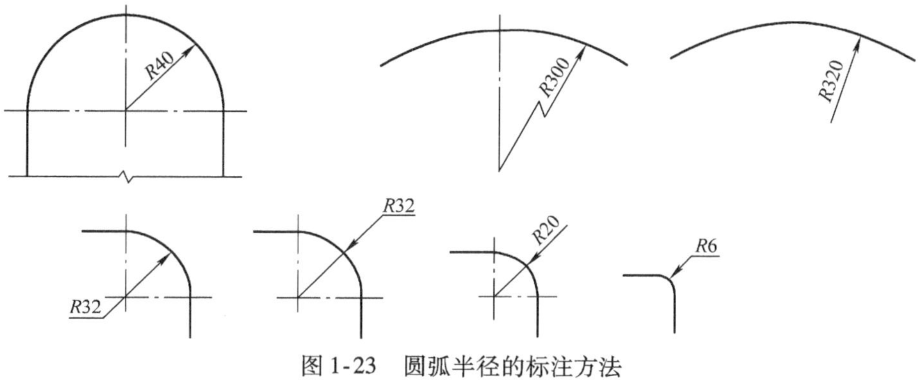


图 1-23　圆弧半径的标注方法

（3）角度、弧长和曲线图形的尺寸标注　标注方法如图 1-24 所示。

## 六、符号

### 1. 定位轴线

建筑工程图中确定主要承重构件（墙、柱等）位置的轴线，称为定位轴线，它是施工定位、放线的重要依据。

定位轴线用细单点长画线绘制，并在其末端画一直径为 8 ~ 10mm 的细实线圆，圆心应在定位轴线的

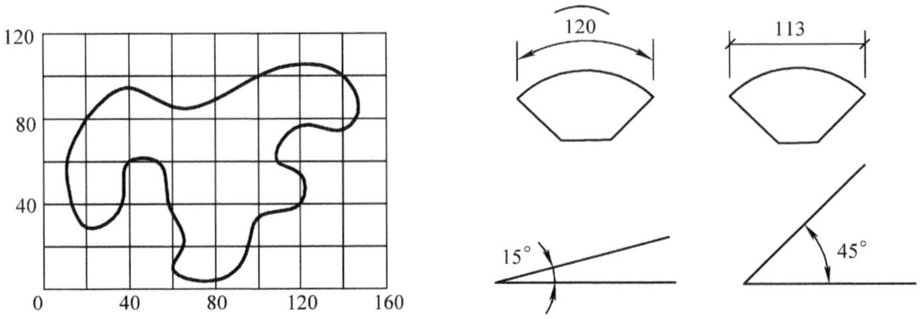


图1-24　角度、弧长和曲线图形的尺寸标注

延长线上或延长线的折线上，并在圆内注明编号。水平方向编号采用阿拉伯数字从左至右顺序编写；竖向编号应用大写拉丁字母从下至上顺序编写。拉丁字母中的I、O、Z不得使用，避免与数字1、0、2混淆，如图1-25所示。

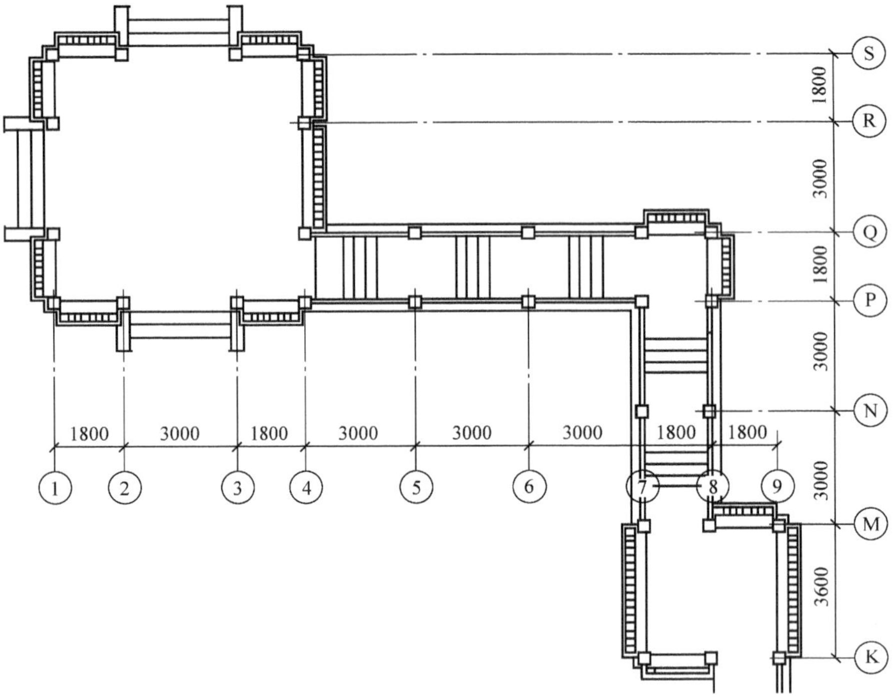


图1-25　轴线标注

在两轴线之间，有时需要用附加轴线表示，附加轴线用分数编号。$\frac{1}{2}$表示2号轴线后附加的第一根轴线。当在1号轴线或A号轴线之前附加轴线时，分母应以01或0A表示，如图1-26所示。

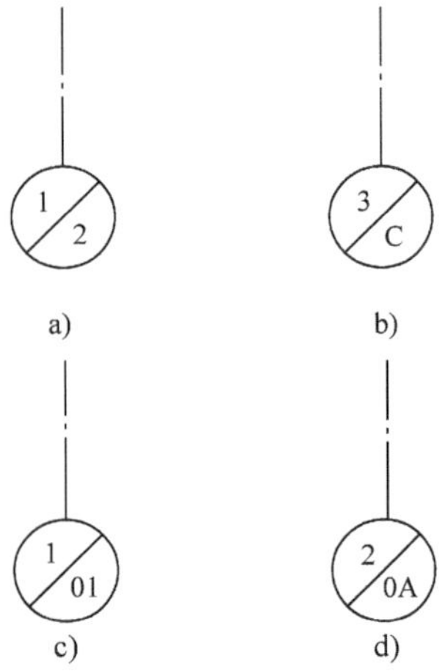


图1-26　附加轴线的编号

**2. 标高符号**

标高用来表示建筑物各部位的高度。标高符号用细实线的等腰三角形表示，三角形高约3mm，其尖端应指至被注的高度。标高符号上的短横线为所需标注高度的界线，长横线之上或之下注写标高数字。

标高数字以m为单位，注写到小数点以后第三位（在总平面图中可注写到小数点后第二位）。零点标高应注写成±0.000，正数标高不注“+”，负数标高应注“-”，如图1-27所示。

总平面图上的标高符号，宜用涂黑的三角形表示。

**3. 剖切符号**

图1-28a所示为一台阶的三视图。设想用一个侧平面沿着踏步将台阶剖

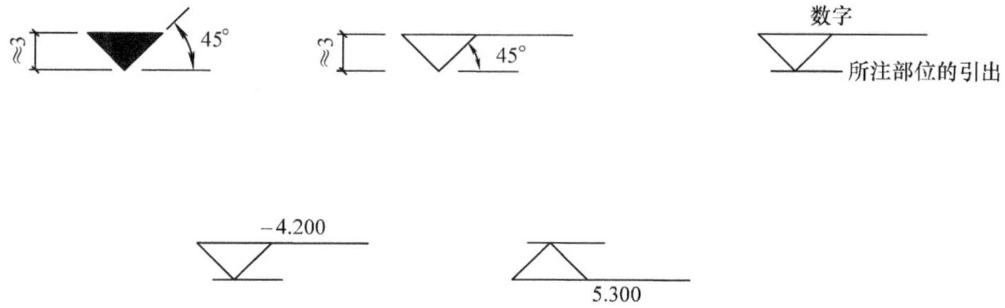


图 1-27　标高符号

开并移去剖切平面与观察者之间的部分，如图 1-28b 所示。将剩下的部分向 *W* 面作正投影，便得到了台阶的剖面图，简称剖面；如果只画剖切平面与台阶相交的部分所得到的图形，称为断面图（或截面图），简称断面（或截面），如图 1-28c 所示。

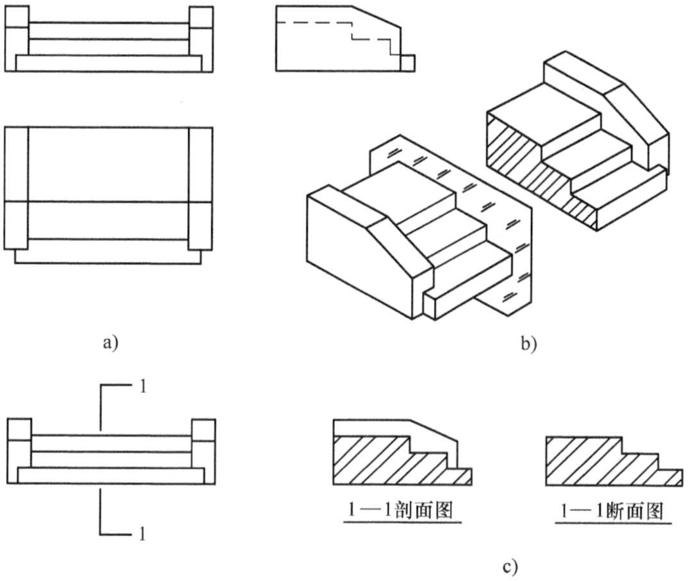


图 1-28　剖面图与断面图的形成

剖切符号分为用于剖面或断面两种。用于剖面的剖切符号由剖切位置线和剖视方向线组成，以粗实线绘制。剖切位置线的长度为 6 ~ 10mm，剖视方向线垂直于剖切位置线，长度为 4 ~ 6mm。编号采用阿拉伯数字，顺序由左到右、由下至上连续编排，并应写在剖视方向线的端部。断面剖切符号只用剖切位置线表示。

**4. 索引符号与详图符号**

在图样中的某一部位或某一构件，由于细部构造复杂无法表示清楚时，就需将该局部用放大比例绘出（详图）。详图可画在同一张图纸内，也可画在其他有关的图纸上。为了便于查找，可通过索引符号和详图符号来反映该部位或构件与详图及有关专业图纸之间的关系。

索引符号圆的直径为 8 ~ 10mm，用细实线表示。当索引出的详图与被索引的图在同一张图纸内时，在上半圆中用阿拉伯数字注出该详图的编号，在下半圆中间画一段水平细实线；当索引出的详图与被索引的图不在同一张图纸内时，在下半圆中用阿拉伯数字注出该详图所在图纸的编号。当索引出的详图采用标准图时，在圆的水平直径的延长线上加注标准图册的编号。

当详图为剖（断）面图时，应在被剖切的部位绘制剖切位置线，引出线所在一侧定为剖切后的投影方向，如图 1-29 所示。

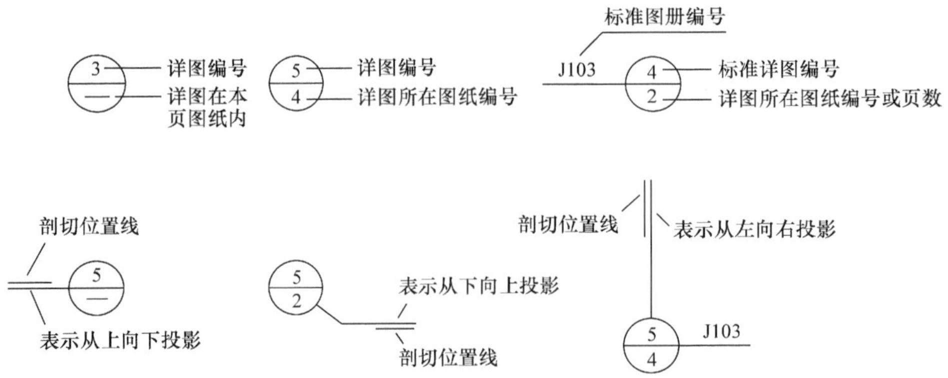


图 1-29　索引符号

详图符号圆的直径为 14mm，用粗实线绘制。当圆内只用阿拉伯数字注明详图的编号时，说明该详图与被索引图样同在一张图纸内；若详图与被索引的图样不在同一张图纸内，则用水平直径（细实线）将圆分为上、下两半，在上半圆内注明详图编号，在下半圆中注明被索引图样的图纸编号，如图 1-30 所示。

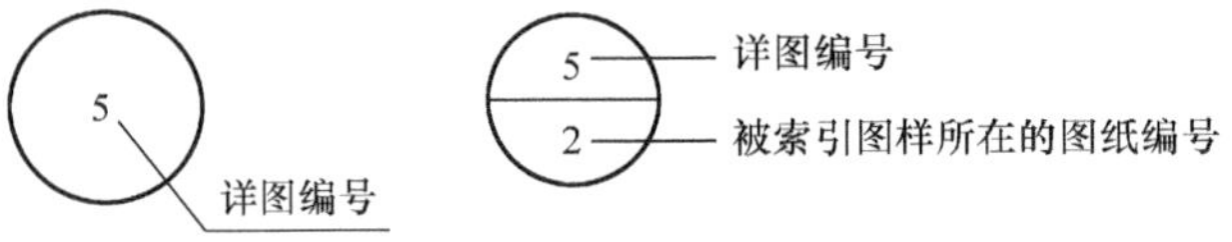


图 1-30　详图符号

表示室内立面在平面上的位置及立面图所在图纸编号，应在平面图上使用立面索引符号，如图 1-31 所示。

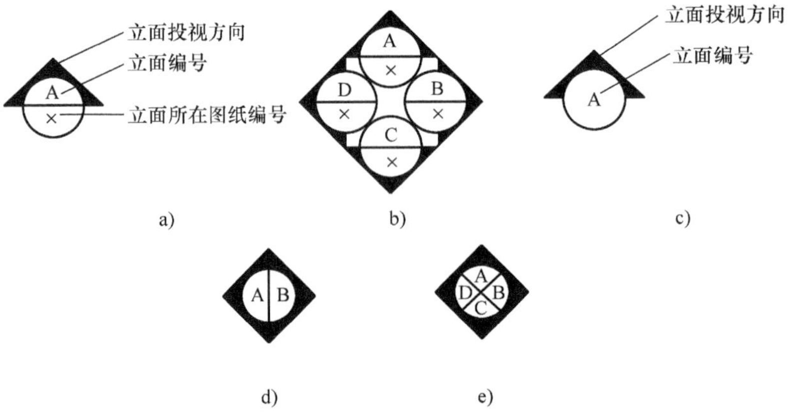


图 1-31　立面索引符号

**5. 引出线**

建筑物的某些部位需要用文字或详图加以说明时，可用引出线（细实线）从该部位引出。引出线用水平方向的直线，或与水平方向成 30°、45°、60°、90°的直线，或经上述角度再折为水平的折线。文字说明可注写在水平线上方或水平线的端部。索引详图的引出线，应与水平直径线相连接，如图 1-32a 所示。

引出线同时引出几个相同部分时，各引出线应相互平行，或集中于一点呈放射状，如图 1-32b 所示。多层构造引出线，应按垂直方向通过被引的各层。文字说明的顺序为自上而下，与被说明的构造层保持一致，如图 1-32c 所示。

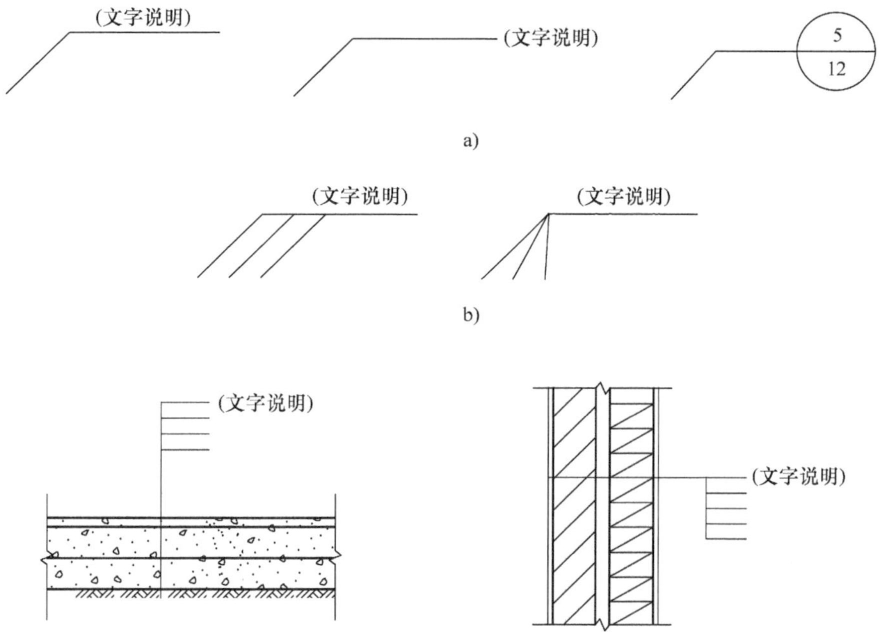


图 1-32　引出线

**6. 连接符号与指北针**

一个构配件，如绘制位置不够，可分成几个部分绘制，并用连接符号表示。连接符号以折断线表示需要连接的部位，并在折断线两端靠图样一侧，用大写拉丁字母表示连接编号，两个被连接的图样，必须用相同的字母编号，如图 1-33a 所示。

指北针以直径 24mm 的圆为轮廓，用细实线绘制。圆内绘一针尖指北，针尾宽度为 3mm，如图 1-33b所示。

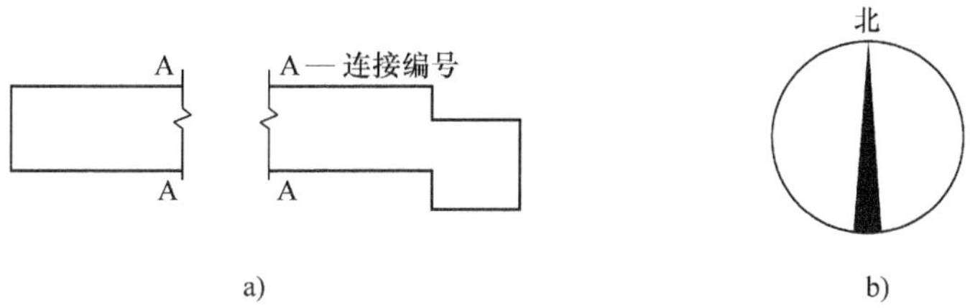


图 1-33　连接符号与指北针

a）连接符号　b）指北针

## 七、建材符号

在建筑和装饰图样中，所用建筑材料要用图例表明，常用建材图例如图 1-34 所示。

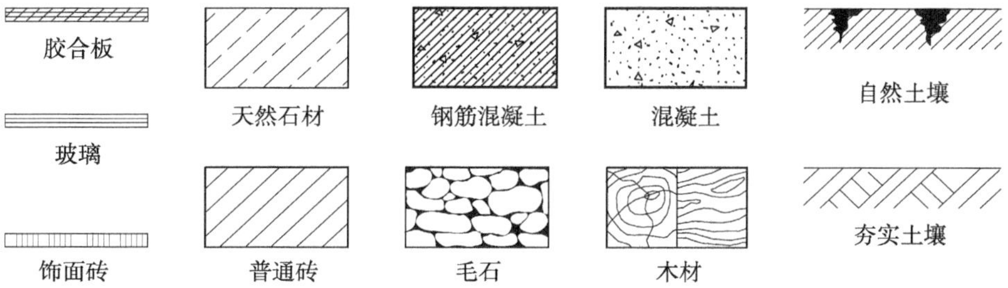


图 1-34　常用建材图例

## 复习思考与练习题

1. 将任意圆分为 5 等分。
2. 建筑与环境设计制图常用的比例有哪几种？
3. 在以下表格内练习数字、拉丁字母和汉字仿宋字。

（1）数字练习

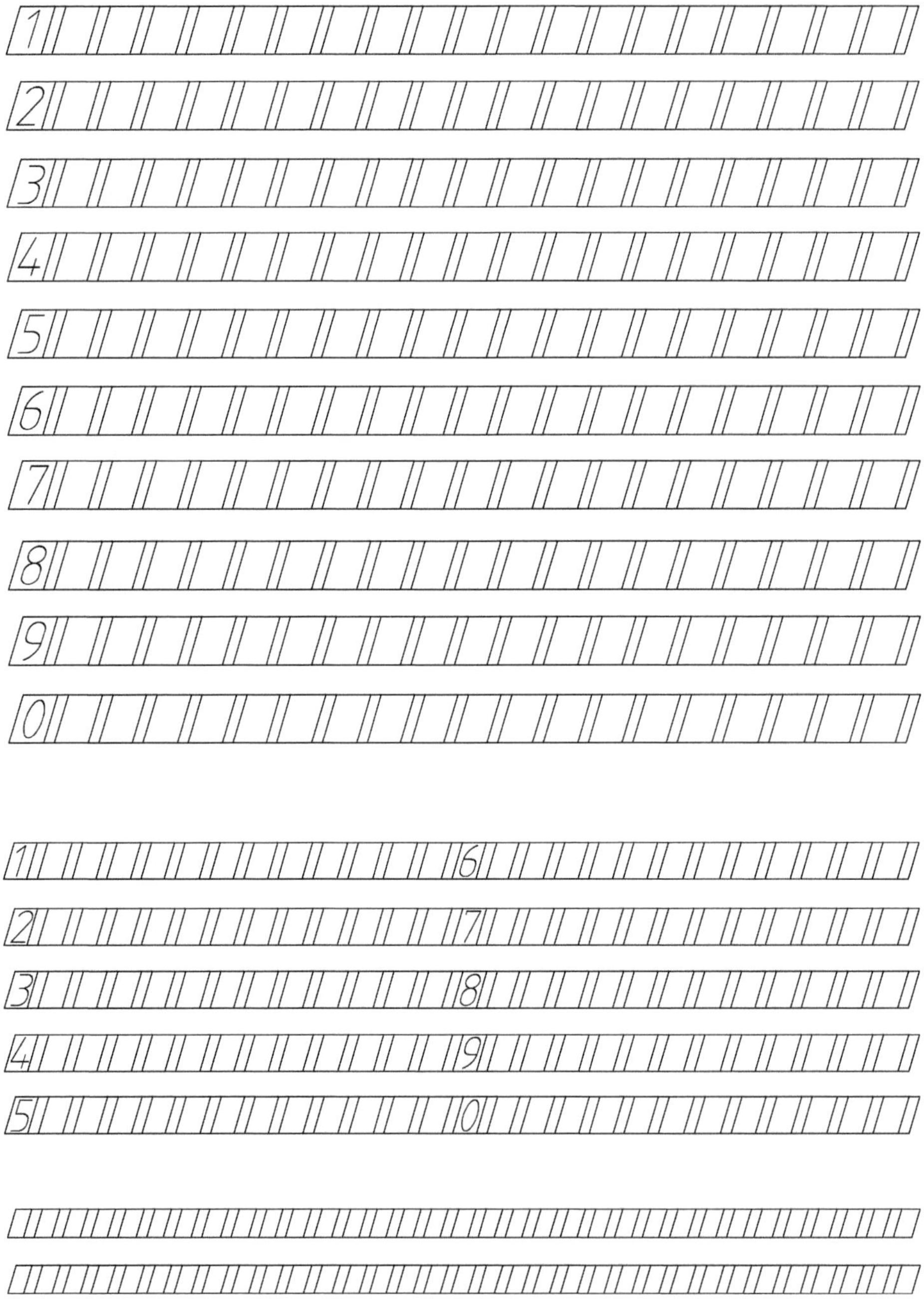

（2）字母练习

AB　CD

EF　GH

IJ　KL

MN　OP

QR　ST

UV　W

XY　Z

ab　cd

ef　gh

ij　kl

mn　op

qr　st

uv　w

xy　z

$\phi$

（3）汉字练习

| | | | | | | | | | | | | | | |
|---|---|---|---|---|---|---|---|---|---|---|---|---|---|---|
| 建 | 筑 | 制 | 图 | 比 | 例 | 尺 | 长 | 宽 | 厚 | 度 | 中 | 下 | 左 | 右 |
| | | | | | | | | | | | | | | |
| | | | | | | | | | | | | | | |
| | | | | | | | | | | | | | | |
| 民 | 用 | 房 | 屋 | 东 | 南 | 西 | 北 | 方 | 向 | 平 | 立 | 室 | 内 | 外 |
| | | | | | | | | | | | | | | |
| | | | | | | | | | | | | | | |
| | | | | | | | | | | | | | | |

| | | | | | | | | | | | | | | | | | | |
|---|---|---|---|---|---|---|---|---|---|---|---|---|---|---|---|---|---|---|
| 东 | 西 | 南 | 北 | 方 | 向 | 前 | 后 | 材 | 料 | 水 | 泥 | 砂 | 浆 | 砌 | 石 | 混 | 凝 | 土 |
| | | | | | | | | | | | | | | | | | | |
| | | | | | | | | | | | | | | | | | | |
| | | | | | | | | | | | | | | | | | | |
| | | | | | | | | | | | | | | | | | | |

| | | | | | | | | | | | | | | | | | | | | | | | |
|---|---|---|---|---|---|---|---|---|---|---|---|---|---|---|---|---|---|---|---|---|---|---|---|
| 大 | 小 | 比 | 例 | 长 | 宽 | 厚 | 度 | 单 | 位 | 形 | 状 | 设 | 计 | 说 | 明 | 班 | 级 | 姓 | 名 | 学 | 号 | 审 | 核 |
| | | | | | | | | | | | | | | | | | | | | | | | |
| | | | | | | | | | | | | | | | | | | | | | | | |

4. 图线练习：用1∶1的比例在A3图纸上绘制图1-35。

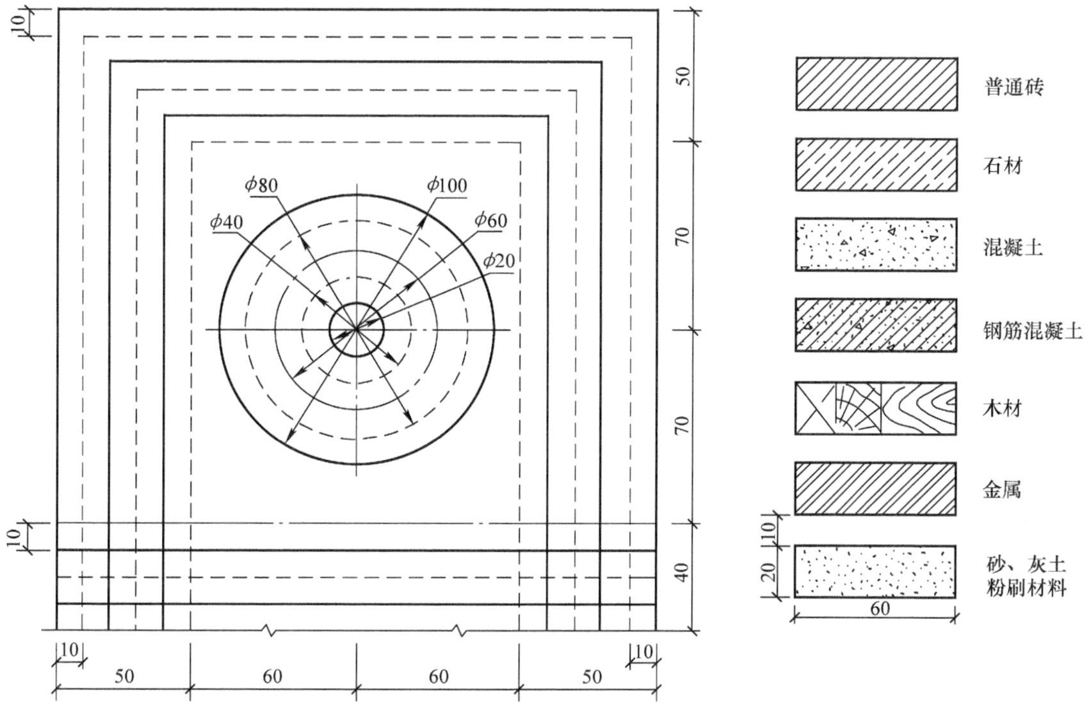


图　1-35

5. 在 A3 幅面的图纸上，绘制标准的图框和标题栏，并在图中绘制正三角形、圆、正方形、正六边形、正七边形，并进行各种粗细不同的线型练习（注意掌握绘图仪器的正确使用）。

# 第二章　投影的基本知识

学习目标

1. 了解投影的形成和规律、投影的分类及其应用。
2. 掌握平行投影的特点和规律。
3. 熟练掌握投影体系的形成、三面视图的关系和三视图的画法。
4. 掌握组合体视图的画法、尺寸标注和组合体的读图方法。

投影法是绘制工程图的基础，投影法是根据什么原理形成投影的，空间几何元素的投影有什么特点和规律，这些问题是学习制图和识图必须首先搞清楚的问题。本章将从投影法的基础知识开始学习，为今后深入学习室内与环境艺术设计制图和读图打下基础。

## 第一节　投影的概念

### 一、投影的形成

大家知道，空间物体在灯光或日光的照射下，墙壁上或地面上就会出现物体的影子，如图2-1所示，但影子只能反映物体的外轮廓，看不到物体的各棱线与棱面，因而不能正确描述空间物体的形状和结构。投影法把这种自然现象进行理性化，光线为投影线，空间物体为几何形体，地面为承影平面（称为投影面），通过几何形体上各顶点和棱线的投影线与投影面相交就形成了几何形体的投影（图2-2）。从图中可以看到，顶点的投影还是点，棱线投影后为直线，平面投影后一般为原形的类似形。

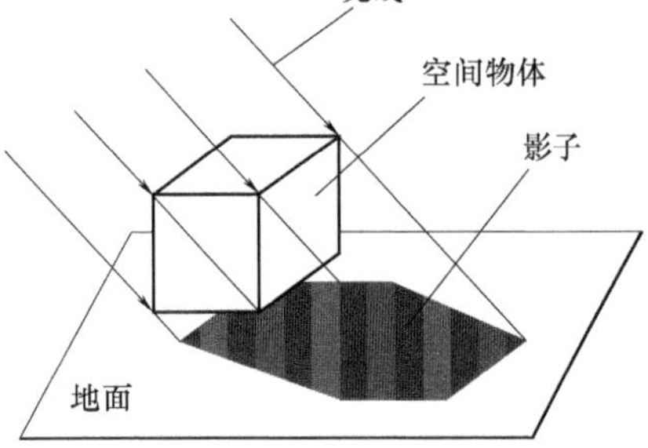


图2-1　物体的影子

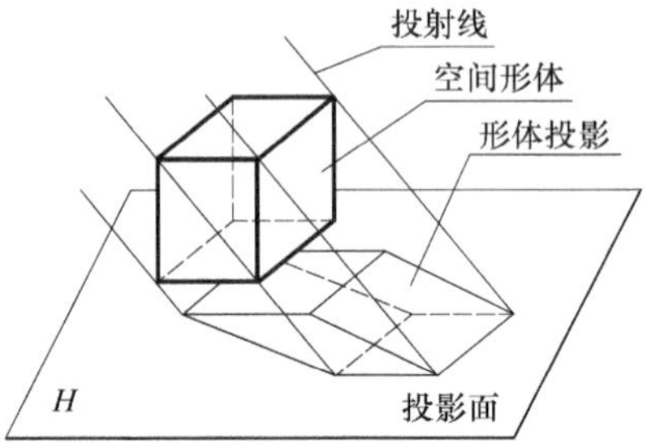


图2-2　投影的形成

### 二、投影的分类

投影可分为中心投影和平行投影两类。

**1. 中心投影**

投影中心在有限的距离内，发出放射状的投影线，用这些投影线作出的投影，称为中心投影。如图2-3a所示，建立一个平面 $P$ 和不在该平面内的一点 $S$，平面 $P$ 称为投影面，点 $S$ 称为投影中心；$\triangle ABC$ 上任一点 $A$ 与投影中心 $S$ 的连线 $SA$ 称为投影线；$SA$ 与平面 $P$ 的交点 $a$ 称为点 $A$ 在平面 $P$ 上的投影。同理，可作出点 $B$、$C$ 在平面 $P$ 上的投影 $b$、$c$，连 $abc$ 即得 $\triangle ABC$ 在 $P$ 面上的投影 $\triangle abc$。当投影中心不变时，用中心投影法得到的形体投影的大小与形体相对于投影面的位置有关，当形体靠近或远离投影面时，投影会变小或变大，且一般不能反映物体的实际大小。

**2. 平行投影**

如图2-3b、c所示，当投影中心移至离形体无限远的地方，投影线互相平行，所得到的投影称为平行投影。根据投影线与投影面的位置关系，平行投影又可分为正平行投影和斜平行投影两类。

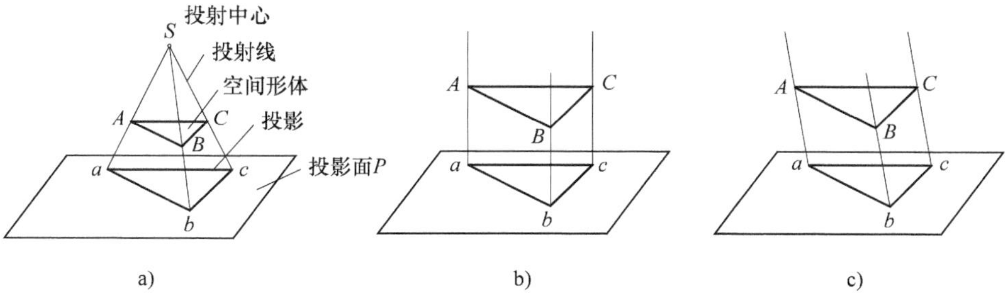


图2-3　投影的类型

a）中心投影　b）正平行投影　c）斜平行投影

## 三、各种投影法在工程中的应用

**1. 透视图**

透视图是根据中心投影法原理绘制的图样（图2-4）。透视图与人们观察物体的结果类似，具有形象逼真、立体感强的特点，在建筑和装修设计中主要用于设计方案和效果的表达。图2-5为电脑制作的透视效果图。

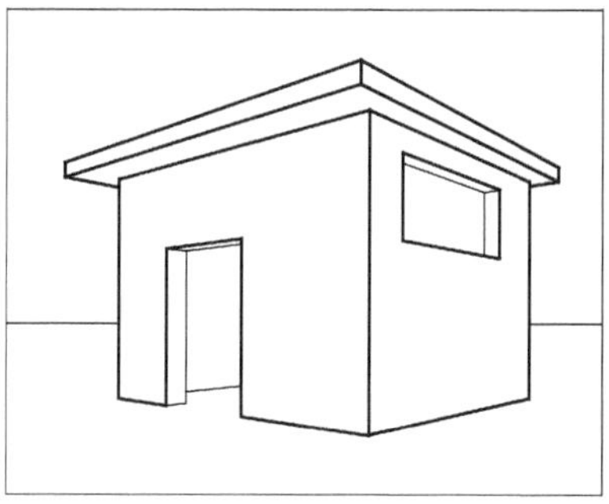

图2-4　透视图示例

图2-5　电脑透视效果图

**2. 轴测图**

轴测图是根据平行投影原理绘制的具有立体感的图样，如图2-6所示。由于它具有立体感，而且可以度量，常用于室内设计和家具设计中表达物体的结构，也常用于装饰工程图中表达节点的构造。

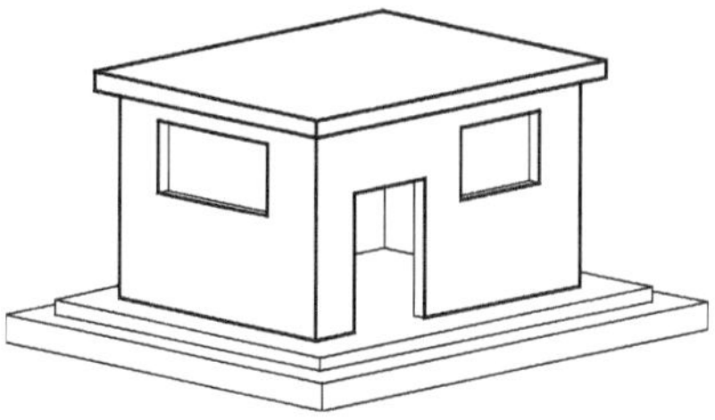

图2-6　轴测图

**3. 多面正投影图**

根据正投影法的原理，将空间形体向相互正交的三个投影面进行投影，得到三面正投影图。多面正投影图能准确反映形体的形状和大小，广泛应用于土木工程和机械工程。图2-7所示为正投影法的三面体系构架和三面投影图。

**4. 标高投影法与地形图**

标高投影法是使用一组水平面与物体相交，将交线投影到平面得到投影图并标注高度的投影方法，如图2-8所示。它一般用于绘制地形图，在园林设计中经常使用。

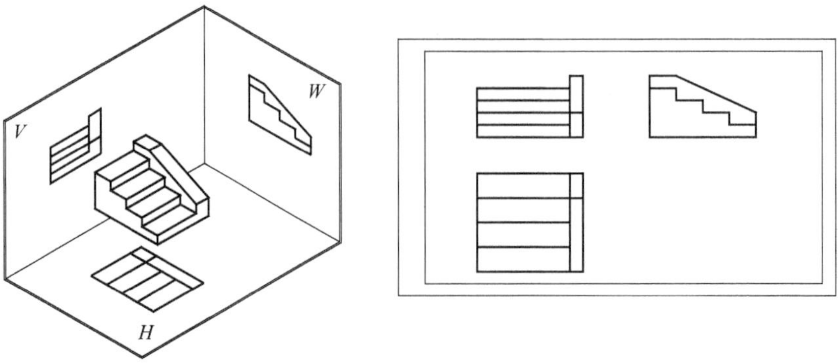


a)　　b)

图 2-7　正投影法三面体系构架和三面投影图

a）三面投影体系　b）三面投影图

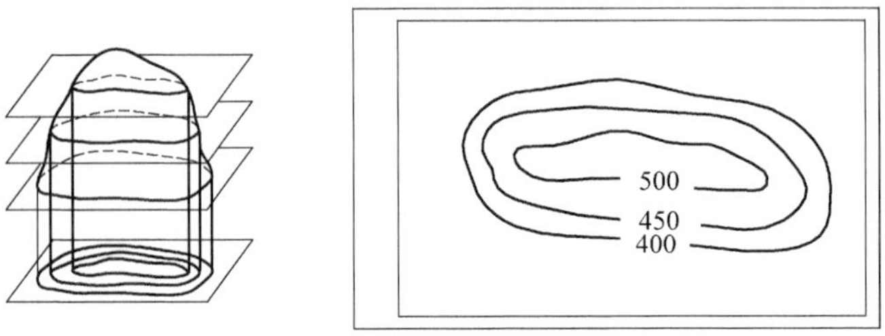


a)　　b)

图 2-8　标高投影及地形图

## 四、正投影的特性

### 1. 度量性

当线段或平面图形平行于投影面时，其平行投影反映实长或实形，即线段的长度和平面图形的形状大小可以从其平行投影确定和度量，如图 2-9a、e 所示。

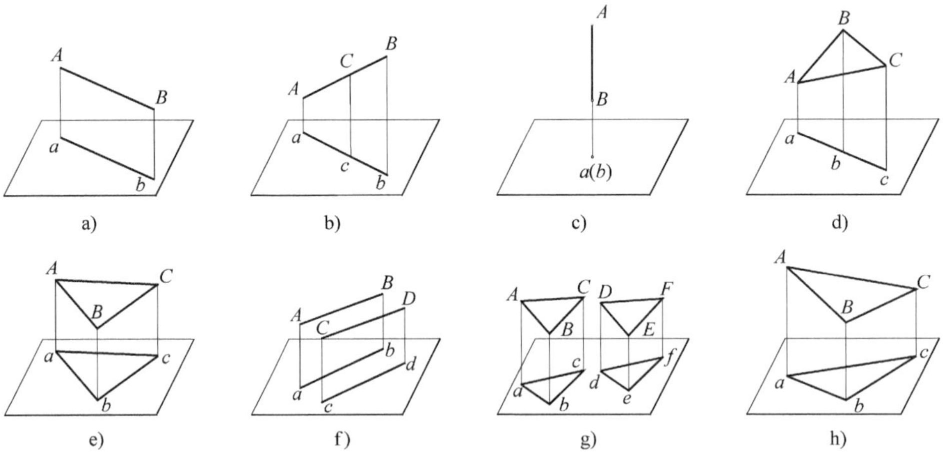


图 2-9　平行投影的特性

### 2. 等比性

同一直线上两段线段长度之比等于它们的平行投影之比，如图 2-9b 所示，$AB:CB=ab:cb$。

**3. 积聚性**

当直线或平面图形垂直于某投影面时，它们在所垂直平面上的正投影积聚为一点或一直线，如图2-9c、d所示。

**4. 从属性**

点在直线上，则点的各投影必然在直线的各同面投影上，如图2-9b所示。

**5. 类似性**

当直线或平面倾斜于投影面时，其投影不反映实长或实形，但其投影是原图形的类似形，即顶点或边数不变，如图2-9b、h所示。

**6. 平行性**

空间平行的两直线，其投影仍然平行，如图2-9f所示；平面图形在空间平行移动后，其投影不变，对应边保持平行，如图2-9g所示。

## 第二节　三面正投影图

### 一、投影面体系

**1. 投影面体系的形成**

设有一个基本形体 $A$ 如图2-10所示，由两个长方体叠加组成。在其下方放一个平行于底面的水平投影面 $H$ 面，根据正投影的特性，作出形体在 $H$ 面的正投影，是两个矩形，该投影图只反映了形体的长和宽，缺少高度方向的信息，还不能准确反映物体的形状和大小，图中的另一形体 $B$ 是在长方体的中心位置挖去一个长方形孔，它在 $H$ 面的正投影也是两个矩形，与形体 $A$ 的投影完全一样，这说明只凭一个投影不能唯一确定形体的形状，因此需要增加投影面。

如图2-11所示，增加一个垂直投影面 $V$，分别作出空间形体在 $H$、$V$ 面上的投影，我们看到形状不同的两个形体其 $H$、$V$ 投影也出现相同的情况，因此为了全面准确反映形体的形状大小，还需要增加一个投影面 $W$。如图2-12所示，互相垂直的三个投影面 $V$、$H$、$W$ 形成三面投影体系。$V$ 面称为正面，$H$ 面称为水平面，$W$ 面称为侧面，形体在三个面上的正投影分别称为正面投影、水平投影和侧面投影。

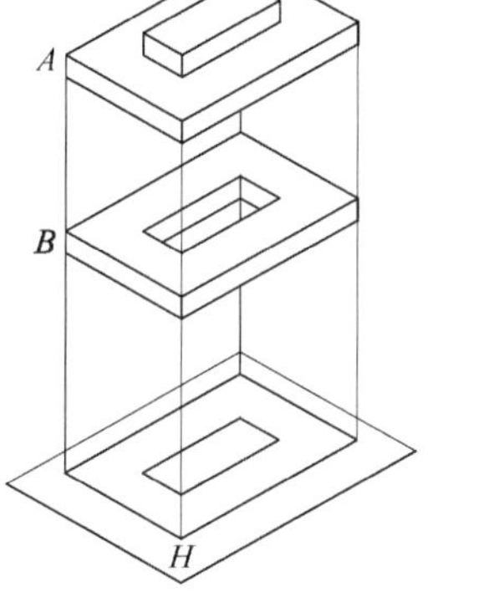


图2-10　不同形体的 $H$ 投影相同

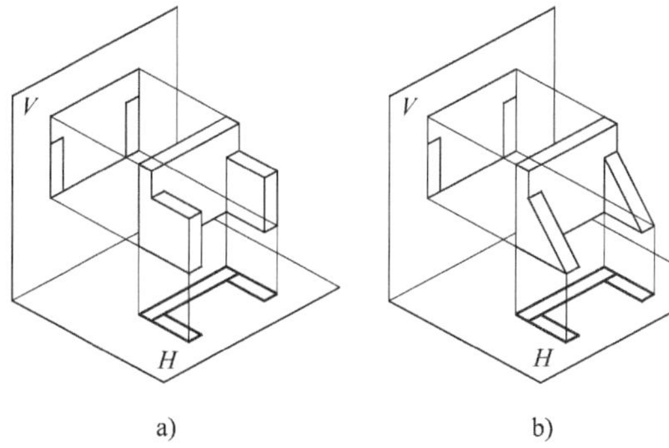


图2-11　不同形体也可能有两个投影相同

**2. 三面正投影体系的展开**

图2-12a所示为三面投影体系的空间情况，为了在同一个平面内研究形体的三面投影并且在平面上画出形体的三视图，必须将三个互相垂直的投影平面展开在同一平面上。展开的方法是保持 $V$ 面不动，将 $H$ 面绕 $OX$ 轴向下旋转，将 $W$ 面绕 $OZ$ 轴向右旋转。$OY$ 轴在旋转时分为两条，分别标注为 $OY_H$、$OY_W$ 以示区别，如图2-12b所示。

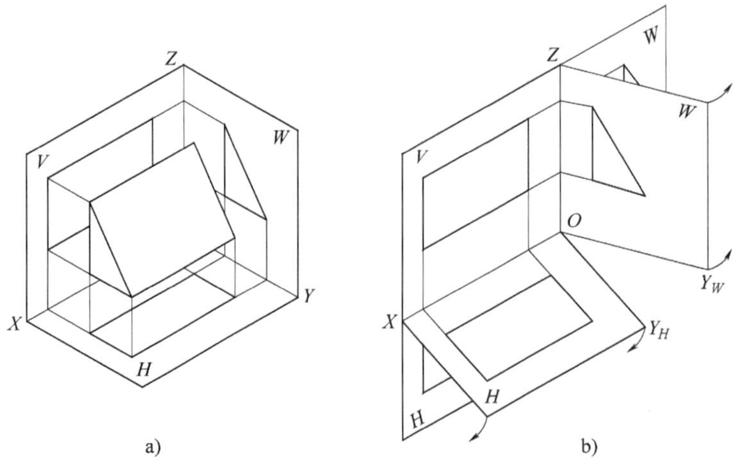


图2-12　三面投影体系和展开

## 二、形体的三面投影图

**1. 三面投影图**

三面投影体系展开后，三个投影面都处于同一平面（图2-13），取消表示投影平面的边框和字母，得到图2-14所示的三面投影图。

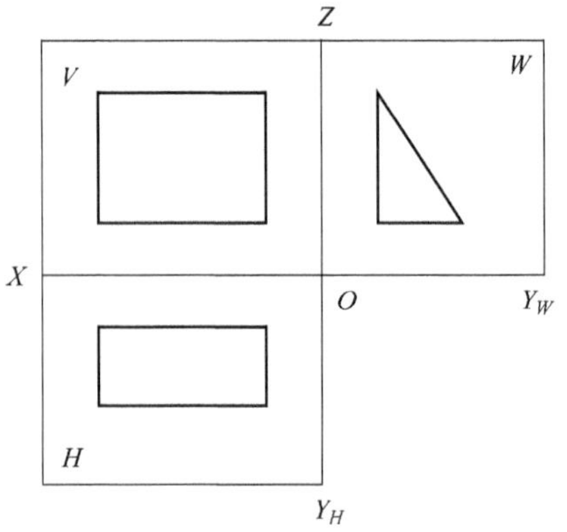


图2-13　展开后的三面投影体系

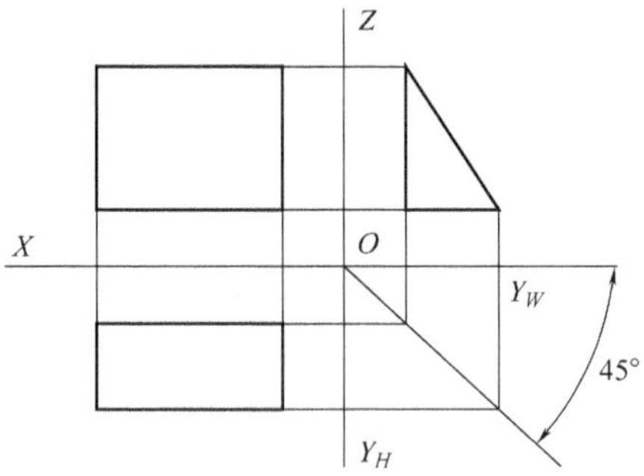


图2-14　三面投影图

**2. 三面投影图的特性**

根据平行投影的特性和三面正投影体系的展开方法，我们可以总结出形体三面投影图的特性如下：

1）形体的正投影一般由 *V*、*H*、*W* 三个投影组成。

2）*V* 投影反映形体的长度和高度以及形体上平行于 *V* 面的各个面的实形；*H* 投影反映形体的长度和宽度以及形体上平行于 *H* 面的各个面的实形；*W* 投影反映形体的高度和宽度以及形体上平行于 *W* 面的各个面的实形。

3）*V*、*H* 投影在长度方向（即左右）对齐，这种关系称为“长对正”；*V*、*W* 投影在高度方向（即上下）对齐，这种关系称为“高平齐”；*H*、*W* 投影在宽度方向（即前后）相等，这种关系称为“宽相等”，如图2-15所示。

**3. 形体三面投影图的画法**

下面用图2-16中的形体说明三面投影图的画法，步骤如下：

1）先确定形体在三面投影体系中的位置，其基本原则是尽可能使形体的各表面与投影面平行以方便画图，如图2-16所示。

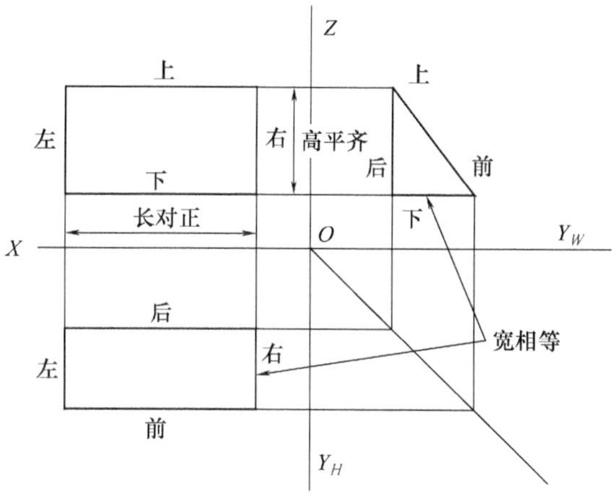


图 2-15　投影图的特性

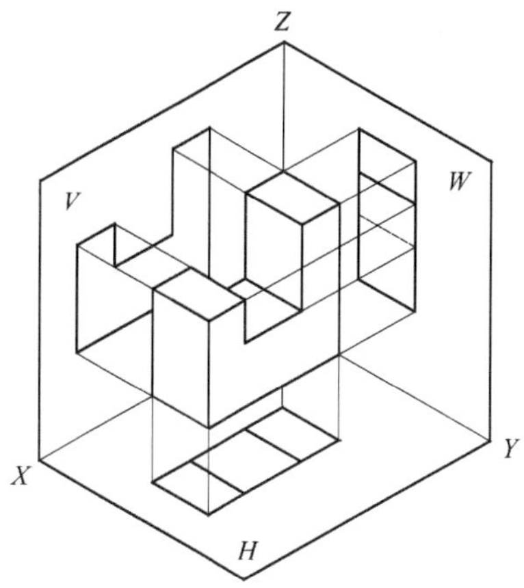


图 2-16　确定形体在投影体系中的位置

2）从哪个投影图开始画要根据形体形状具体分析，一般先画正面投影，本例的形体其前后表面都平行于 $V$ 面，反映实形，很容易根据长度和高度画出正面投影。

3）根据“长对正”的原则和形体的宽度，在正面投影的下方画出水平投影，可用靠在丁字尺工作边上的三角板将 $V$ 投影和 $H$ 投影对正。水平投影是反映左右两个顶面和凹槽的三个矩形。

4）在正面投影和水平投影画出后，根据“高平齐”和“宽相等”的原则，可画出侧面投影。使用丁字尺将 $V$ 投影和 $W$ 投影拉平，借助 45°的辅助线保证 $H$ 投影和 $W$ 投影的宽度相等，如图 2-17a 所示。

在侧面投影中，形体中间部分的凹槽被左边的凸台挡住，投影时看不到，其投影应画成虚线，如图 2-17a所示。

5）三面投影画完后，检查有无错误和缺线，将辅助作图线擦除，并将可见投影线描深，不可见的线画成虚线，如图 2-17b 所示。只要保证“长对正”“宽相等”和“高平齐”，$V$ 投影和 $W$ 投影之间的水平距离、$V$ 投影和 $H$ 投影之间的垂直距离可以根据需要设置，并不影响投影的正确性。

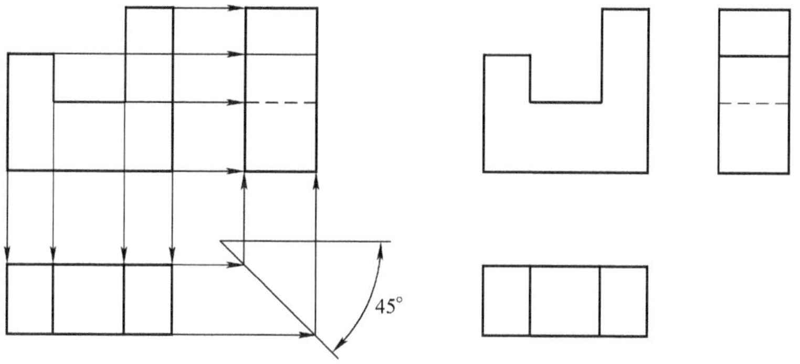


图 2-17　三面投影图的画法

## 第三节　组合体的视图和尺寸标注

如前面所述，由于表达形体的需要而建立了三面正投影图，在工程图中称投影图为视图。正面投影称为主视图、立面图；水平投影称为俯视图、平面图；侧面投影称为左（右）侧视图、左（右）侧立面图，总称三面视图。在实际应用中，并非任何形体都要画出三面视图，而是要根据形体的具体情况以表达清楚为目的，结合尺寸的标注可采用一个视图、两个视图、三个视图或多于三个的视图来表达形体形状。

## 一、基本视图

当形体比较复杂时，用三个视图会使图线繁杂不清，不便绘图和读图，因此国家制图标准规定可在原来三个投影面的基础上再增加三个投影面，如图 2-18 所示。新增加三个投影面分别与原投影面 *V*、*H*、*W* 平行，构成一个箱型六面投影体系。假想把形体置于其中，用正投影法分别向六个基本投影面进行投影，然后再按图 2-19 所示的方向将各投影面展开到同一平面内（原 *V* 面保持不动），可以得到六个投影图，制图国家标准将这些投影图总称为基本视图，分别命名为主视图（正视图）、俯视图、左视图、右视图、仰视图（底视图）及后视图（图 2-20a）。这六个视图如果按上述方法展开的位置放置时，一般不需要标注视图名称，否则应标明视图名称。在建筑制图中按专业习惯分别将上述六个视图称为正立面图、平面图、左侧立面图、右侧立面图、底面图和背立面图，并按图 2-20b 所示的位置排放。

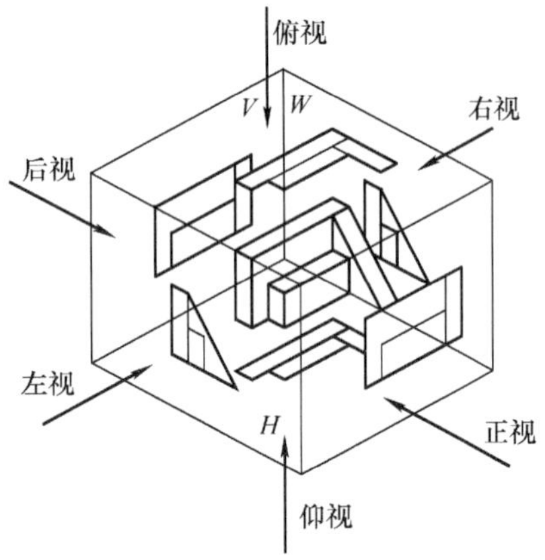


图 2-18　六面投影体系

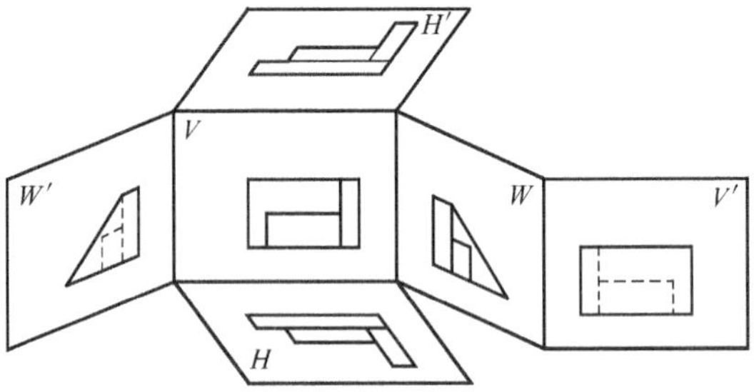


图 2-19　投影体系的展开

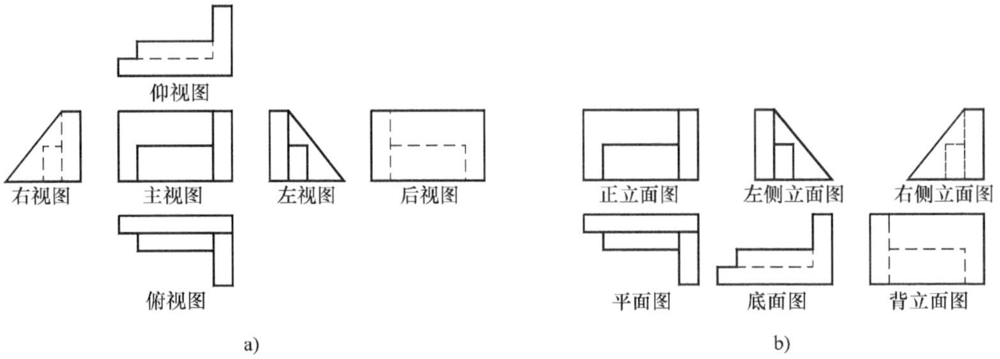


图 2-20　基本视图

## 二、基本几何形体的视图和尺寸标注

### 1. 基本几何形体的视图

常见的基本几何形体包括平面立体和曲面立体两大类，它们的视图有一定的规律、特点和代表性，分析其投影情况可帮助我们熟悉形体的视图表达。表 2-1 列出了各种常见的基本几何体在三面投影体系中的投影情况及其三视图。读者可对照在三面体系中的投影情况分析其三面视图的特点。

**表 2-1　基本几何形体的三视图和投影特点**

| 名称 | 形体在三面投影体系中的投影 | 三视图 | 投影特点 |
|---|---|---|---|
| 长方体 | 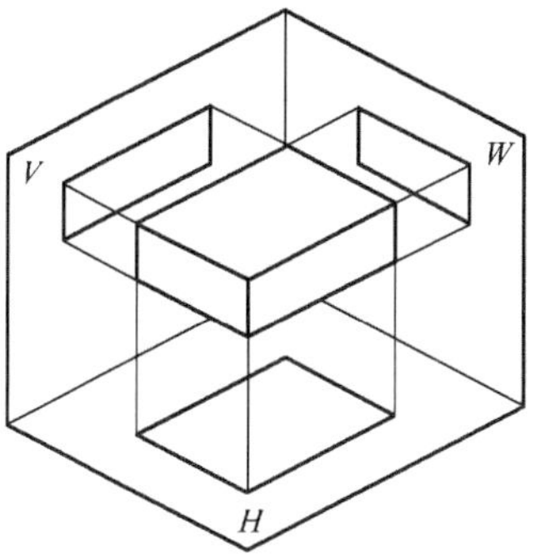 | 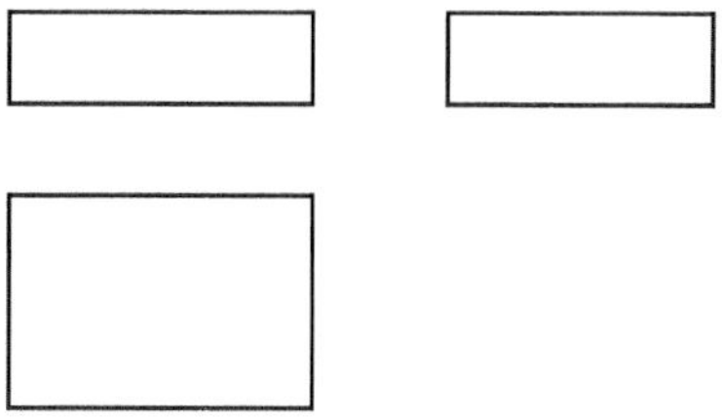 | 三个视图都是矩形 |
| 六棱锥 | 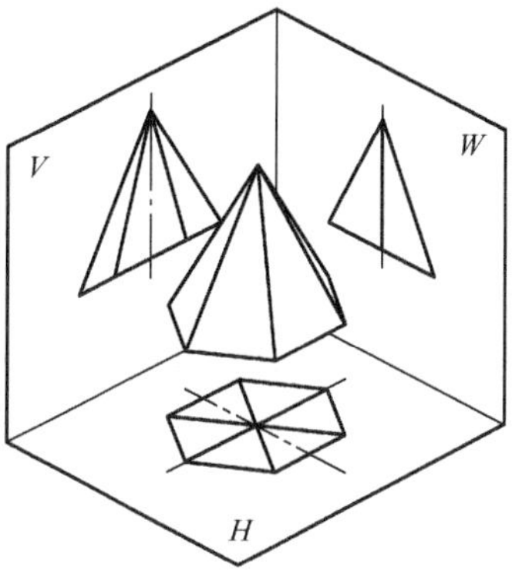 | 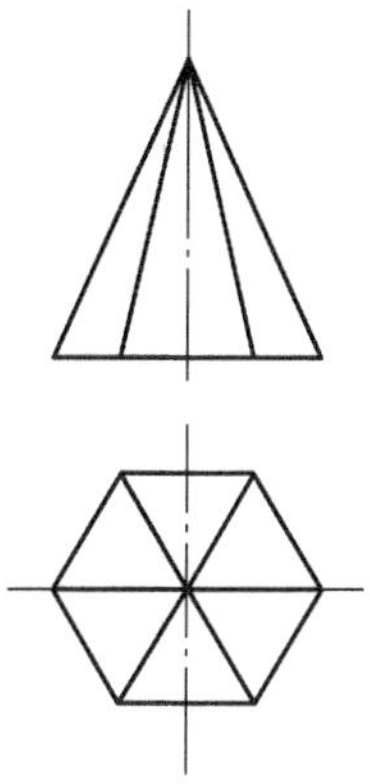 | 两个视图的外形都是高度相等长宽不等的等腰三角形，另一个视图的外形是正六边形，反映六棱锥底面的实形 |
| 四棱台 | 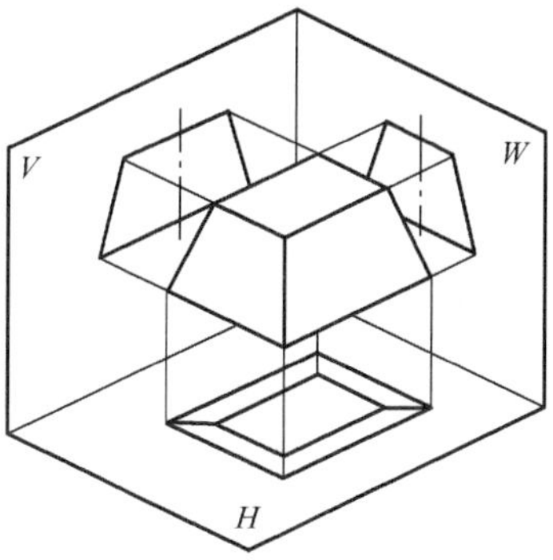 | 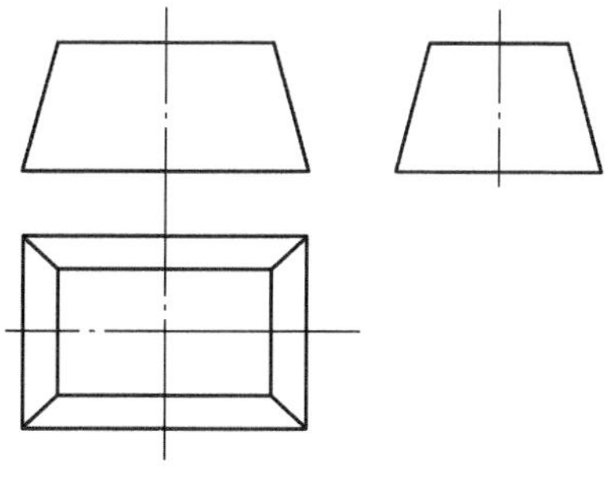 | 两个视图是高度相等长宽不等的正梯形，另一视图为内外两个矩形，分别反映上、下底面的实形，两矩形的对应顶点相连为棱边的投影 |
| 圆柱体 | 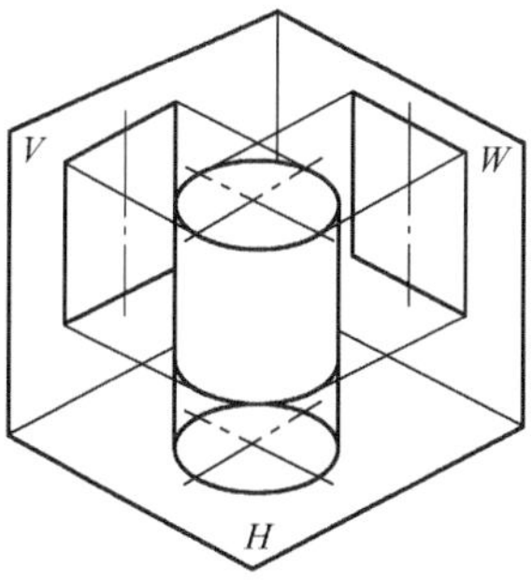 | 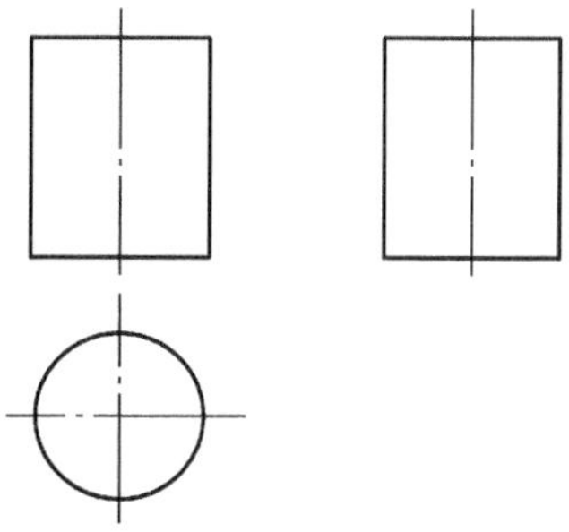 | 两个视图是全等的矩形，另一个视图是圆，反映圆柱体上、下底面的实形 |

（续）

| 名称 | 形体在三面投影体系中的投影 | 三视图 | 投影特点 |
|---|---|---|---|
| 正圆锥 | 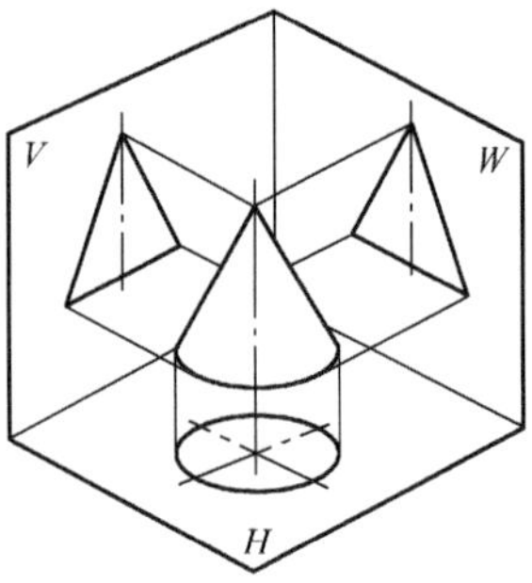 | 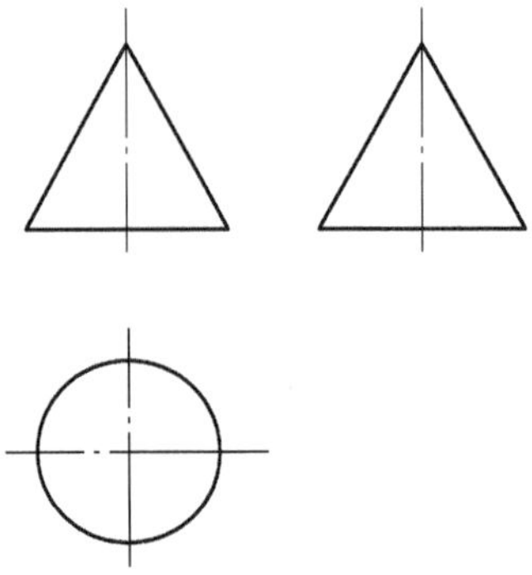 | 两个视图是全等的等腰三角形，另一个视图为圆，反映圆锥底面的实形 |
| 正圆台 | 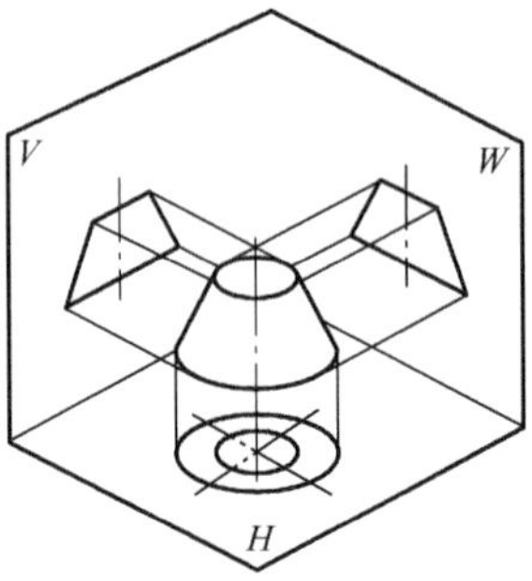 | 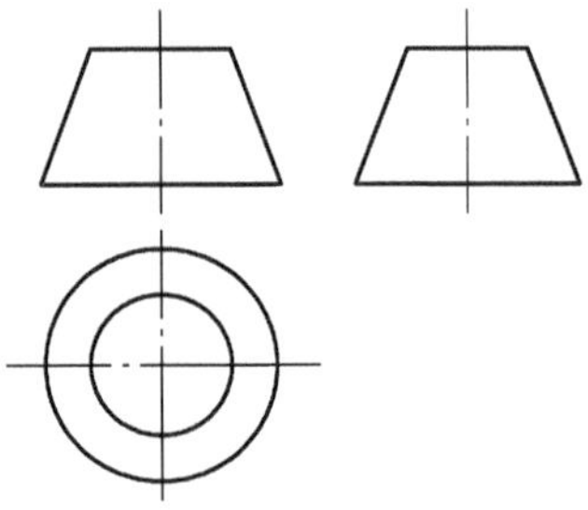 | 两个视图是高度相等的正梯形，另一视图为内外两个圆，反映圆台上、下底面的实形 |
| 球体 | 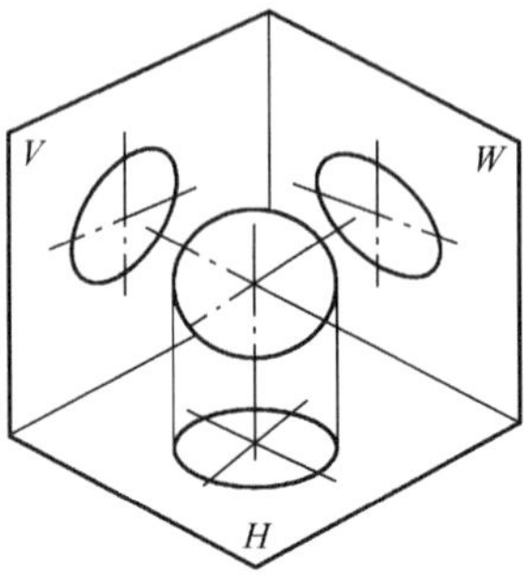 | 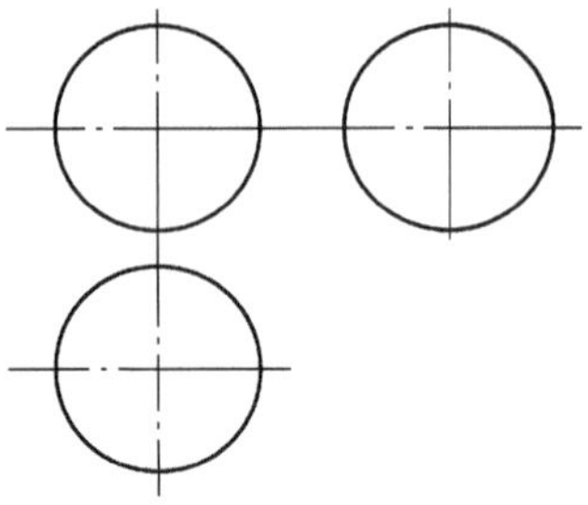 | 三个视图都是直径相等的圆 |

**2. 基本几何形体的尺寸标注**

正确的视图选择可以清楚地表达形体的形状，但其大小和各部分的关系需要标注尺寸才能确定。借助尺寸的标注有时还可以减少视图的数量。图 2-21 所示为几种基本几何体的尺寸标注方法（图中的标注省略了具体的尺寸数值）。

如图所示长方体需要标注长、宽、高（图 2-21a）；正三棱柱标注高度和底面正三角形的边长（图 2-21b）；六棱锥标注高度和底面正六边形的长或宽（图 2-21c）；四棱台标注高度和上、下底的长、宽（图 2-21d）；圆柱标注高度和直径（图 2-21e）；圆锥标注高度和底圆直径（图 2-21f）；圆台标注高度和上、下底圆的直径（图 2-21g）；球体标注直径“$\phi$”并在前边加“$S$”（“$S$”表示球），如图 2-21h 所示。

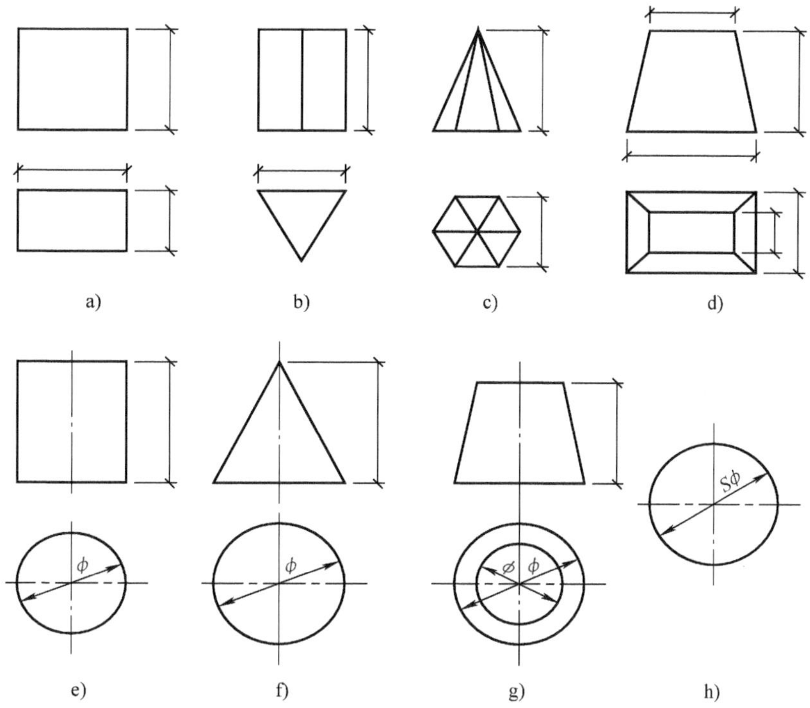


图 2-21　基本形体的尺寸标注

## 三、组合体的视图和尺寸标注

**1. 组合体及其组合方式**

组合体一般指比较复杂的形体，可以将它们看成由若干简单的几何体按一定方式组合而成，这样的物体是实际工程物体的几何抽象。学习组合体的视图表达是阅读和绘制工程图的基础。简单组合体的组合形式一般有以下两种方式：

1）叠加：包括叠合、相切和相交。如图 2-22 所示，图 2-22a 的组合体由长方体和圆柱体叠合而成；图 2-22b 的组合体由长方体和半圆柱相切而成；图 2-22c 的组合体由圆柱体和正六棱柱相交而成。

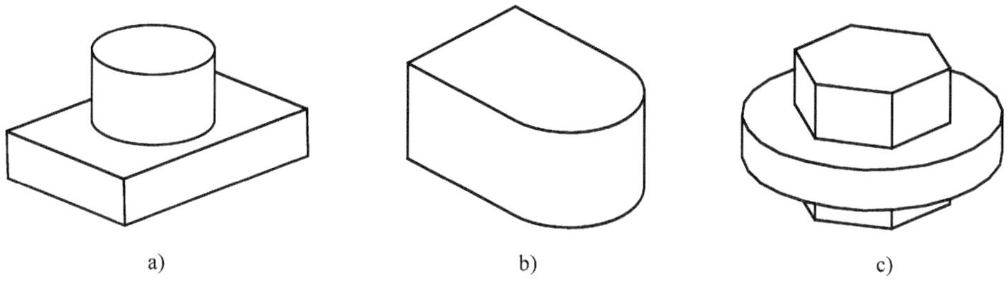


图 2-22　组合体的叠加

2）切割：指在基本几何体上开孔、挖槽、截切等去除一部分。如图 2-23 所示，图 2-23a 是在圆柱体上开一方孔；图 2-23b 是在长方体上挖去半圆柱的槽；图 2-23c 是在长方体的四边倒斜角。

组合体可能全部由叠加形成，也可能全部由切割形成。较复杂的组合体通常在形成过程中，不会只有单一的组合形式，如图 2-24 所示的组合体，组成方式既有叠加，也有切割。

**2. 组合体的尺寸标注**

正确选择一组视图只能表明组合体的形状和各部分的组合情况，而组合体的大小及其各部分的相对位置还需要尺寸来确定。组合体的尺寸分为以下类型：

（1）定形尺寸　也称定量尺寸，是表示形体长、宽、高等大小的尺寸。如图 2-21 所示的基本几何

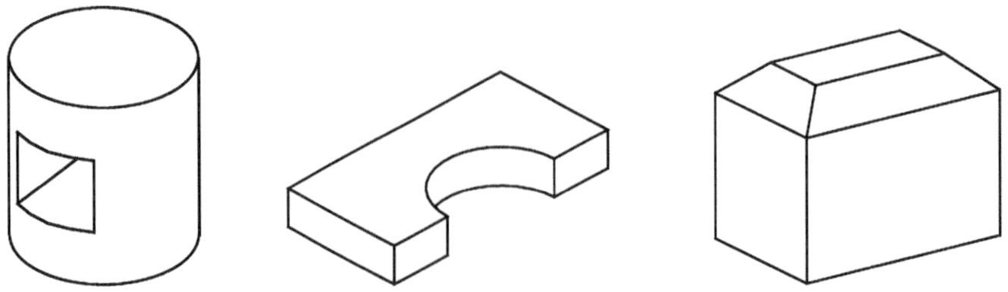

a)　　　　b)　　　　c)

图 2-23　组合体的切割

体都只具有定形尺寸。

(2) 定位尺寸　表明组合体中各部分形体之间的相对位置的尺寸。标注时要先确定相对位置的起点，即尺寸基准。一般情况下，组合体在长、宽、高三个方向都要选定尺寸基准。如图 2-25 所示，形体的重要表面、形体的对称面和回转体的轴线都可以作为尺寸基准。

(3) 总体尺寸　反映组合体的总高、总长、总宽的尺寸。总体尺寸有时也是一个形体的定形尺寸，标注时要注意避免重复。

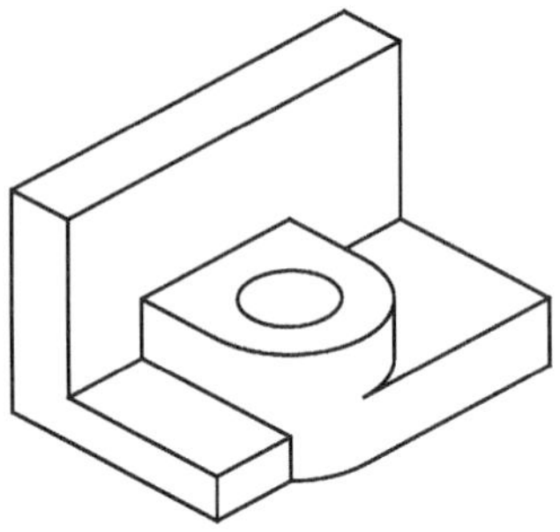

组合体的多组合形式

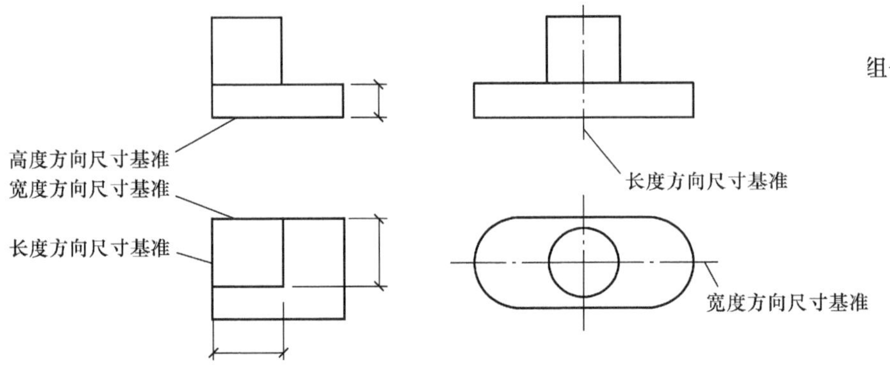


a)　　　　b)

图 2-25　组合体的尺寸基准

### 3. 组合体尺寸标注实例

我们以图 2-26 所示的组合体为例说明尺寸标注的方法步骤。

(1) 形体分析　对图 2-26 所示的组合体进行形体分析，根据三视图和轴测图可以看出这个组合体左右对称，它是在一个 Z 形柱（由三个立方体组成）上叠加两块三角形板（可视为三棱柱），再在 Z 形柱的竖板中央切割掉一个圆柱体，形成一个圆柱孔。

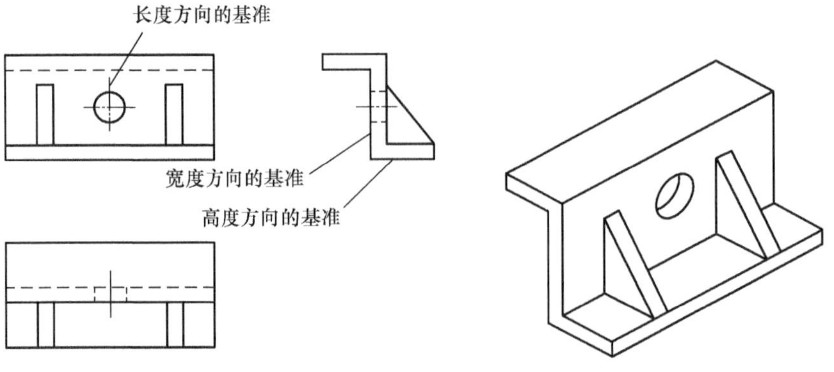


图 2-26　组合体的三视图和轴测图

（2）确定尺寸基准 如图2-26所示，选定左右对称面为长度方向的基准、Z形柱的后面为宽度方向的基准、Z形柱的底面为高度方向的尺寸基准。组合体标注尺寸的顺序按各个简单几何体逐个标注。

（3）标注Z形柱的定形尺寸 宽度和高度尺寸分别标注在形状特征明显的左视图上，长度尺寸标注在主视图上，且位于同时表达出长度的主视图和俯视图之间，如图2-27a所示。

（4）标注三角形板的定形尺寸和定位尺寸 三角形板的定形尺寸，它们的宽度和高度尺寸分别标注在形状特征明显的左视图上，即在左视图上标注三角形板的高度20和宽度15；在主视图上标注其厚度5。对Z形柱的定位尺寸，长度方向由于左右对称，标注了定位尺寸35，由于两块三角形板的两个直角面与Z形柱竖板和底板面叠合，所以这两块三角形板的宽度和高度方向对Z形柱的相对位置已确定，不必再标注定位尺寸，也可认为Z形柱的竖板厚度尺寸5和底板厚度尺寸5是三角形板宽度和高度方向的定位尺寸，如图2-27b所示。

（5）标注圆孔的尺寸 在反映其特征的主视图上标注定形尺寸（直径10）和高度定位尺寸12.5，由于圆孔位于Z形柱中心，宽度和长度位置已经确定，不需要再标注其定位尺寸（图2-27c）。

（6）标注总体尺寸 组合体的总高和总长与Z形柱的定形尺寸相同，可不再标注；总宽尺寸35标注在俯视图上。最后标注结果如图2-27d所示。

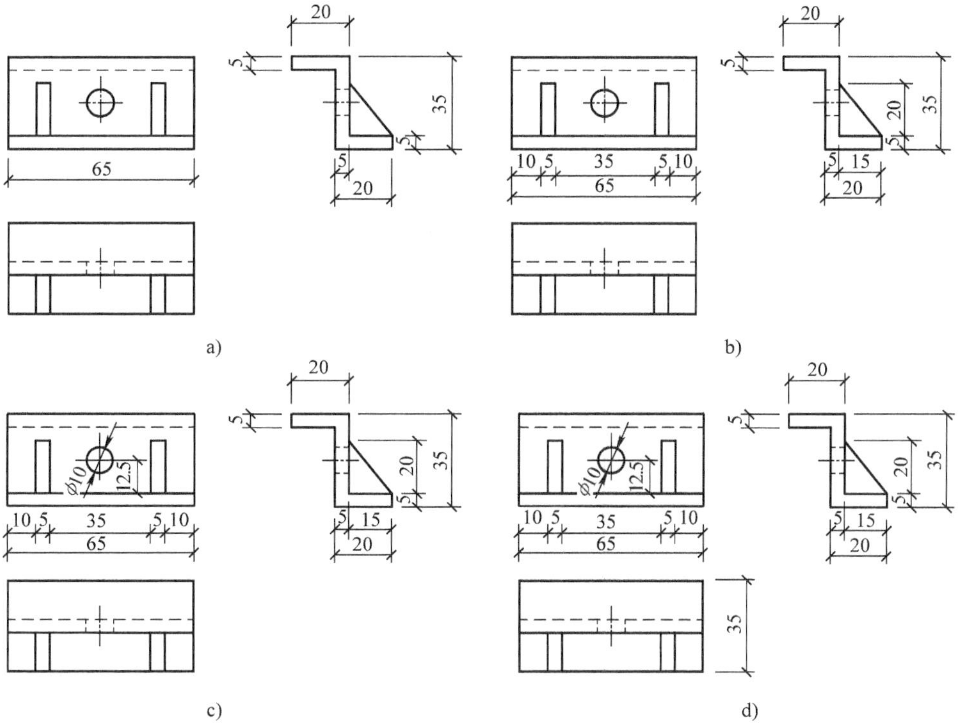

图2-27 组合体尺寸标注

## 第四节 组合体视图的画法和识读

### 一、组合体视图的画法

如前所述，组合体是由基本几何体经叠加、切割等方式组合而成的，要正确画出组合体的视图，就必须先认识组合体的构成方式，应用形体分析法进行结构分析，将一个复杂的组合体分解为几个简单几何体来认识，再综合各部分形成完整的视图。下面以图2-28a所示的组合体为例介绍组合体视图的画法。

**1. 形体分析**

组合体由后面的竖板、左右底板和中间凸台组成。凸台是立方体和半圆柱相切组成，再挖去一个圆柱孔；左底板是立方体，在左下方向与竖板靠齐（即两者的左侧面和底面共面）；右底板在右下方向与竖板靠齐（两者的右侧面和底面共面），左边与凸台的圆柱部分相切（图2-28b）。

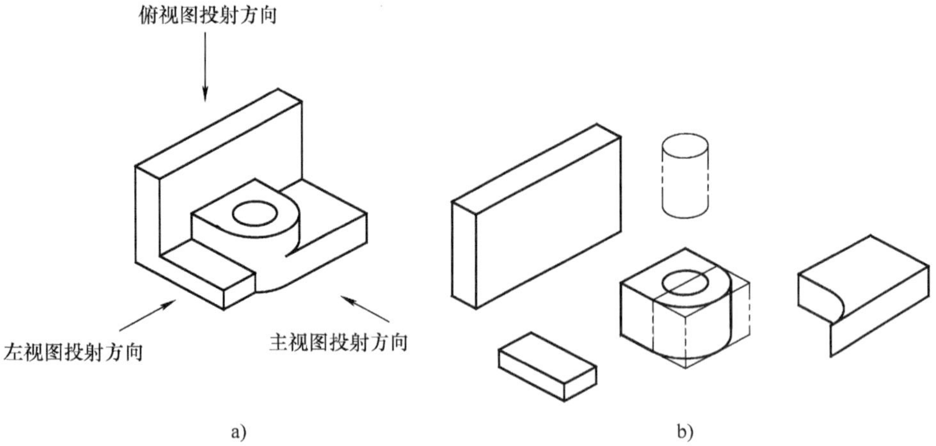


图2-28　组合体的形体分析和视图投影方向选择

**2. 选择视图的投影方向**

主视图是表达组合形体的最重要视图，选择是否恰当，直接影响表达方案的好坏。选择主视图一般应遵循三条原则：一是选择形体正常的安放位置或工作位置；二是尽可能显示形体的形状特征；三是尽量避免和减少视图中的虚线。根据以上原则，该组合体主视图的投影方向选择如图2-28a所示。主视图的投影方向选择好，其他视图的投影方向也就确定了。还要考虑的一个问题是视图的数量，主要以组合体的复杂程度和特点来确定。一般原则是在表达清楚的前提下，视图数量越少越好。一般的组合体三个视图就够了。

**3. 画组合体视图**

表达方案确定后，可按以下步骤画图：

（1）确定比例与图幅　根据形体实物的大小及视图的数量选定一个合适的比例和图幅。

（2）布置视图　可根据国家标准规定的尺寸画出图框和标题栏后，进行视图的安排布置。具体要求是：图面匀称、安排合理、视图清晰。视图之间留足够空隙标注尺寸。

（3）用轻线画底稿　一般是先画主要的，后画次要的；先画大的，后画小的；先画外面的轮廓，后画里面的细部；先画实体，后画孔和槽。一般从主视图开始画，但有时为确定立体表面交线应先画俯视图。本例可先画竖板的三个投影（图2-29a），再画凸台部分的中心线及其投影，圆孔轮廓线不可见应画成虚线（图2-29b）。画左右底板时，要从俯视图开始，才能确定圆柱部分与左底板的交线位置（图2-29c）。各基本形体的投影画完后，要认真检查。组合体虽然是由若干基本形体组成，但它是一个整体，分析时是假想分成几个简单几何体，因而叠合处是否画出各几何体之间的分界线应特别注意，当按形体分析所假想分成几个简单几何体逐个画出时可能会画出一些实际上不存在的分界线，尤其在叠合后成为同一个平面时，更不要忘记擦掉这些多余的线；组合体两相邻表面相交，应该画出交线的投影（本例圆柱与左底板）；组合体两相邻表面相切，表面是光滑过渡，不必画出切线的投影（本例圆柱与右底板）。竖板与两个底板分别在左、右两侧靠平共面，在底部也共面，因此它们之间的线应擦去（图2-29c）。

（4）按标准线型加深　检查、校核无误后，清理图面，按标准线型加深（图2-29d）。

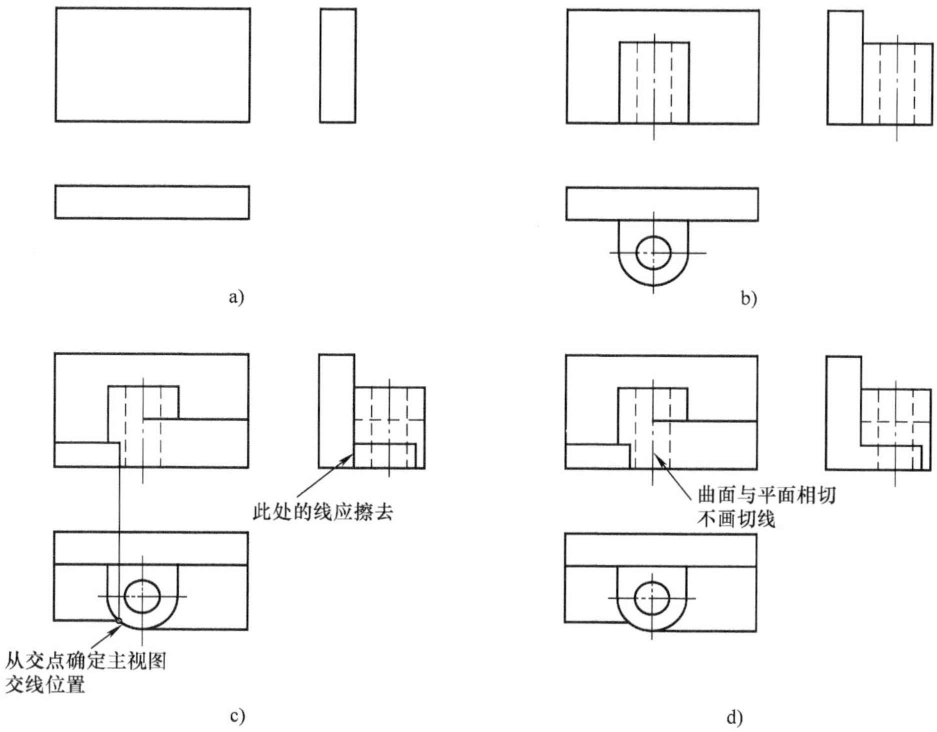


图 2-29　画组合体视图的实例

## 二、组合体视图的识读

组合体视图的识读指的是根据组合体的视图，想象出形体的空间形状，它与组合体画图正好相反，是画图的逆过程。读图的过程一般采用的也是形体分析法，即根据已知的平面视图中的投影对应关系将形体分成一些基本形体来检验是否符合投影规律。读图的一般步骤是先从整体入手，确定基本外形；再从一个个局部的投影关系分析出几个基本几何形体；最后综合检查分析是否正确，一步步地想象出形体的全貌和细节。在形体分析时，一定要注意将有关的几个视图联系起来看，因为一个视图不能确定形体的形状。下面以图 2-30 所示的组合体的三视图为例进行读图练习。

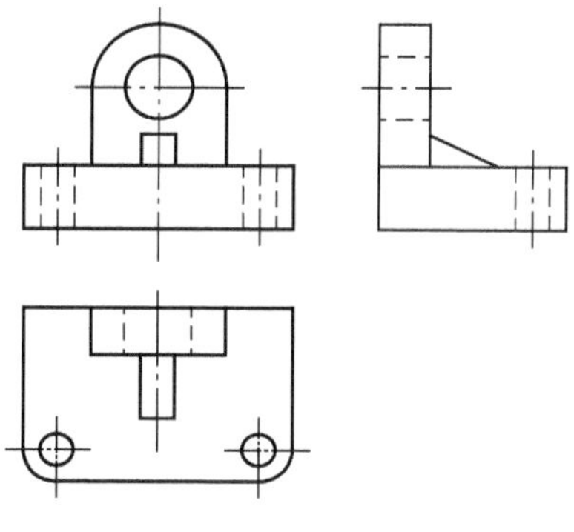

图 2-30　组合体读图实例

**1. 整体观察**

从三个视图总的看来，组合体是左右对称的，用“长对正”的方法分析主、俯视图的投影关系；用“宽相等”的方法分析俯视图和左视图；用“高平齐”的方法分析主视图和左视图。不难看出，形体分上下两大部分，上面的竖板和下面的底板。竖板长度短，位于中间；底板较长。

**2. 进行形体分析**

先分析竖板。将竖板的投影从三视图中分离出来，可以看出，主视图反映了它的实形，由立方体和半圆柱相切而成，在俯视图和侧视图上反映了竖板的厚度，先不考虑虚线部分，它的形状如图 2-31 所示。用同样的方法分析底板，基本形状是立方体，但从反映实形的俯视图中看出前面左右两边形成圆角，主视图和左视图反映了它的厚度，不考虑虚线部分，它的形状如图 2-32 所示。

**3. 注意分析细小部分**

除了上下两部分外，通过仔细观察，我们发现中间有一个小的形体，将其三个投影对照分析可以看出是一个三角形板，左视图反映它的实形，主、俯视图同时反映了其厚度。形状如图2-33所示。

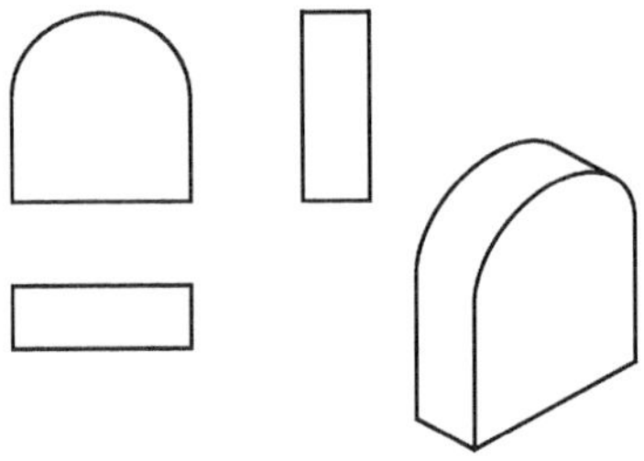

图2-31　竖板的形状

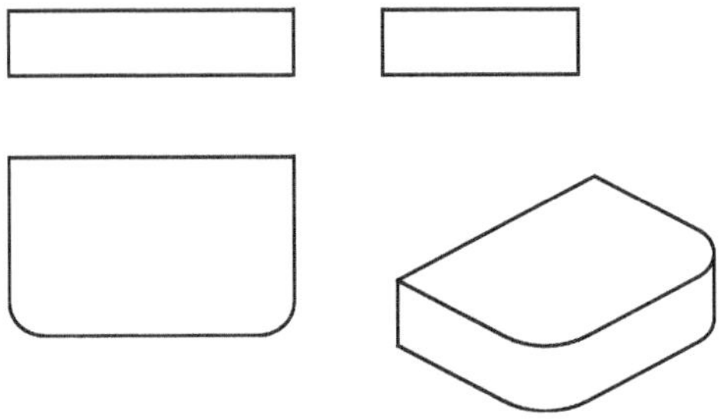

图2-32　底板的形状

**4. 分析虚线部分**

竖板上的虚线，从俯视图、左视图都可看出是贯穿板的整个厚度，投影关系对应到主视图是一个圆，因而可以确定是在竖板上挖去一个圆柱孔（从圆的中心画有垂直相交的中心线也得到进一步证实）。用同样的方法可以分析出底板上左右对称的两个小孔。

**5. 分析几个基本形体的位置关系**

竖板在上，底板在下，左右对称，两者后面对齐（共面）；三角形板位于中间，两个直角面分别与竖板的前面和底板的上面接触。最后得出组合体的形状如图2-34所示。

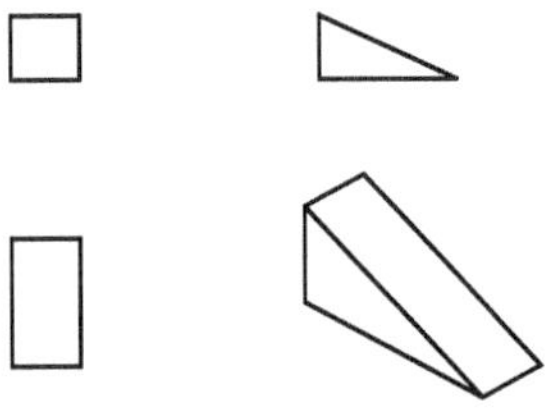

图2-33　三角形板的形状

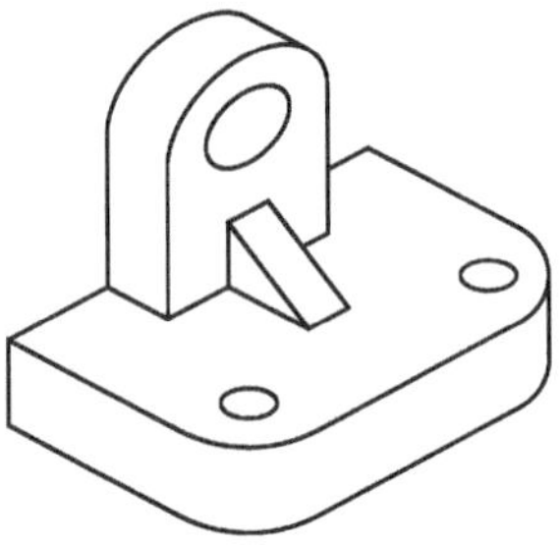

图2-34　组合体的轴测图

总结一下读图的方法和要领：利用形体分析法；掌握“长对正”“宽相等”“高平齐”的投影规律；几个视图结合一起读；先整体后细部；从外到里，先实线后虚线，先假设后证实，一步步深入总结，最后得出正确的结果。

## 复习思考与练习题

1. 工程上常用的投影方法有哪些？正投影有何特性？
2. 三视图是如何形成的？
3. 形体的三面投影图之间有何对应关系？
4. 清楚地表达一个形体，一般需要几个视图？举例说明用一个视图、两个视图就能表达清楚形体的例子（结合尺寸标注）。
5. 简述画组合体视图的方法步骤。
6. 如何正确进行组合体的尺寸标注？
7. 标注尺寸练习，按图2-35中规定的比例标注尺寸。
8. 根据已知二视图，补画第三视图（图2-36）。
9. 根据轴测图（图2-37）画出形体的三视图（尺寸从图中量取）。

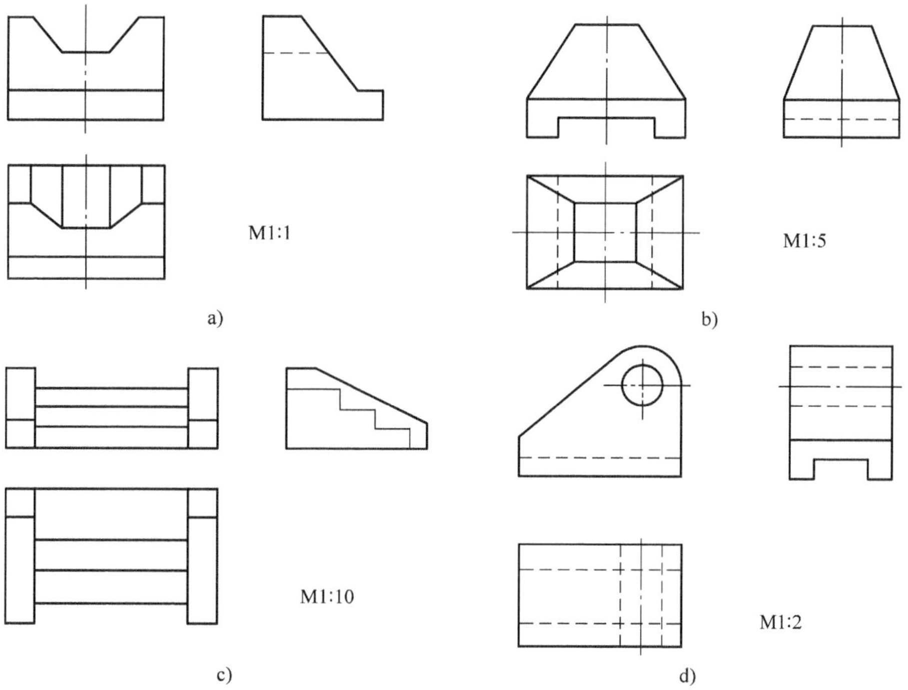


图　2-35

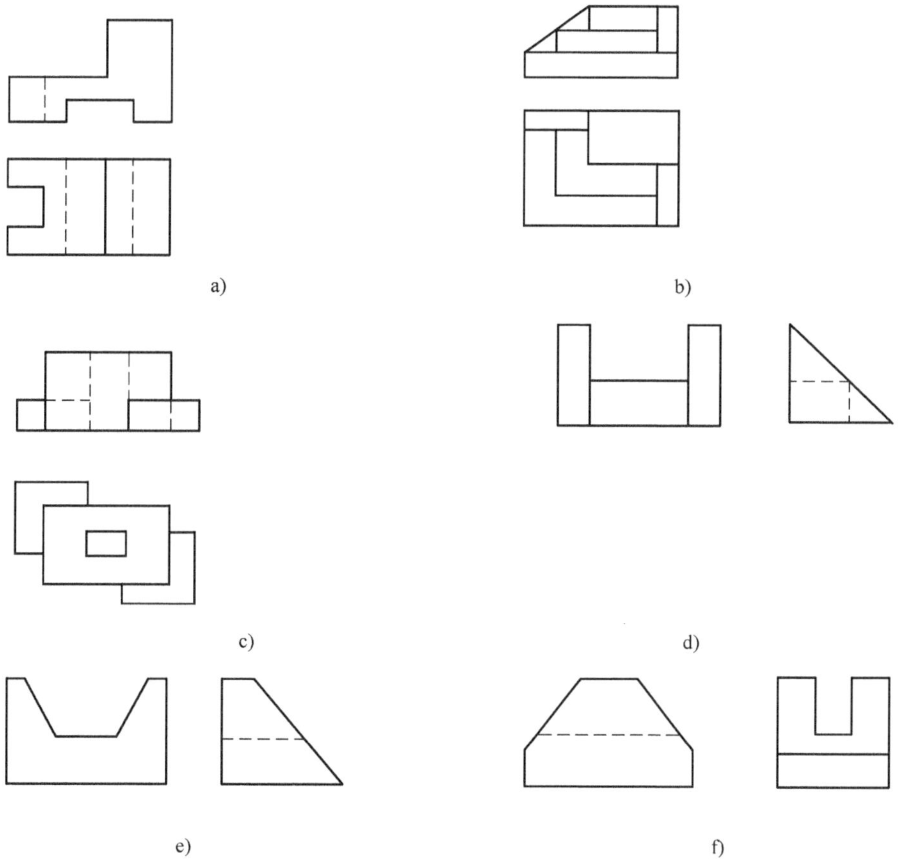


图　2-36

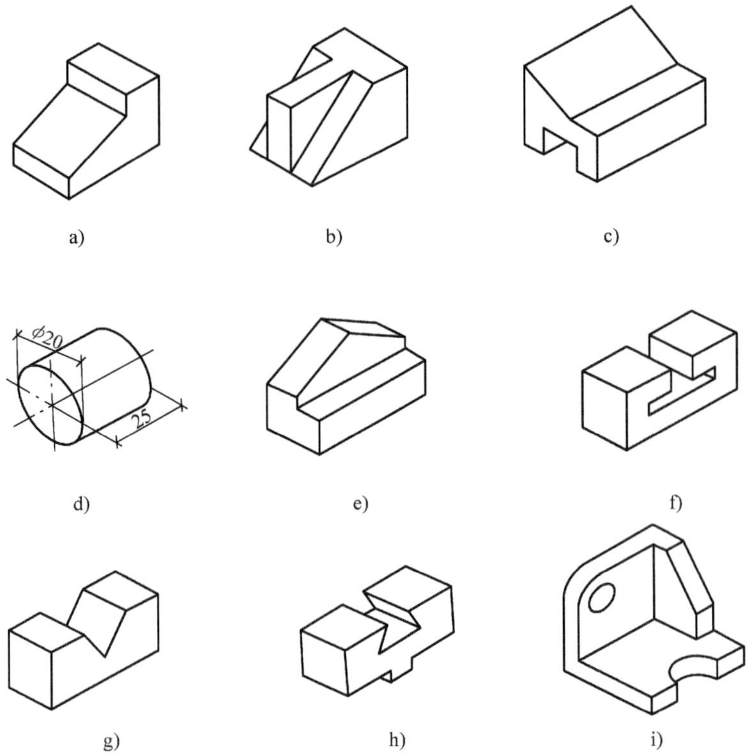


图　2-37

# 第三章 轴测投影图

学习目标

1. 了解轴测图的形成和作用。
2. 了解不同轴测图的主要区别。
3. 掌握几种常用轴测图的绘制方法。

## 第一节 轴测图的基本知识

### 一、轴测图的形成

将物体连同确定其空间位置的直角坐标系，用不平行任一坐标轴方向的投影线，按平行投影法投向轴测投影面，得到能反映三个向度、具有立体感的单面投影图，称为轴测投影图或轴测图，如图 3-1 所示。承影面 $P$ 称为轴测投影面，空间直角坐标轴在轴测投影面上的投影（$OX$、$OY$、$OZ$）称为轴测轴。

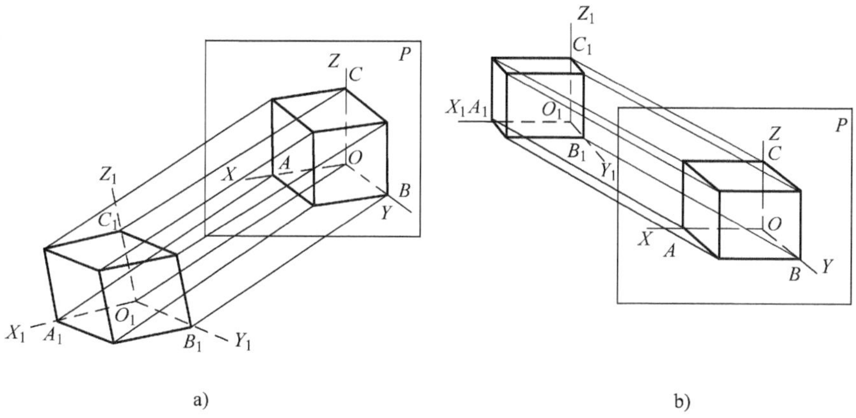


图 3-1 轴测投影

a）正轴测图 b）斜轴测图

### 二、轴测图的相关术语

1）轴测投影面：轴测投影的承影面，如图 3-1 中的平面 $P$。

2）轴测轴：空间直角坐标系在轴测投影面上的投影。如图 3-1 中空间坐标轴 $O_1X_1$、$O_1Y_1$、$O_1Z_1$ 在 $P$ 面上的投影 $OX$、$OY$、$OZ$。

3）轴间角：两轴测轴之间的夹角，如图 3-1 中的 $\angle XOY$、$\angle YOZ$、$\angle ZOX$。

4）轴向变形系数（也称为轴向伸缩系数）：即空间坐标轴上的投影长度与相应实际长度之比。$X$、$Y$、$Z$ 三个轴向变形系数分别用 $p_1$、$q_1$、$r_1$ 来表示，即：

$$p_1 = OA/O_1A_1 \quad q_1 = OB/O_1B_1 \quad r_1 = OC/O_1C_1$$

### 三、轴测图的特性

由于轴测图是使用平行投影法得到的一种投影图，因此仍具有平行投影的基本性质。

1）平行性：形体上相互平行的直线其轴测投影仍相互平行。

2）定比性：形体上两平行线段的长度之比，在轴测图中保持不变。形体上与坐标轴平行的线段，其轴测投影的变形系数与该坐标的轴向变形系数相同，因而可以度量。不平行于坐标轴的线段都不能直接测量。这种可量性也是“轴测”二字的含义。

3）实形性：形体上凡与轴测投影面平行的图形、线段，其轴测图反映实形和实长。

### 四、轴测图的分类

根据轴测投射方向与轴测投影面所形成的角度不同，轴测图可分为两大类：

（1）正轴测图　形体上三条坐标轴倾斜于投影面放置，而轴测投影方向垂直于轴测投影面（即正投影法）得到的轴测图称为正轴测图，如图3-1a所示。

（2）斜轴测图　形体一个方向的面及其两个坐标轴与轴测投影面平行，轴测投影方向倾斜于轴测投影面，并与形体外表面倾斜，所得到的轴测图称为斜轴测图，如图3-1b所示。

在两大类轴测图中，由于形体相对于轴测投影面的位置及投影方向不同，轴向变形系数亦不同，因此正轴测图和斜轴测图又各分为三种：

1）$p_1=q_1=r_1$，称为正等轴测图（简称正等测）或斜等轴测图（简称斜等测）。

2）$p_1=q_1\neq r_1$（可任意两个系数相等），称为正二等轴测图（简称正二测）或斜二等轴测图（简称斜二测）。

3）$p_1\neq q_1\neq r_1$，称为正三轴测图（简称正三测）或斜三轴测图（简称斜三测）。根据空间直角坐标系各轴与轴测投影面形成夹角的不同，正轴测图和斜轴测图常用的轴测图为正等测和斜二测。本章主要介绍这两种轴测图的特性和绘制方法。

## 第二节　轴测图的画法

### 一、正等轴测图

#### 1. 轴间角和轴向变形系数

（1）轴间角　在正轴测图中，若三个轴向变形系数相等，即$p_1=q_1=r_1$，则三个直角坐标轴与轴测投影面的倾斜角度必然相同，所以投影后三个轴间角亦相同，均为120°。根据习惯画法，$OZ$轴确定为竖直位置，$X$轴和$Y$轴的位置可以互换，如图3-2a所示。

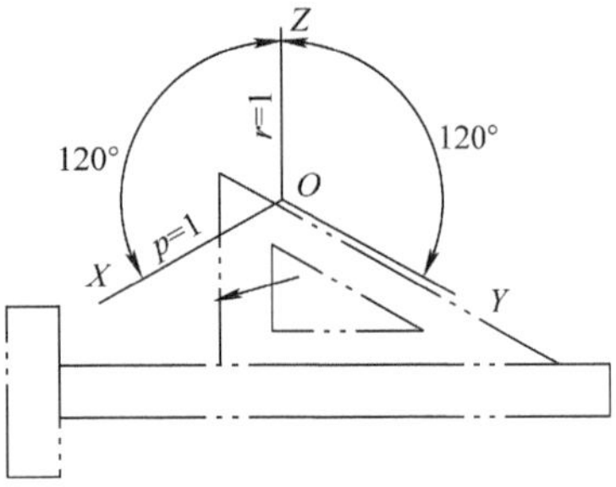


a)

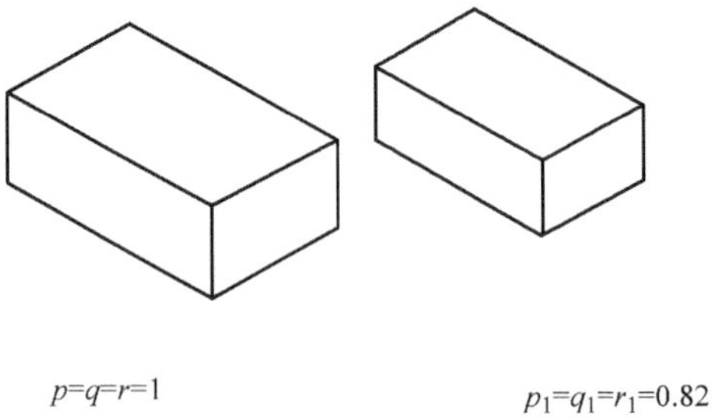


b)

图3-2　正等测轴间角和轴向变形系数

（2）轴向变形系数　正等测的轴向变形系数相等，从理论上可以推出$p_1=q_1=r_1\approx0.82$，为了作图简便，常采用简化轴向变形系数 $p=q=r=1$。用简化轴向变形系数画出的正等测与实际形体形状一致，只是放大了 1.22 倍（1/0.82 = 1.22），如图 3-2b 所示。

**2. 平面立体正等轴测图的画法**

（1）特征面法　适合在某一方向上尺寸相同的柱状形体，图 3-3 为特征面法的作图示意。按轴间角（120°）画出轴测轴方向，确定特征面为前面，按轴测方向画出。

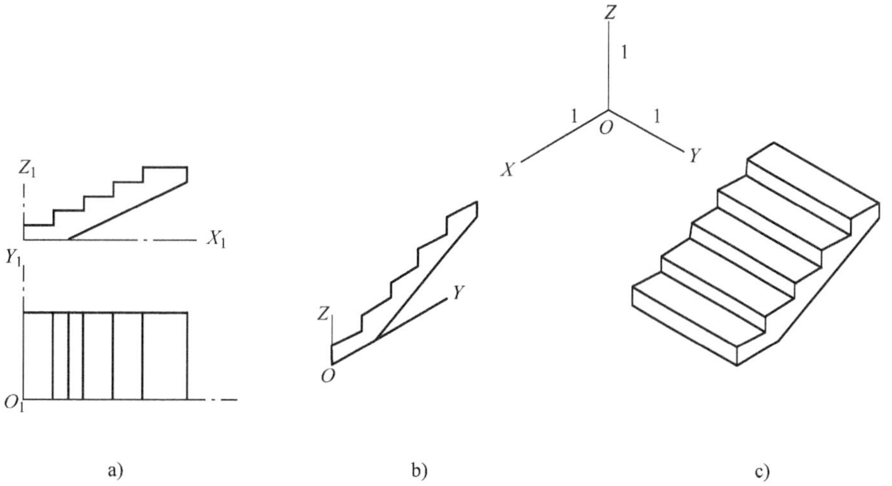


图 3-3　用特征面法画正等测
a）视图　b）画特征面前表面　c）画可见轮廓线

形体的前面（正平面）如图 3-3b 所示，再沿着 $Y$ 轴画出形体宽度及其他可见轮廓线。注意，凡是平行于坐标轴的线段均可直接从视图上量取，例如阶梯的高度和宽度；倾斜于坐标轴的线段则不能直接量取，如阶梯下表面的斜线。

（2）叠加法　凡形体由几部分叠加而成时，先画出其中一个主要部分的轴测图，再逐步叠加绘制其他部分并组合成整体，这种作图方法称为叠加法。

如图 3-4 所示的例子，为用叠加法绘制形体正等轴测图的过程。

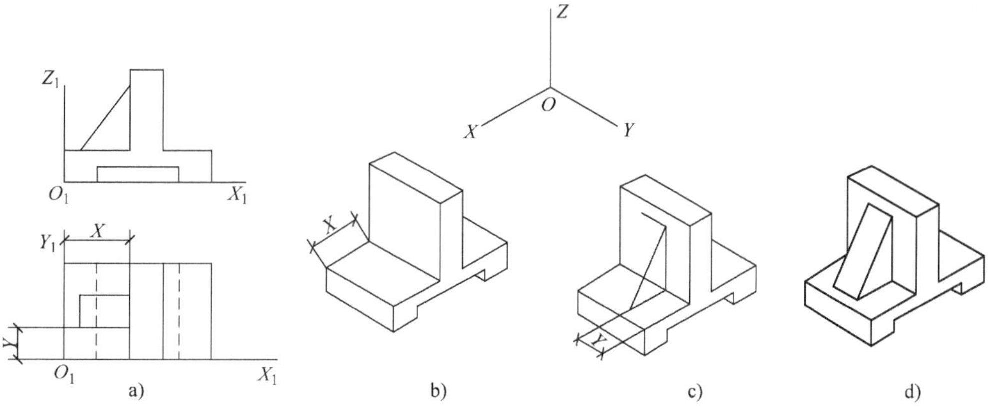


图 3-4　用叠加法画正等测

图 3-4a 是形体视图，先按轴测轴方向，用特征面法画出底架的轴测图（图 3-4b），平行于坐标轴的尺寸可在视图上量取（例如"$X$"）；再将三角形板叠加到底座上，相关定位尺寸可沿着轴测轴量取（例如"$Y$"），如图 3-4c 所示；最后擦去不可见图线，检查、加深完成轴测图（图 3-4d）。

（3）切割法　当形体由基本体切割而成时，可先画出基本体轴测图，再依次进行切割，这种完成轴测图的方法称为切割法。

图3-5a是形体视图，从视图上可以看出形体是在一个立方体的基础上经两次切割而成的。按图中尺寸 $X_1$、$Z_1$ 在立方体上进行切割，立方体成为一个五棱柱，如图3-5b所示。再根据视图上缺口尺寸 $Y$、$Z$ 切去契形块部分，如图3-5c所示。最后擦去不可见图线，检查、加深完成轴测图（图3-5d）。

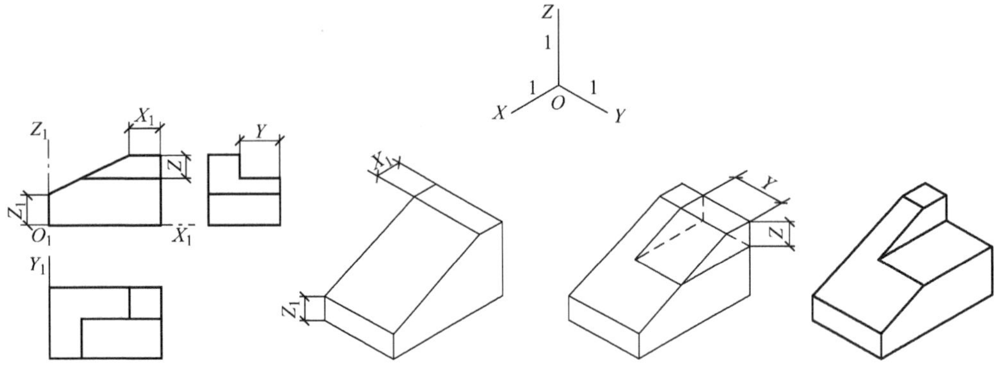


图3-5　用切割法画轴测图

对于形状较为复杂的形体，在绘制轴测图时往往是综合应用几种方法完成的。

**3. 回转曲面体正等轴测图的画法**

（1）平行于坐标面的圆的画法　由于正等测图中各坐标面均倾斜于轴测投影面，且倾角相等，因此平行于三个坐标面上直径相等的圆其正等测图都是长、短轴大小相等而方向不同的椭圆，如图3-6所示。

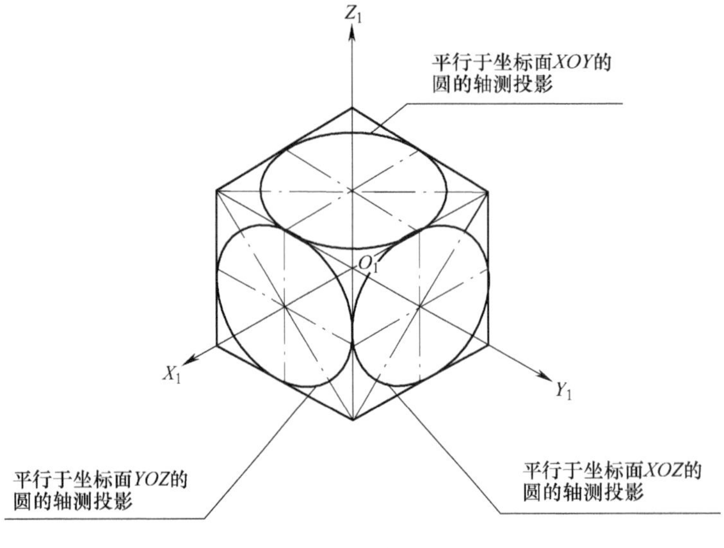


图3-6　正等测圆

画圆的正等测图，一般采用近似方法——菱形法作图。先画出圆的外切正方形的轴测图，是一个菱形，再用四段圆弧近似画出椭圆，以图3-7a所示的与水平面平行的圆为例。

1）作图时，为了方便，将坐标系原点设在圆心，圆的外切正方形四个顶点为1、2、3、4，与圆的切点为 $a$、$b$、$c$、$d$，如图3-7a所示。

2）画出轴测轴，交点为圆心 $O_1$。在相应轴上量取圆的半径，得到切点 $a$、$b$、$c$、$d$ 的轴测投影 $A_1$、$B_1$、$C_1$、$D_1$，如图3-7b所示。

3）过 $A_1$、$B_1$、$C_1$、$D_1$ 点分别作轴测轴的平行线，得到外切正方形的轴测图，即菱形 $1_12_13_14_1$，如

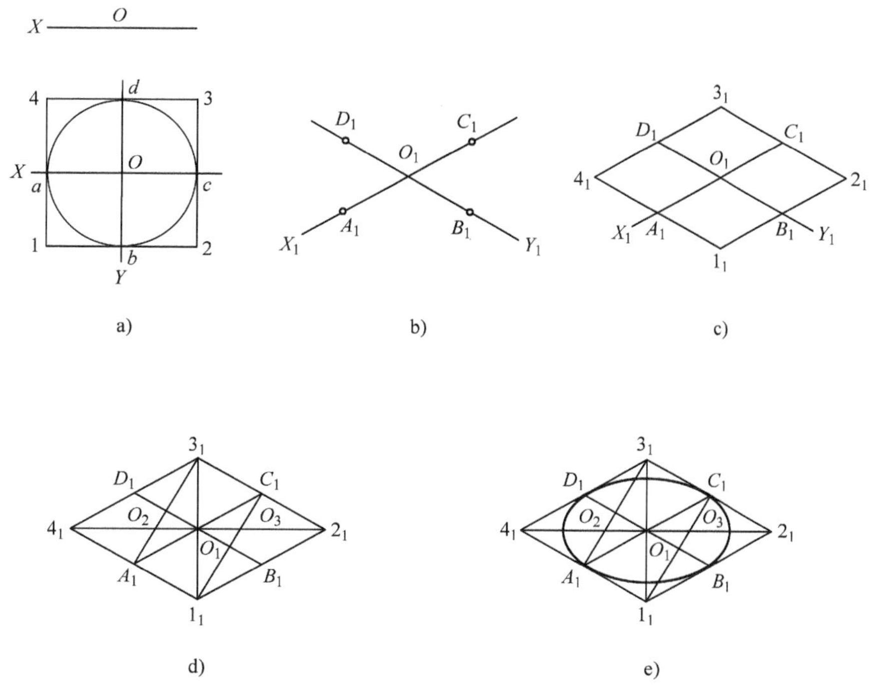


图 3-7 正等测椭圆的近似画法

图 3-7c 所示。

4）连接 $1_13_1$、$2_14_1$、$1_1C_1$、$A_13_1$，得到交点 $O_2$、$O_3$，如图 3-7d 所示。

5）分别以 $1_1$、$3_1$ 为圆心，$1_1C_1$、$3_1A_1$ 为半径画弧$\overset{\frown}{C_1D_1}$和$\overset{\frown}{A_1B_1}$，再分别以 $O_2$、$O_3$ 为圆心，$O_2A_1$、$O_3C_1$ 为半径画弧$\overset{\frown}{A_1D_1}$、$\overset{\frown}{B_1C_1}$，光滑连接的四段圆弧即为近似椭圆，如图 3-7e 所示。从作图过程中可以看出，菱形钝角与大圆弧相对，锐角与小圆弧相对，相邻两边中垂线的交点就是圆心。

（2）圆柱、圆锥的画法

1）圆柱。图 3-8 所示为圆柱正等测的画法，图 3-8a 为圆柱视图。由于圆柱上下底面是全等的圆，可按上述水平面圆轴测图的画法，先绘制轴测轴，根据视图提供的圆柱半径画出顶面圆的轴测图，作底面圆的轴测图可将四段圆弧的圆心和切点沿 $Z$ 轴下移圆柱高度 $H$，用相应半径画出底面圆的轴测图，绘图过程如图 3-8b、c 所示。作出上下椭圆的公切线，擦去多余图线，加深完成，如图 3-8d 所示。

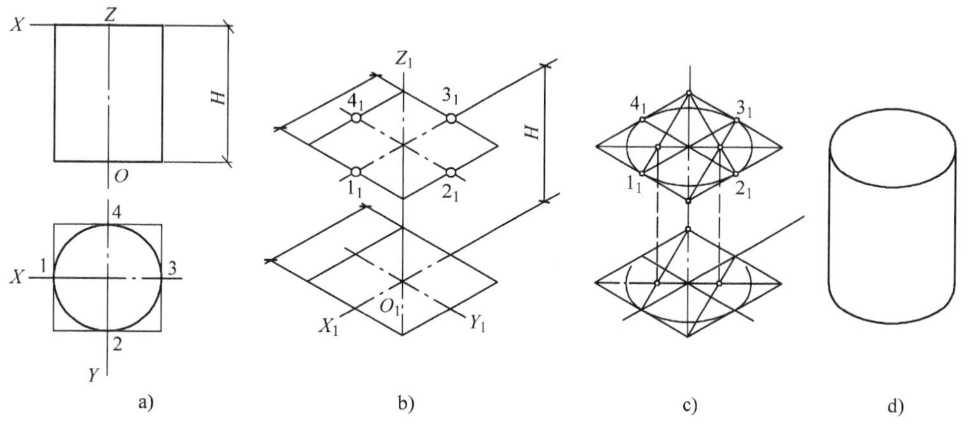


图 3-8 圆柱正等测的画法

2）圆锥。图3-9a为圆锥视图，按视图提供的尺寸，先画出圆锥底圆的轴测图（椭圆），按高度 $H$ 定出顶点位置，过顶点作椭圆的两条切线，擦去多余图线，加深完成作图。过程如图3-9b、c、d所示。

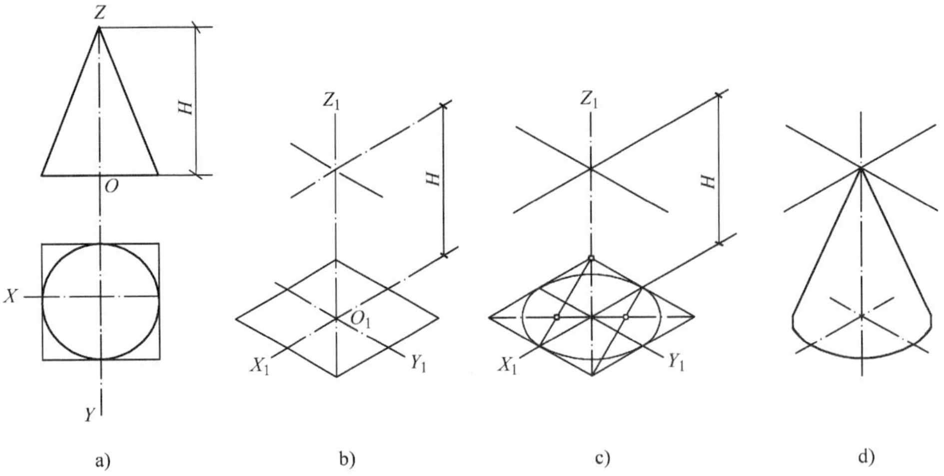


图3-9　圆锥正等测的画法

**4. 形体上圆角的轴测图画法**

图3-10a所示为一个带圆角的长方形底板的视图。绘制其正等测的步骤如下：

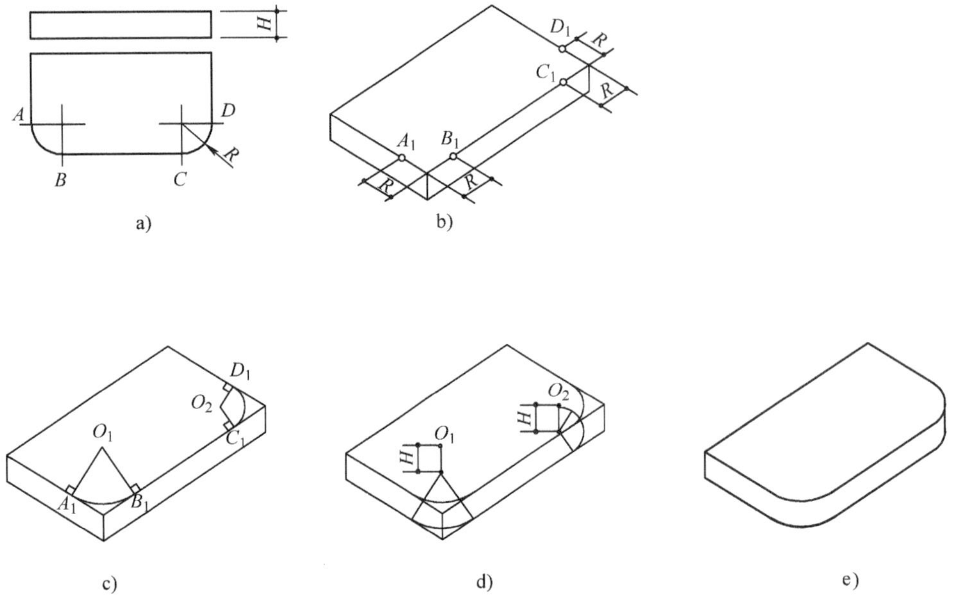


图3-10　圆角的正等测画法

1）在视图上根据圆弧半径 $R$ 作出切点 $A$、$B$、$C$、$D$（图3-10a）。

2）绘出底板轴测图，在两个圆角的顶点沿轴测轴方向按半径 $R$ 确定切点在轴测图上的位置 $A_1$、$B_1$、$C_1$、$D_1$，如图3-10b所示。

3）过 $A_1$、$B_1$、$C_1$、$D_1$ 各点，分别作其所在边的垂线，得交点 $O_1$、$O_2$。以 $O_1$、$O_2$ 为圆心，以 $O_1A_1$、$O_2C_1$ 为半径画圆弧，得长方体上面圆角的轴测图（图3-10c）。

4）将圆心、切点下移底板高度 $H$，画出底面圆角的轴测图（图3-10d）。

5）画出右侧两个小圆弧的公切线，擦去多余图线，检查、加深，完成圆角底板形体的轴测图(图3-10e)。

## 二、斜二等轴测图的画法

**1. 轴间角和轴向变形系数**

在斜二测中，$OZ$ 轴仍处于竖直位置，当形体的正面（立面）平行于投影面（也称正面斜二测）时，正面轴测投影反映实形，当立面较为复杂，圆弧形曲线和圆孔较多时，可以大大简化作图。

1）轴间角：$OZ$ 轴竖直向上，$\angle XOZ = 90°$，$\angle ZOY = \angle XOY = 135°$，如图 3-11 所示。

2）轴向变形系数：采用 $p_1 = r_1 = 1$，$q_1 = 0.5$，如图3-11所示。

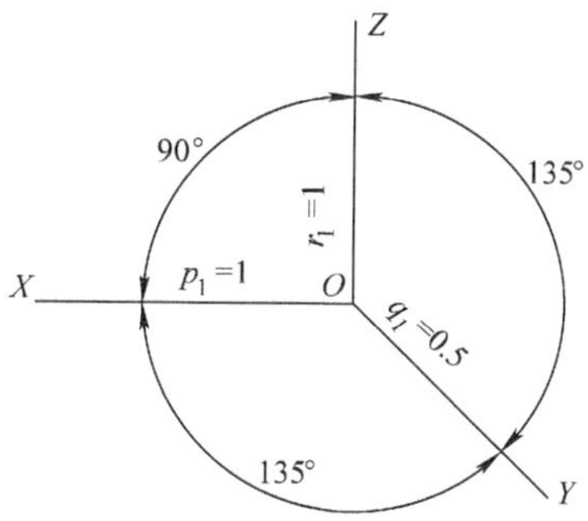


图 3-11　轴间角和轴向变形系数

**2. 斜二测的画法**

图 3-12 表示了小桥斜二测轴测图的画法。

图 3-12a 是形体的视图，可以看作是正面有两个半圆柱的孔。先设置坐标轴，画出斜二测的轴测轴，轴向变形系数 $p_1 = r_1 = 1$，$q_1 = 0.5$。

因为小桥正面平行于轴测投影面，反映实形，先根据视图画出其轴测图。过图中各交点按轴测轴 $Y$ 的方向画线，在各条线上截取小桥厚度 $B$ 的二分之一可确定小桥后面的交点。

连接相应的交点，并画出小桥桥洞中后面的部分圆弧，擦去多余线条，检查、加深完成小桥的斜二测图。

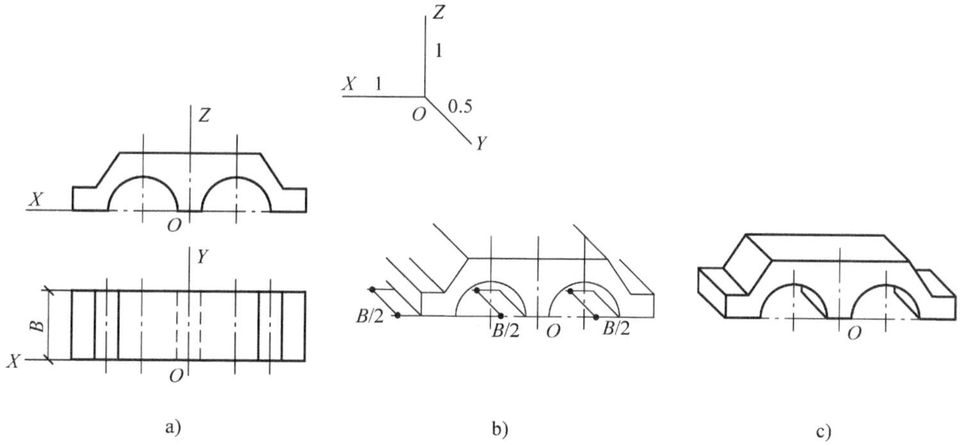


图 3-12　斜二测图的画法

**3. 水平斜轴测的画法**

如果轴测投影面与形体的水平面平行，其水平面反映实形。画水平斜轴测时，一般轴测轴的设置如图 3-13 所示，轴间角分别为 120°、150°、90°。

1）水平斜等测（轴向变形系数 $p = q = r = 1$）。作图时先画出水平面图形，然后沿 $Z$ 轴量取高度实长，整理图线，擦去多余图线，加深完成作图，如图 3-13b 所示。

2）水平斜二测（轴向变形系数 $p_1 = q_1 = 1$，$r_1 = 0.5$）。作图方法与水平斜等测相似，只是在量取 $Z$ 轴尺寸时减半即可，如图 3-13c 所示。

图 3-14 是根据总平面图的局部画出的水平斜轴测图。

## 三、轴测图在建筑及环境艺术设计中的应用

轴测图能同时显示形体三个坐标方向的相互关系，立体感较强，比较直观；形体表面上三个正交的

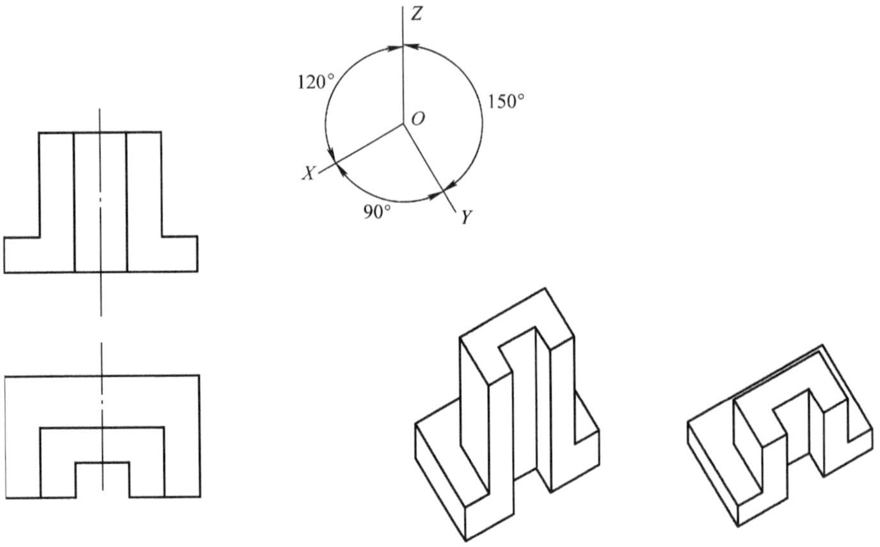


a)　　b)　　c)

图3-13　水平斜轴测图画法

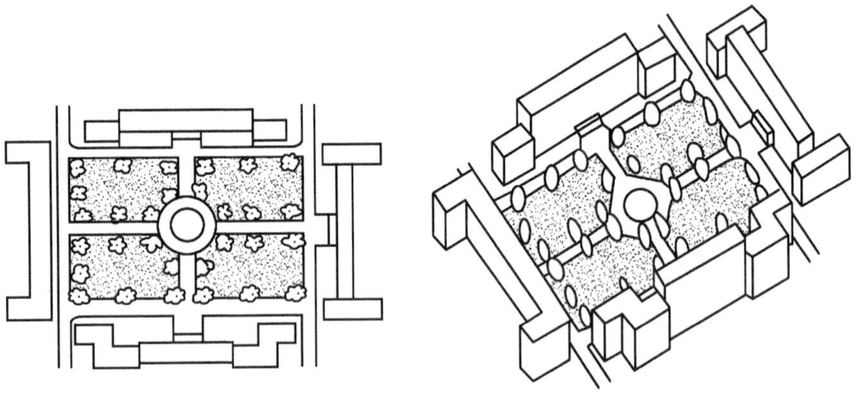

图3-14　水平斜轴测图的实例

轴又可以一定的数量关系进行量度和标注尺寸；绘制相对便捷。这些特点使它在建筑和环境艺术设计中得到广泛应用。

**1. 建筑设计**

在立面图、平面图和结构施工图的基础上，用轴测图作为辅助图，能直观反映一些复杂结构的细节。

图3-15用轴测图表达了钢筋混凝土结构；图3-16用轴测图比较直观地表达了楼梯的结构；图3-17是表达房屋剖面的轴测图；图3-18是屋架结构节点的轴测图，比详图更直观。

**2. 环境艺术设计**

图3-19用轴测图表达了一套住宅的结构；图3-20的沙发、书柜是家具设计中用轴测图作为辅助图样的实例。

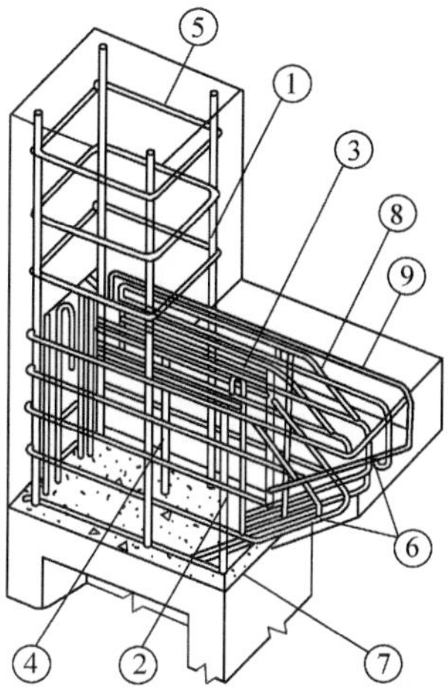


图 3-15　钢筋混凝土结构轴测图

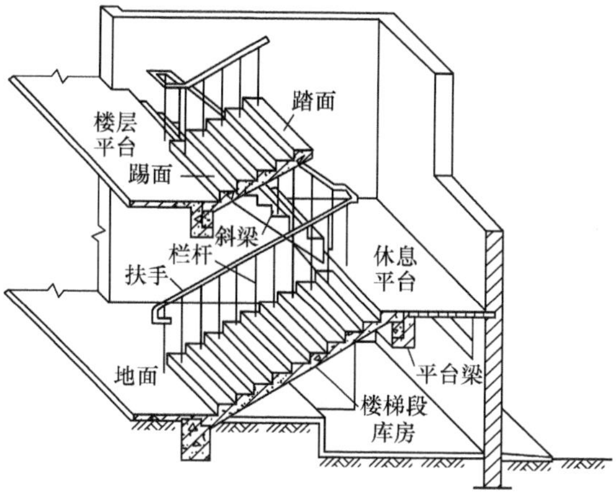


图 3-16　楼梯结构轴测图

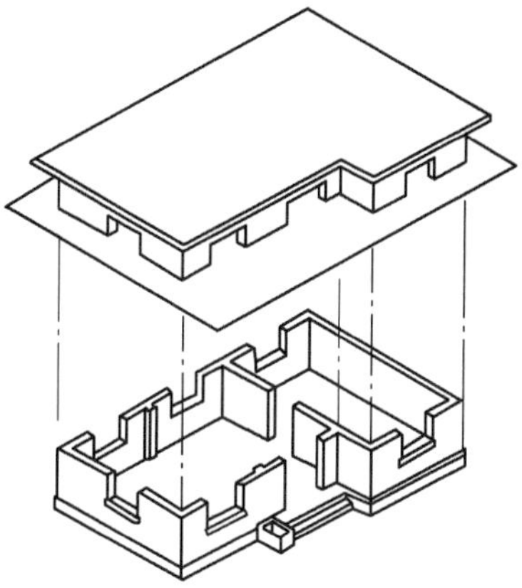

图 3-17　房屋剖面轴测图

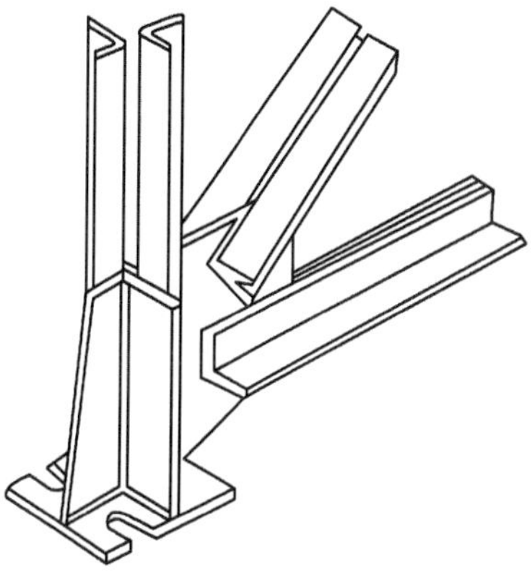

图 3-18　屋架结构节点的轴测图

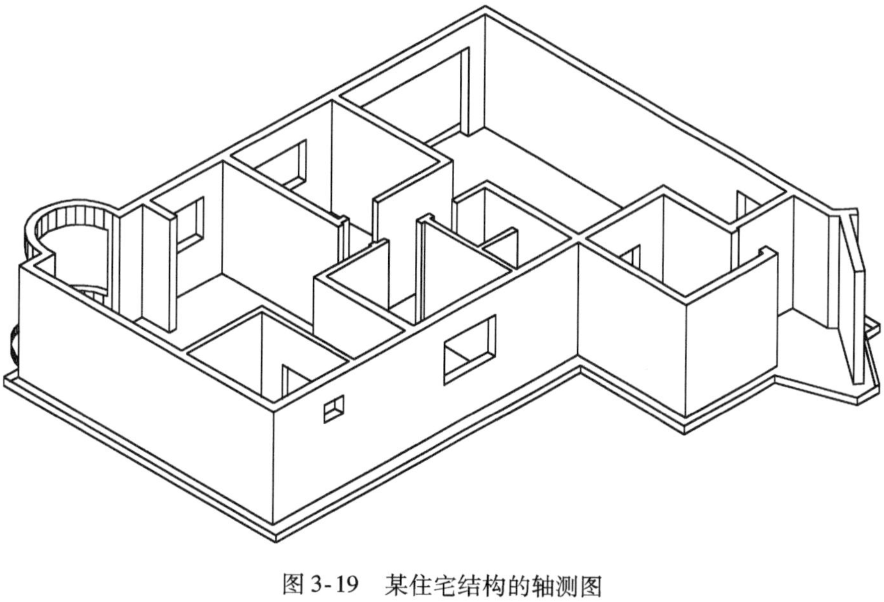

图 3-19　某住宅结构的轴测图

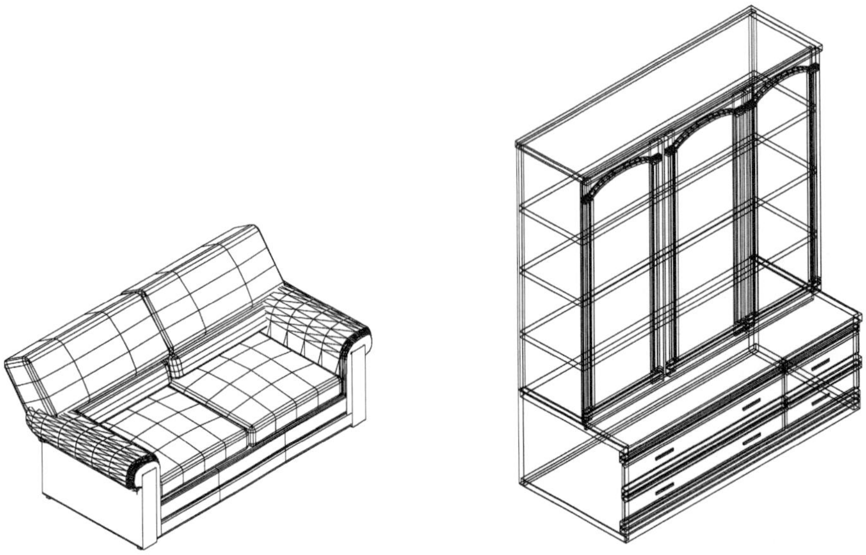

图 3-20 家具轴测图

## 四、用计算机三维软件绘制轴测图

计算机三维设计软件为绘制轴测图提供了全新的方法。绘图员根据表达形体的工程图尺寸，从精确建立三维建模开始，最后可以得到任意投影方向、任意观察角度的轴测图（正等测、斜轴测图）和透视图（一点透视、两点透视、三点透视），有的还能绘制逼真的效果图。广泛应用的三维软件有 AutoCAD、3ds Max 等。前面大家看到的许多图例，部分是用三维软件完成的。同学们只有在掌握了投影制图的基本原理、识图读图的基本技能后，才能更好地学习计算机制图。

## 复习思考与练习题

1. 简述轴测图的形成，掌握轴测图的基本概念。
2. 轴测图有几类？各具有什么特点？
3. 正等测和斜二测的轴间角和轴向变形系数各是多少？
4. 根据什么原则选择轴测图的种类？
5. 根据形体的视图，选择合适的轴测图类别画出下列形体的轴测图（图 3-21）。

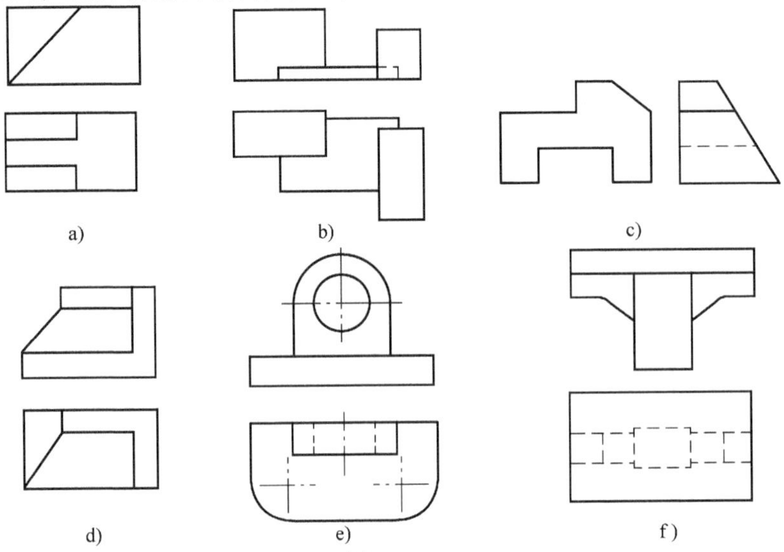


图 3-21

# 第四章　透　视　图

## 学习目标

1. 了解透视图的基本知识及特点。
2. 掌握透视图的分类。
3. 熟练掌握各类透视图的不同画法。
4. 掌握室内与环境艺术设计专业所需的透视图知识和绘图技能，为将来的室内与环境艺术设计打好专业基础。

## 第一节　透视图的基本知识

### 一、透视图的形成及基本特点

透视图是利用中心投影法绘制的能反映立体情况的单面投影图。如图4-1所示，在视点（EP）与物体之间设立画面（PP），假设由视点与物体的各顶点连线（称为视线），这些连线与画面相交即得到各相应顶点在画面上的透视图，连接相应顶点就得到物体的透视图。

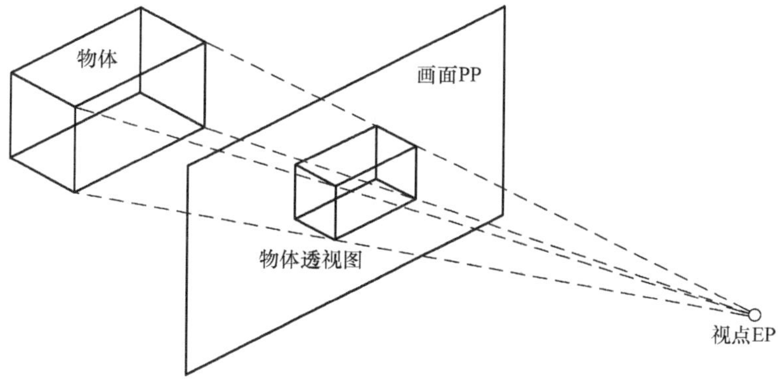


图4-1　透视图的形成

透视图是物体的三维表达形式，它的图像具有立体感。

透视图成形的原理是：透过透明的画面观察物体，并将投影线集中于一点，由此而产生的视线和画面的交点相连而成的图像，就是具有立体感的透视图。

透视图中，同一物体具有近大远小、近高远低、近宽远窄的特点。透视图比二维的工程图具有更直观的表现力，所以绘制透视图既可帮助设计人员在设计过程中推敲方案，也可帮助非专业人员对设计图的理解，从而促进业主对设计方案的认定。

要学好透视知识和技能，必须先了解其常用的术语（图4-2），透视图常用的术语如下：

1）视点EP（Eye Point）：指观察者眼睛所在的位置，即投影中心点。

2）站点SP（Standing Point）：也就是观察者所站立的位置，是视点在基面上的正投影。

3）基面GP（Ground Plane）：放置物体的水平面，也可看成是观察者所站立的地平面。

4）画面PP（Picture Plane）：视点前方的作图面，为一假想的透明平面。画面应垂直于基面，它是透视图所在的平面。

5）基线 GL（Ground Line）：画面与基面的交线。

6）视平线 HL（Horizon Line）：与观察者眼睛同高的一条线。

7）视心 CV（Center of Vision）：也称心点，即视点垂直于画面的一点，视点与视心的连线垂直于视平线。

8）中心视线 CVR（Central Vision Ray）：是指视点至视心的连接线及延长线。

9）灭点 VP（Vanishing Point）：也称消失点，为透视线的终点，其位置在视平线上。在一点透视中只有一个灭点；在二点透视中灭点又分为左灭点 VL 和右灭点 VR 两个；在三点透视中除左、右两个灭点外，还有垂直灭点 VV。

10）测点 MP（Measuring Point）：又称量点 M，便利绘制效果图的辅助测量点，即求透视图中物体或空间深度的参考点。测点又分为右测点 MR 和左测点 ML。

11）测线 ML（Measuring Line）：便利绘制效果图的辅助测量线。

12）视高：视点与站点间的距离。

13）视平面：指视点所在高度的水平面。

14）视心线：视心与视点的连线，此线段的长度又称视距。

15）透视线：汇聚于灭点的直线。

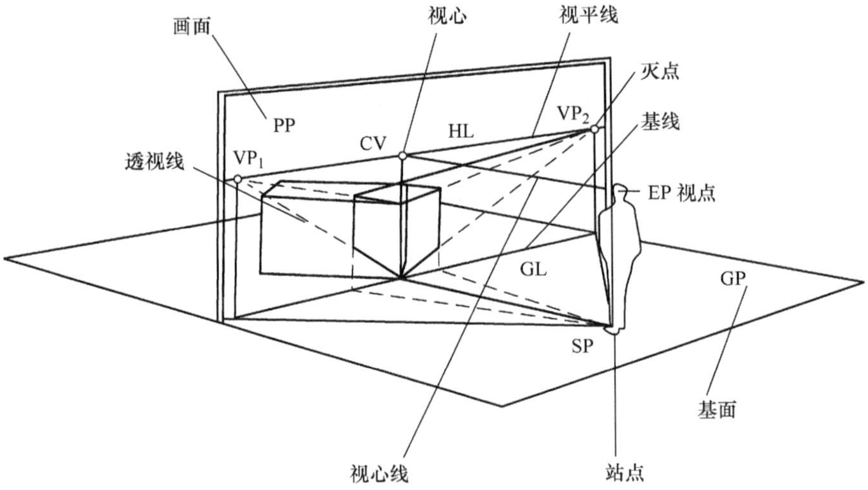


图 4-2　透视图术语

## 二、透视图的分类

透视图有许多种画法，在室内和建筑设计中较为常用的有：

1）一点透视（也称平行透视）。

2）一点变两点透视（也称平角透视）。

3）两点透视（也称成角透视）。

4）三点透视。

# 第二节　透视图的画法

## 一、透视图的画法种类

透视图的画法主要有两大类：视线（也称足线）法和测点（也称量点）法。

**1. 视线法**

视线法是线透视法中最基本也是最古老的透视作图法。它是通过平面图物体上的各点作连接视线，求出视线与画面的交点，然后过这些交点作垂直线，在这些垂直线上再按立面图的尺寸关系而得到的透视图法（图4-3）。

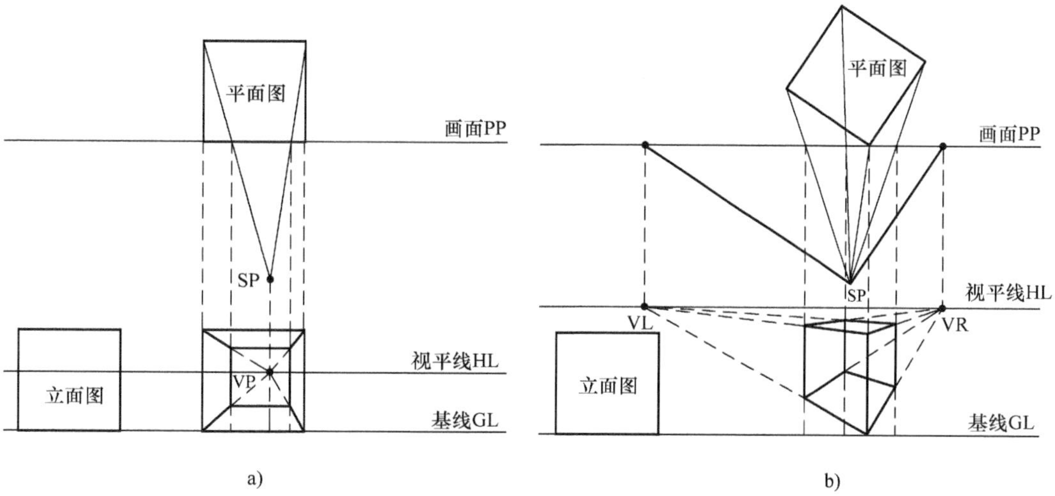


图4-3 正方体透视的视线法
a）正方体的一点透视 b）正方体的两点透视

视线法的主要优点是条理清晰、推理感强，缺点是作图时需要画出平面图甚至立面图，既费时又使图面上的透视图形面积过小，对复杂形体的表现又较为困难。因此在视线法问世后不久，就被测点法取代。

**2. 测点法**

测点法作透视图简便、准确。它的最大特点是用依照几何图法求作的一个或两个测点，代替视线法中必须出现的平面图和立面图，只根据设计图中的长、宽、高直接求出透视图。测点作图法的应用范围非常广，应用测点法可以画出各种复杂的透视图形，如建筑和室内透视图、城市规划透视图、工业产品透视图等。但它的不足是左、右两个灭点和站点往往在画板以外（图4-4）。

## 二、一点透视（也称平行透视）

一个立方体（物体）平行于画面及基面（地面），而且只有一个灭点，即一组边线消失于视心的透视图法称为一点透视，又称为平行透视（图4-5）。

在室内透视图法中，一点透视是最简便和主要的方法。但用其绘制物体时，由于角度的限制，显得较单调和呆板（图4-6）。

**1. 测点（量点）作图法**

一点透视的简易作图方法一（由内向外）：

1）首先根据图纸大小按已知内墙面的高宽比直接画出长方形 *abcd*；在长方形 *abcd* 中的视平线上任意定出灭点（灭点应基本上在中心的位置、高度应参考视高的要求）；由灭点过 *a*、*b*、*c*、*d* 点作延长线（图4-7a）。

2）在 *ab* 的向右延长线上，按与 *ab* 线略短的尺寸得出室内总进深刻度。假设进深为4m，则在总进深刻度上求出4个等分刻度点（图4-7b）。

3）在视平线右侧任意确定测点 *M*，从 *M* 点向总进深刻度作延长线，交灭点与 *b* 的延长线上得到室

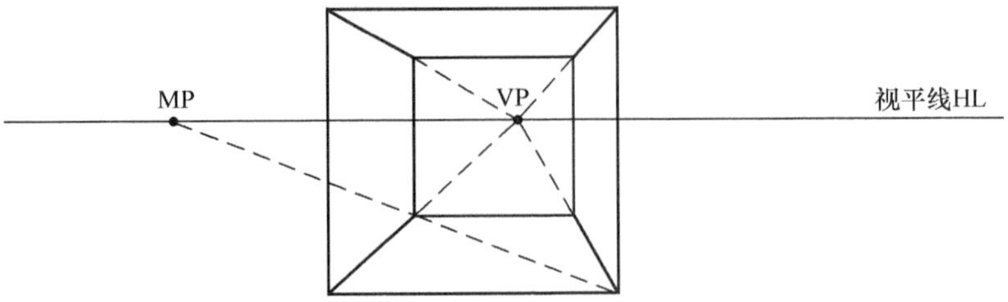


a)

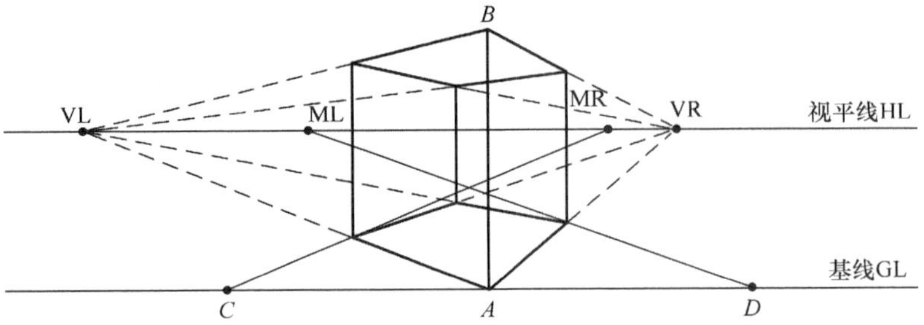


b)

图4-4　正方体透视的测点法

a）正方体的一点透视　b）正方体的两点透视

内进深点，过室内进深点作水平线交于灭点与 $a$ 的延长线上（图4-7b）。

4）在 $ab$ 线上，按比例求出点 $a_1$ 至 $a_6$，并与灭点作连线，画出地面纵向分隔线。顶棚按同样方法作图（图4-7c）。

5）将地面、天花及墙面线贯通连接，求出室内大的框架网格（图4-7d）。在此基础上可按平面图及室内家具尺寸进一步深入作图（图4-6）。

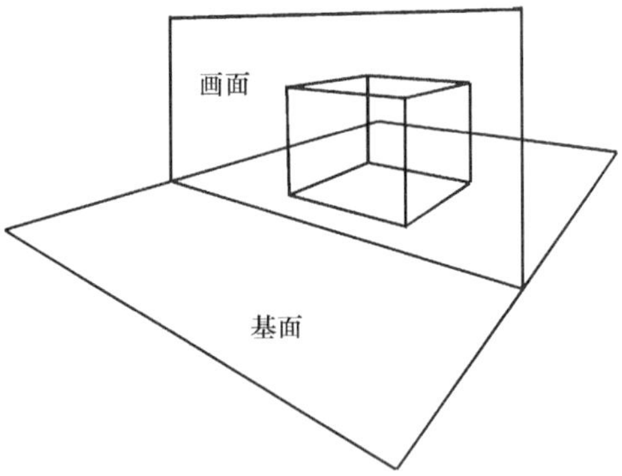


图4-5　一点透视原理

一点透视的简易作图方法二（由外向内）：

1）首先根据图纸大小确定外墙面的高宽比（假设为3m和6m），直接画出长方形*ABCD*；在视平线上任意定出灭点（灭点应基本上在中心的位置、高度应参考视高的要求）；由灭点向 *A*、*B*、*C*、*D* 点作连线（图4-8a）。

2）假设室内进深为4m。从视平线上的测点 *M*（任意定）分别向 *AB* 上的1、2、3、4m 刻度点作连线，交灭点与 *A* 连线上得出室内总进深刻度1′、2′、3′、4′（图4-8b）。

3）过1′、2′、3′、4′点作水平线得地面总进深分隔线，过地面总进深分隔线与灭点到 *B* 连线上的交点作垂直线得右墙的进深分隔线（图4-8b）。

4）利用水平与垂直线画出左墙与顶棚的进深分隔线，然后由灭点向各等分点引线得出室内大的框架网格（图4-8c）。

**2. 视线（足线）作图法**

室内一点透视的视线作图法（图4-9）方法如下：

1）把平面图的一边置于画面 PP 线上，在画面 PP 线下方留出足够的空间确定基线 GL。

2）确定站点 SP 与画面 PP 的位置关系。

3）以立面图空间高度与平面图相对完成 *A*、*B*、*C*、*D*，以 *AB* 或 *CD* 为真高线，在1.5m 的高度作视平线 HL，过站点 SP 向视平线作垂直线，交点即为视心 CV。

4）将平面图中各内角及转折点与站点 SP 相连接，连线交于画面 PP 线上。

图 4-6 室内一点透视

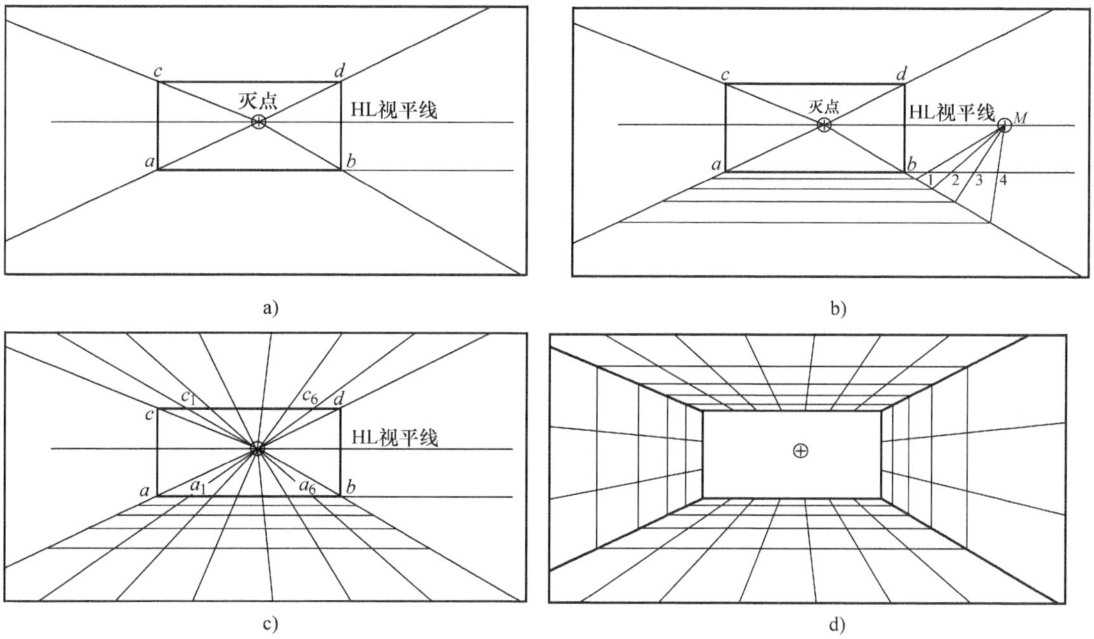


图 4-7 一点透视的测点作图法一（由内向外）

5）过画面 PP 线上的各点向下作垂直线，在透视图内利用真高线与心点 CV 的连线，可求得透视图内各点的空间高度（图 4-9）。

**3. 一点变两点透视**（也称平角透视）

这是一种简易的、在一点透视的基础和框架上绘制两点透视的作图方法。这种方法简便、易学，在实际作图中非常实用，既可使画面稳定、视域大，又可避免一点透视的画面呆板感（图 4-10）。

一点变两点室内透视的简易画法步骤如下：

1）根据画面大小按已知内墙面的尺寸比例画出 *ABCD*，在 *ABCD* 中定出灭点。与一点透视不同的是，灭点应定在靠 *AC* 或 *BD* 线边缘的位置，高度应参考视高的要求(图 4-11a)。

2）由灭点过 *A*、*B*、*C*、*D* 点作延长线，求出左右墙面、地面及顶棚(图 4-11a)。

3）在灭点至 *B* 点的连线或灭点至 *D* 点的连线上，向内作收分，得收分点 *b* 和 *d*，并与 *A*、*C* 点作连

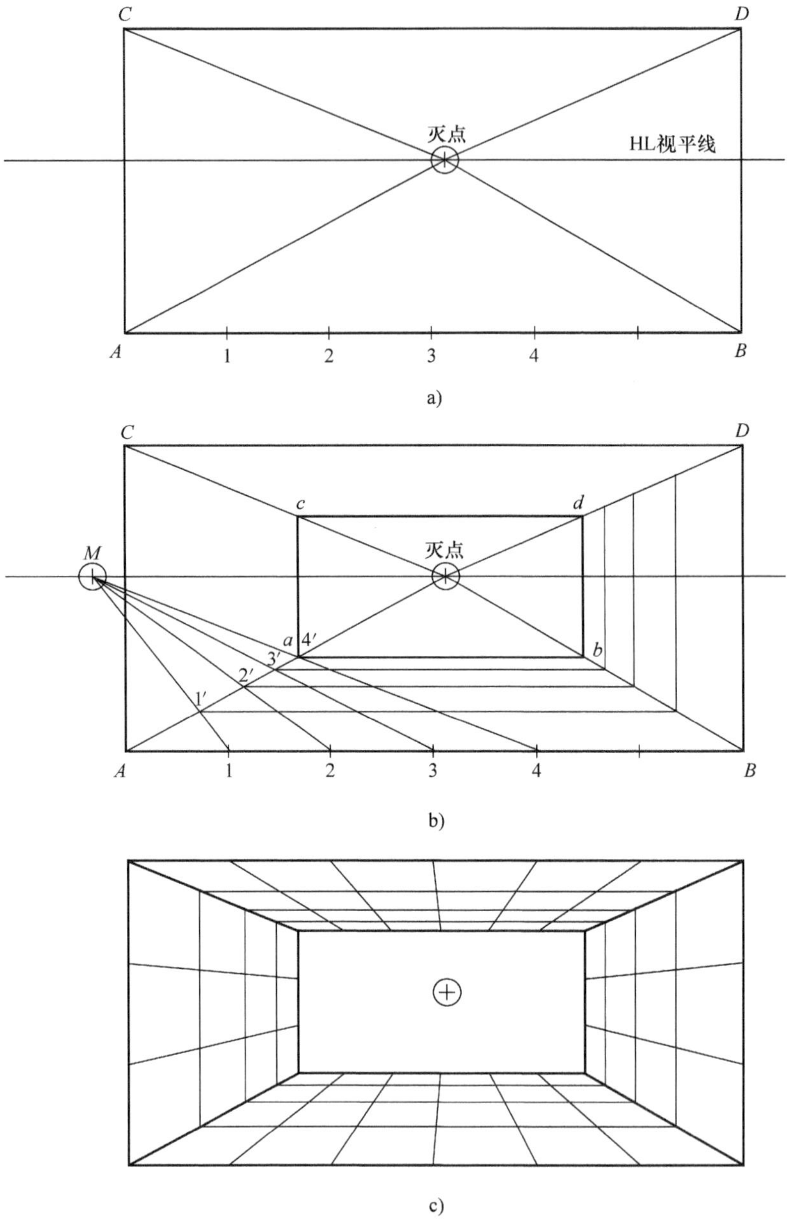


图 4-8　一点透视的测点作图法二（由外向内）

线，求出内墙的透视面 *AbCd*（图 4-11a）。

4）在沿视平线向左的延长线上，任意确定测点 *M*。在 *AB* 向左的延长线上，按与 *AB* 线略短的尺寸得出室内总进深刻度。假设进深为 3m，则在总进深刻度上求出 3 个等分刻度点 1、2、3（图 4-11b）。

5）由测点 *M* 过 1、2、3 点作延长线，在灭点与 *A* 的延长线上得到最外侧进深点 *E*。将 *E* 点与 *b* 点作连线，再用灭点与 *Ab* 线的中点 $O_1$ 作延长线，交 *Eb* 线于 *O* 点。再从 *A* 点过 *O* 点作延长线得 *F* 点。由 *F* 点作垂直线得 *G* 点，由 *E* 点作垂直线得 *H* 点，*H* 点与 *G* 点作连线，得到透视外框架 *EFGH*（图 4-11b）。

6）用左墙底线上各进深刻度点过中点 *O* 作延长线，将进深刻度点转移到右墙底线上。将左右墙底线上各进深刻度点作垂直线（图 4-11c）。

7）将左右墙顶线上各进深刻度点作连线，从灭点与各进深刻度点作连线，得到整个室内的一点变两点透视框架网格（图 4-11d）。

8）在此基础上，按平面图及室内家具尺寸可进一步深入作图（图 4-10）。

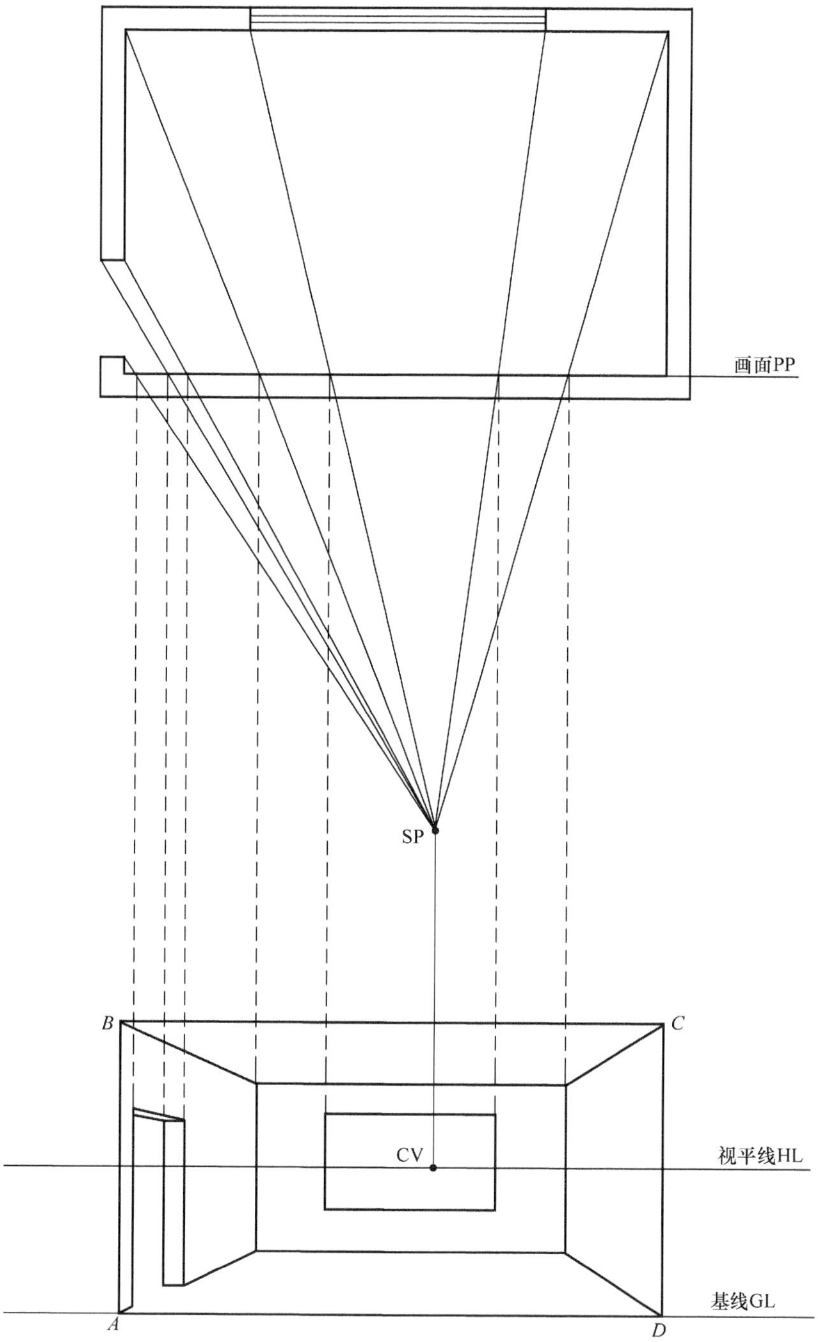


图 4-9　一点透视的视线作图法

## 三、两点透视（也称成角透视）

一个立方体（物体）不平行于画面，但平行于基面（地面），且有两组边线分别消失于左、右灭点的透视图法称为两点透视。因物体的两个立面均与画面成倾斜角度，所以两点透视又可称为成角透视（图 4-12）。

两点透视效果比较自然、活泼生动，反映的空间接近于人的真实感觉（图 4-13）。

1. 测点作图法

两点透视的简便测点作图法如下：

1）设定 *AB* 为室内的高度（也称真高线，假设为 3m），任意确定视平线的高度（假设为 1.6m 左

图 4-10　室内一点变两点透视

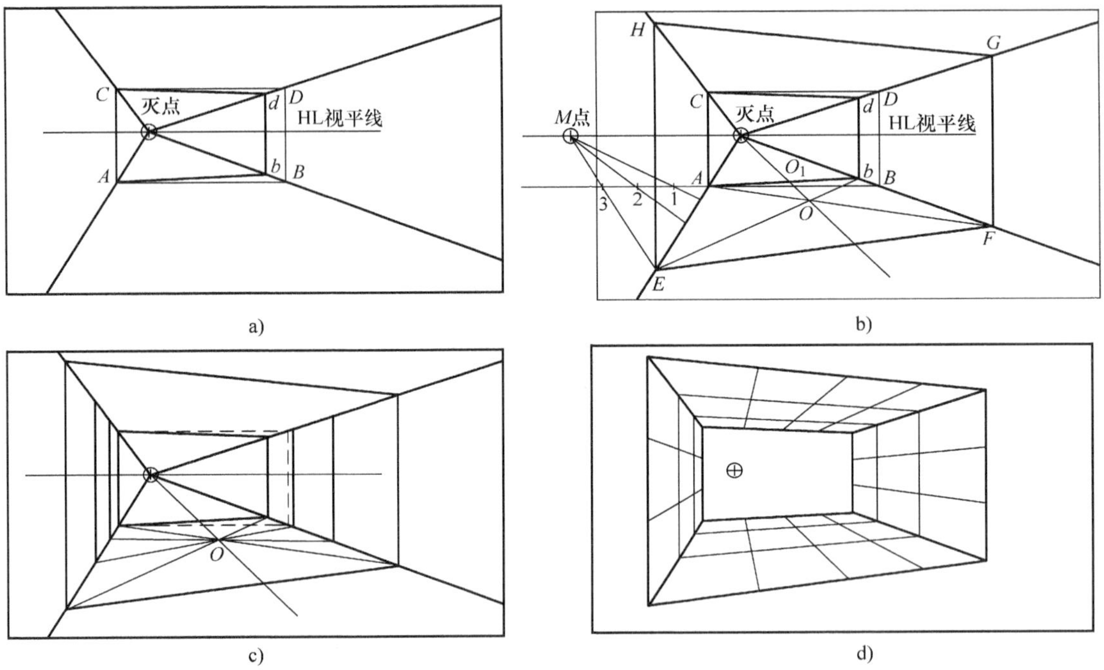


图 4-11　一点变两点透视作图方法

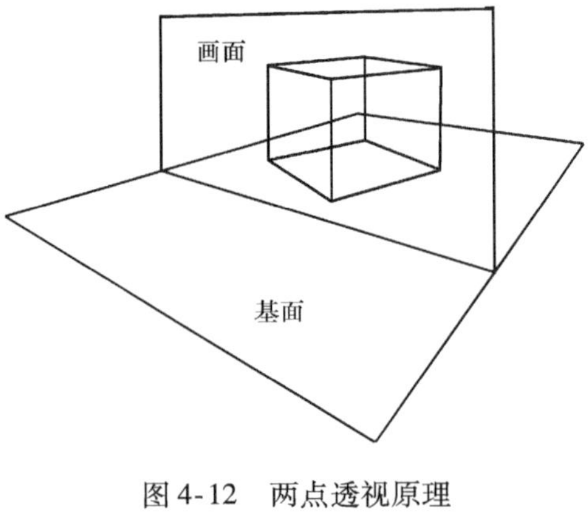


图 4-12　两点透视原理

右），在视平线上定出灭点 1 和灭点 2（两灭点的距离为高度 *AB* 长的三、四倍以上）（图 4-14a）。

2）分别过灭点 1、灭点 2 作 *A*、*B* 两点的延长线，得室内墙面的 4 条主透视线 *AC*、*AD*、*BE*、*BF*（图 4-14a）。

3）过 *A* 点作 *AB* 垂直线得基线 GL，在基线上 *A* 点的两则各求得 4m 的刻度点（假设室内的进深为 4m，刻度尺寸要以 *AB* 为准）（图 4-14a）。

4）在视平线上任意定出测点 $M_1$ 和 $M_2$，由测点过基线上的刻度点作延长线交 *AC*、*AD* 线求出室内的进深点。从灭点 1、灭点 2 过 *AC*、*AD* 线上的进深点作延长线求得地面进深开间网格透视线（图 4-14b）。

5）过 *AC*、*AD* 线上的进深点作垂直线得墙面的进深线，从灭点 1、灭点 2 过 *AB* 线上的刻度点作延

图 4-13 室内两点透视

长线求得墙面的网格透视线（图 4-14c）。

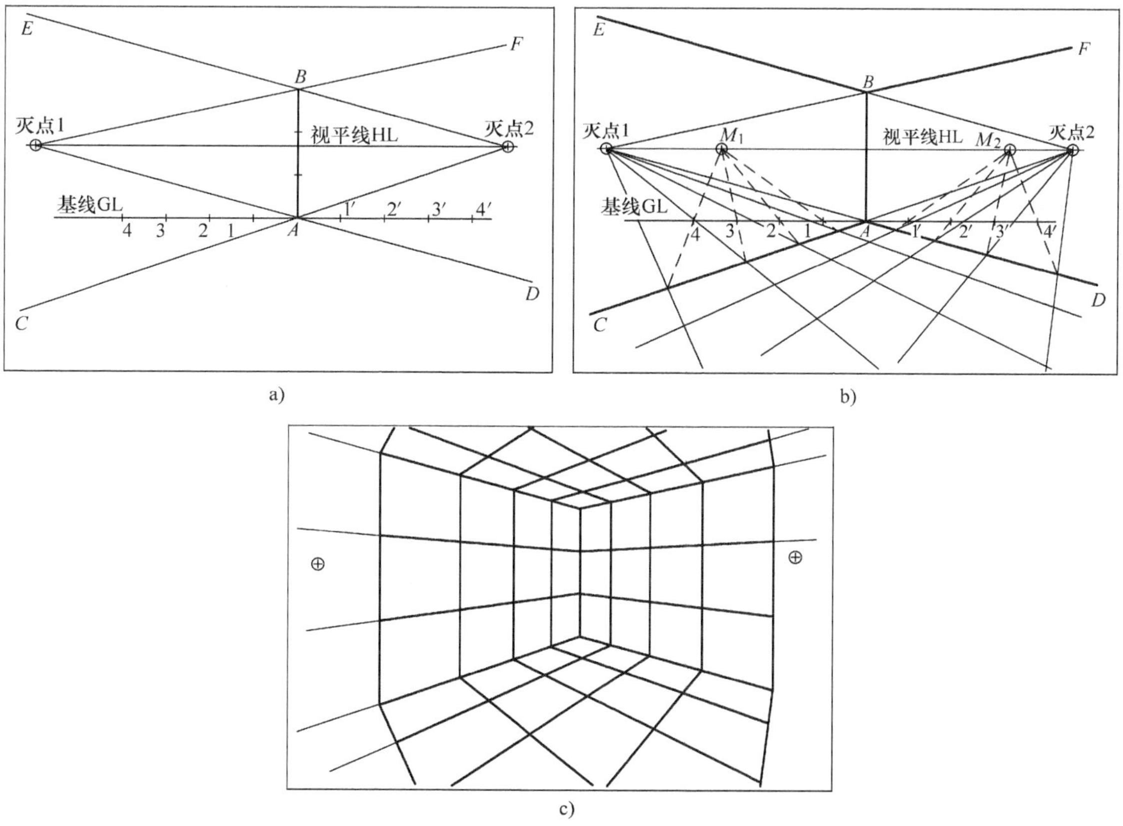


图 4-14 两点透视的测点作图法

6）从灭点 1、灭点 2 过 $BE$、$BF$ 线上进深点作延长线得出顶棚的网格透视线，从而完成整个室内的两点透视框架网格（图4-14c）。

**2. 视线作图法**

室内两点透视的视线作图法可根据平面布置的方向选择最佳角度，有利于设计主体的重点表现。

两点透视的视线作图法如下：

1）确定平面图的内容范围及与画面PP线间的夹角，设定基线GL、视平线HL，在基线GL线下定出站点SP，由此点作平行于两墙面的直线交画面PP线得$P_1$、$P_2$点，由此两点作视平线的垂直线得交点$VP_1$、$VP_2$，此两点就是左右灭点（图4-15a）。

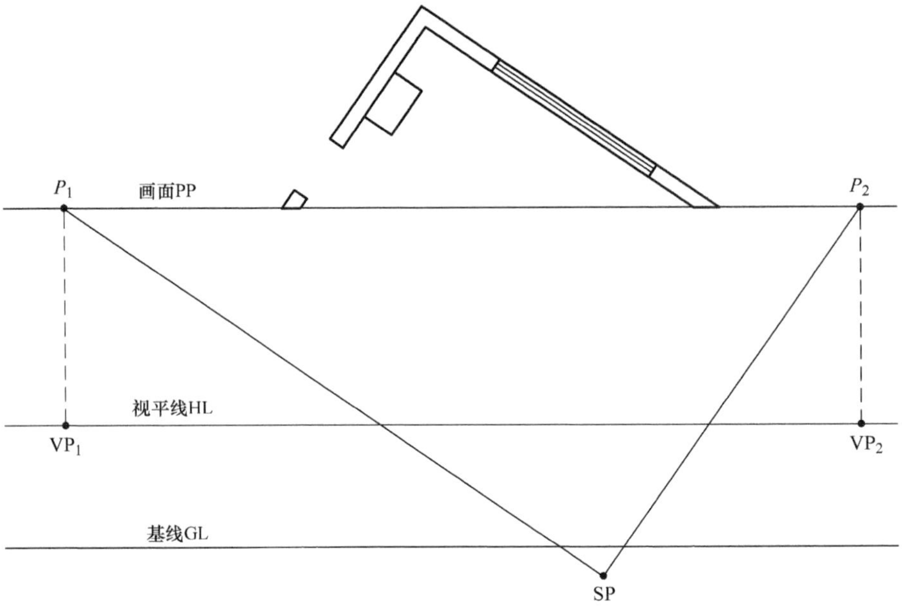


a)

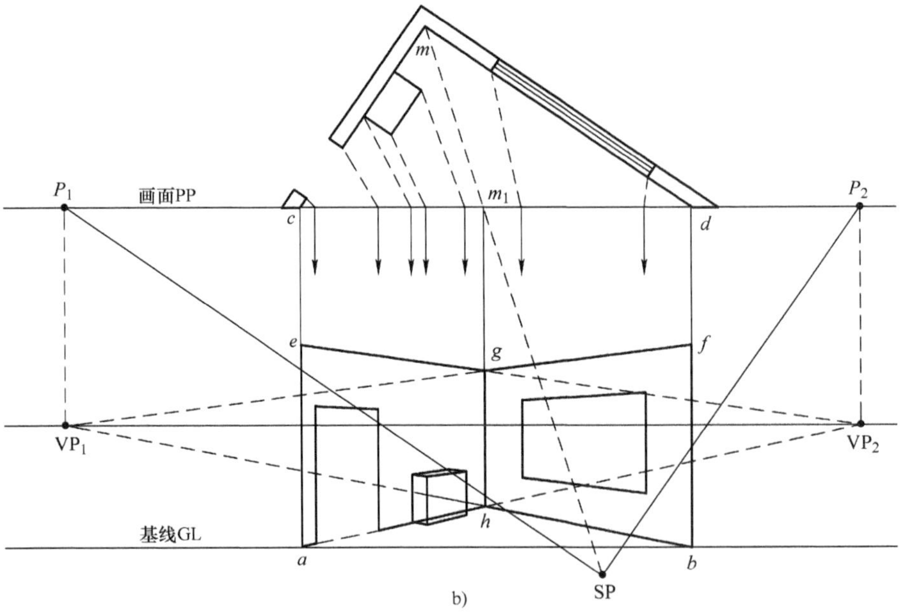


b)

图4-15　两点透视的视线作图法

2）由与画面PP线相连的两内墙面的点$c$、$d$向下作垂直线交基线于$a$、$b$两点，在$ac$或$bd$中确定房间的真高线$ae$或$bf$（图4-15b）。

3）由墙角$m$点与站点SP的连线交画面PP线得$m_1$点，由$m_1$点向下作垂直线。然后连接$VP_1-f$、

$VP_1-b$、$VP_2-e$、$VP_2-a$，得到通过 $m_1$ 垂直线的 $gh$，$gh$ 就是墙角 $m$ 点的透视高度。图形 $ahge$、$bfgh$ 即为室内成角透视的墙体空间界面（图 4-15b）。

4）按上述方法，将室内平面图内其他形体的转折点与 SP 点相连，交画面 PP 线于各点，再过各点向下作垂直线并依据立面图尺寸即可求得各形体的透视效果（图 4-15b）。

## 四、三点透视

一个立方体（物体）不平行于画面，也不平行于基面（地面），而且有三组边线分别消失于左、右灭点和垂直灭点的透视图法称为三点透视（图 4-16）。

三点透视常用于高层建筑（图 4-17）和特殊视点的绘图，在室内设计中一般不会采用这一方法。其作图方法如图 4-18 所示。

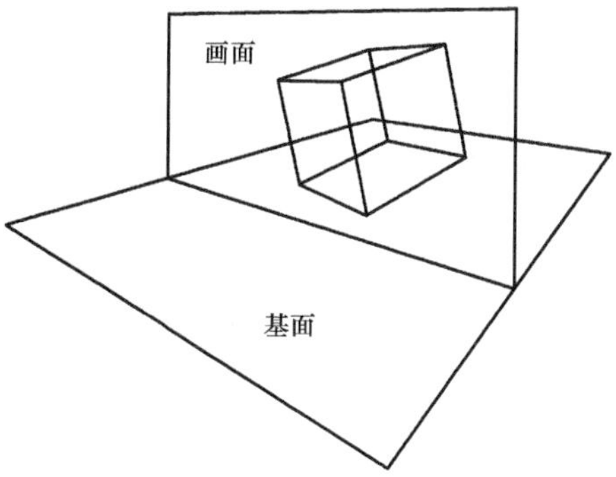


图 4-16　三点透视原理

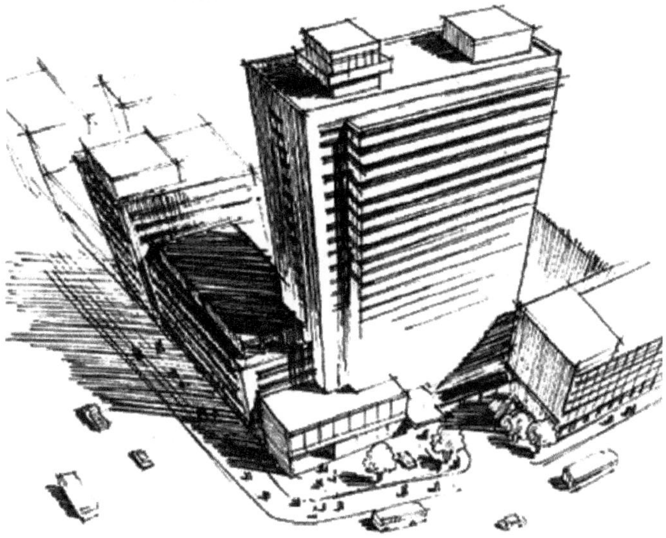

图 4-17　建筑三点透视

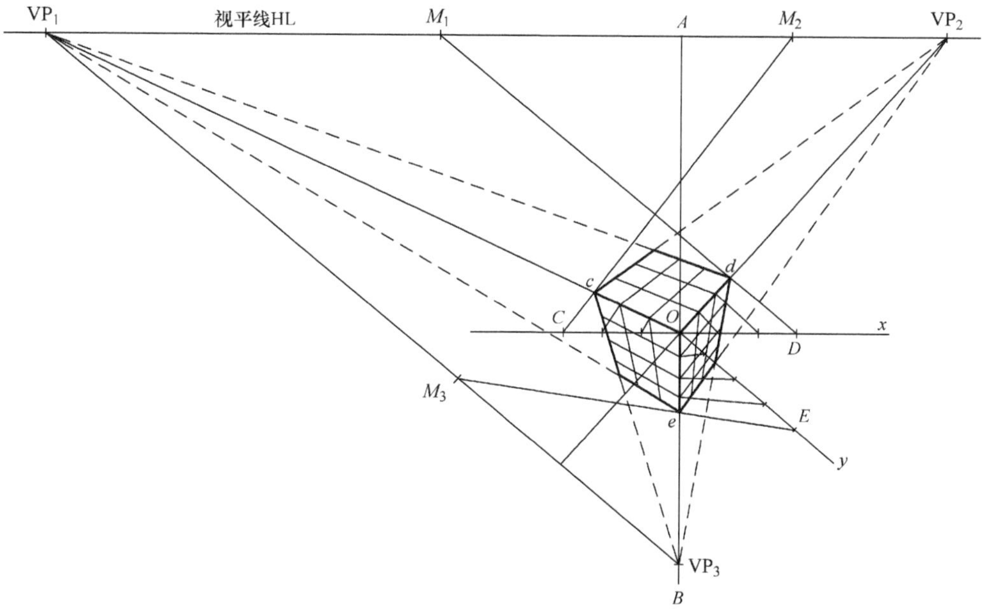


图 4-18　三点透视的作图方法

## 五、鸟瞰图

鸟瞰图在装饰设计中是表现室内整体空间在揭去顶部后，自上而下俯视所呈现的图像。它可以是一点透视（图 4-19），可以是两点透视，也可以是三点透视。在建筑制图中，鸟瞰图多用于绘制景观环境或建筑群，在室内设计制图中，可表现揭去顶面之后的五个面，并反映各空间之间的关系（图 4-20）。

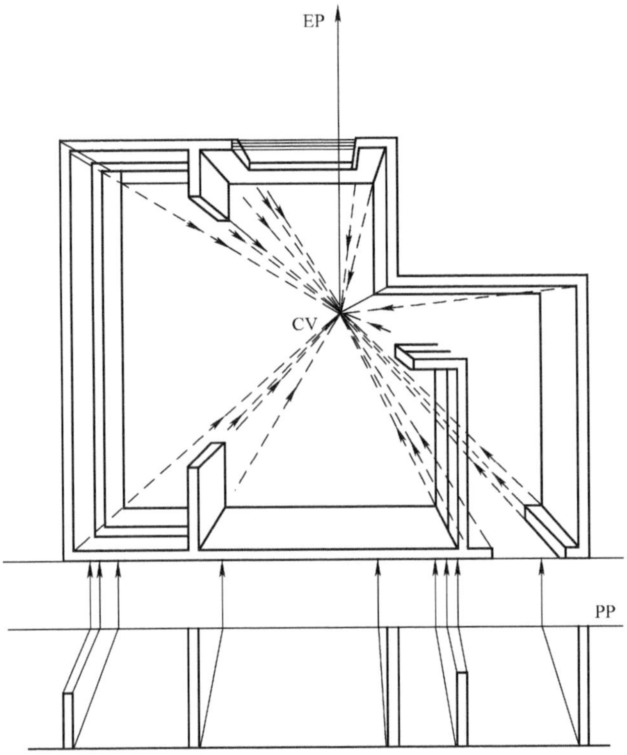


图 4-19　一点透视俯视图

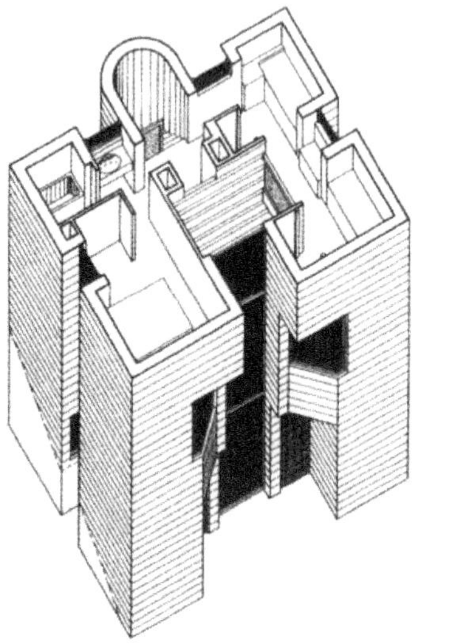

图 4-20　鸟瞰图（用轴测图表达）

# 第三节　透视图的简便辅助画法

## 一、简易画法

画建筑或室内透视图时，一般是先用上述透视画法画出大的透视框架网格后，再用简便作图法画出门窗或家具细部的透视，这样既保证了总体的准确，又达到了快速出图的目的。因此简要介绍几种简便辅助作图方法：

（一）直线的等比分割和直线透视的等比分割

**1. 直线的等比分割**

图 4-21a 中表明直线 *AB* 等比分割的原理。

1）任意确定直线 *AB*，过 *A* 点作水平线 *AP*。

2）假设将直线 *AB* 四等比分割，先从 *A* 点起将水平线 *AP* 四等分，过 4 点连线 *B* 点，分别过 1、2、3 点作 4*B* 的平行线，交 *AB* 线得 1′、2′、3′、4′点，即将直线 *AB* 等比分割（图 4-21a）。

**2. 直线透视的等比分割**

图 4-21b 中表明直线 *AB* 的透视等比分割的原理。

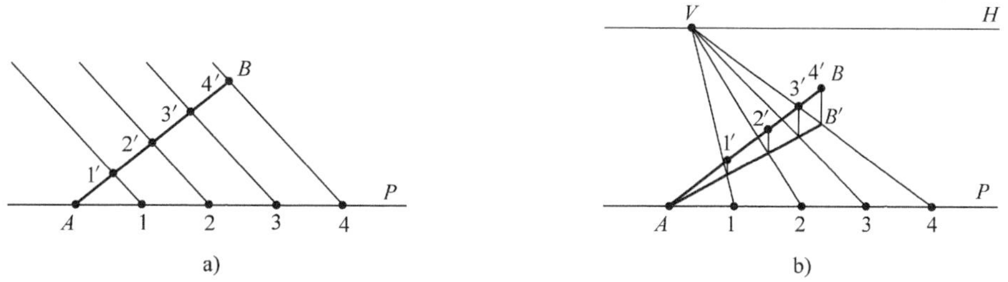


图 4-21　直线的等比分割

（二）透视矩形的分割与延续

**1. 利用对角线等分透视矩形**

利用矩形对角线的交点作垂直线即可将透视矩形二等分、三等分、四等分、五等分（图 4-22）……

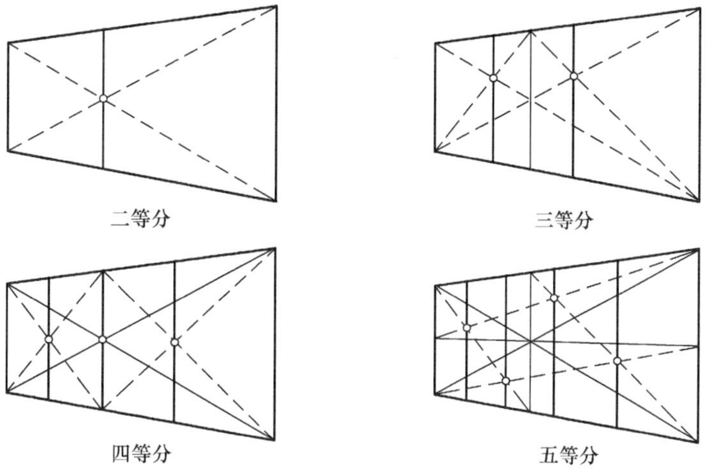


图 4-22　利用对角线等分透视矩形

**2. 垂直线方向等分透视矩形**

先将透视矩形 $ABCD$ 的 $AB$ 边等分，将各等分点与灭点 VP 点相连，交对角线 $BD$ 得 $O_1$、$O_2$ 点，过 $O_1$、$O_2$ 点作垂直线即将透视矩形 $ABCD$ 等分（图 4-23）。

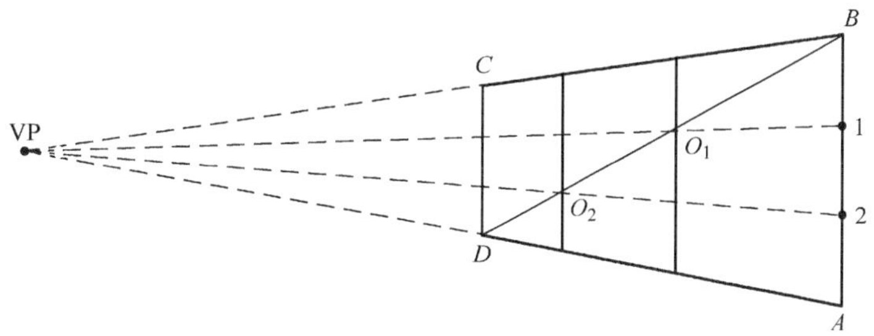


图 4-23　垂直线方向等分透视矩形

**3. 矩形与透视矩形的延续**

（1）矩形的延续　已知矩形 $ABCD$，连接对角线 $AC$、$BD$ 交于 $O$ 点，过 $O$ 点作 $AD$ 的平行线，交 $CD$ 于 $O_1$，连接 $AO_1$ 并延长至 $BC$ 的延长线于 $F$ 点，由 $F$ 点作垂直线 $FE$，$CDEF$ 即是 $ABCD$ 的延续面。按此方法可继续得到矩形的延续面（图4-24a）。

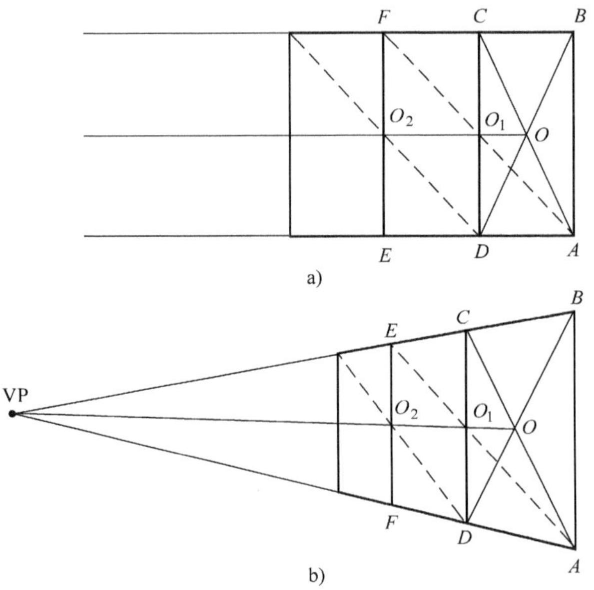


图4-24　矩形与透视矩形的延续

（2）透视矩形的延续　将透视矩形 *ABCD* 的对角线连接交于 *O* 点，将 *AD*、*BC* 边延长至灭点 VP，由 *O* 点向灭点连线交 *CD* 得 $O_1$ 点，连线 $AO_1$ 并延长交 *BC* 延长线得 *E* 点，过 *E* 点作垂直线 *EF*，*CDFE* 即是透视矩形 *ABCD* 的延续面。按此方法可继续得到透视矩形的延续面（图4-24b）。

（三）圆形的辅助画法

圆形的透视图形为椭圆形。在画透视效果图中，经常要画圆形物体的透视，如圆桌、拱门等。这里介绍用简便的方法来做圆形的透视。

作圆形的透视中，经常用八点法（图4-25）或十二点法（图4-26）求圆及圆的透视。

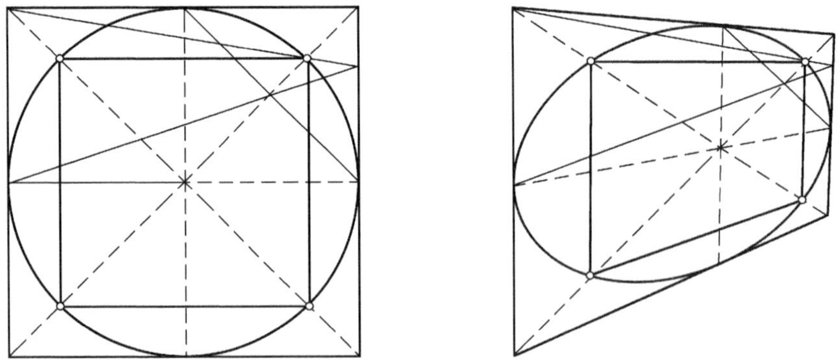

图4-25　八点法画圆及圆的透视

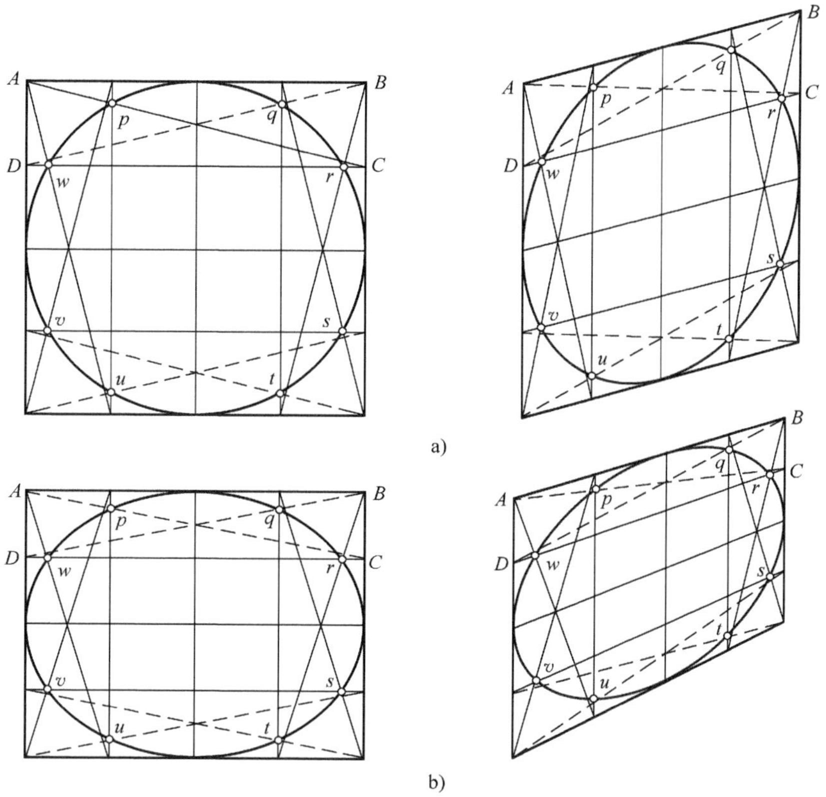


图 4-26 十二点法画圆及圆的透视

## 第四节 透视参数的选择与透视效果

建筑或室内的透视是由视点、画面及建筑物三者之间的相对位置所决定的。因此，选择不同的透视参数如视角、视距、视高以及图形角度等都可以获得不同的透视效果（图 4-27）。

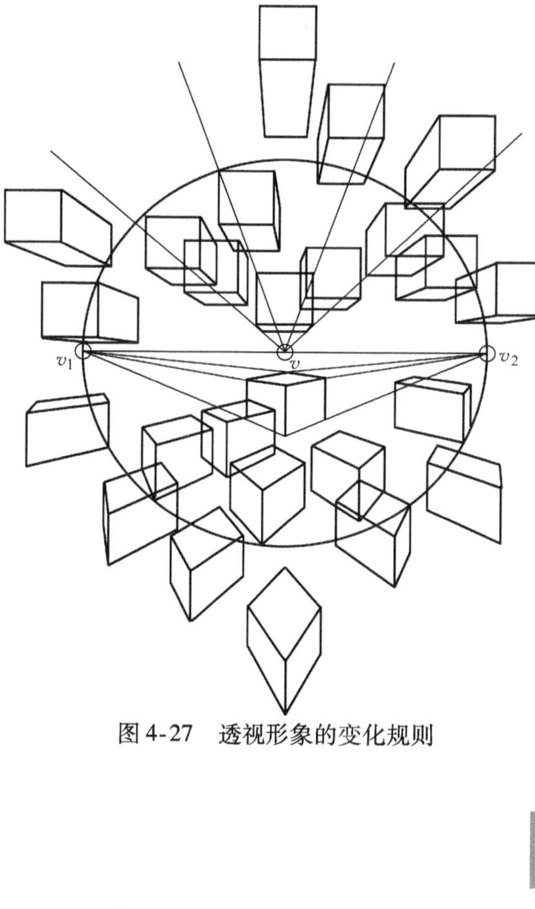


图 4-27 透视形象的变化规则

### 一、视点的选择

视点的选择主要是确定站点与视高。为了真实地再现建筑物体或室内的形象，站点的选择应符合人眼的视觉要求。

室内透视图的视高一般参照人的高度应选取在 1.6m 左右，但在某些特定情况下，出于某种需要，视高也可抬高或降低。视点的高度及在画面中的位置，则要根据表达的侧重点来决定。如图 4-28 所示，a 为一般情况下的视点；b 视点偏左侧重表现右墙面；c 视点偏高侧重表现地面；d 视点偏低侧重表现顶棚。

### 二、画面的确定

（1）视角 当人们观察某一特定目标时，在主视

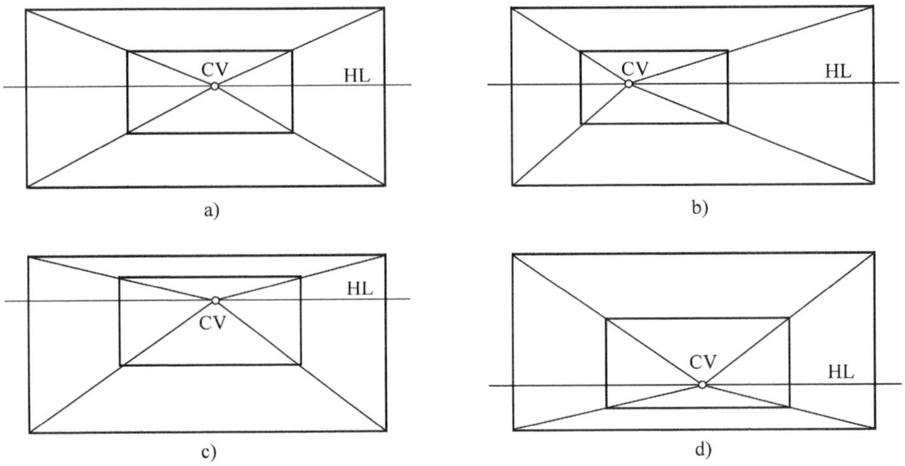


图4-28　室内透视图中不同的视点位置

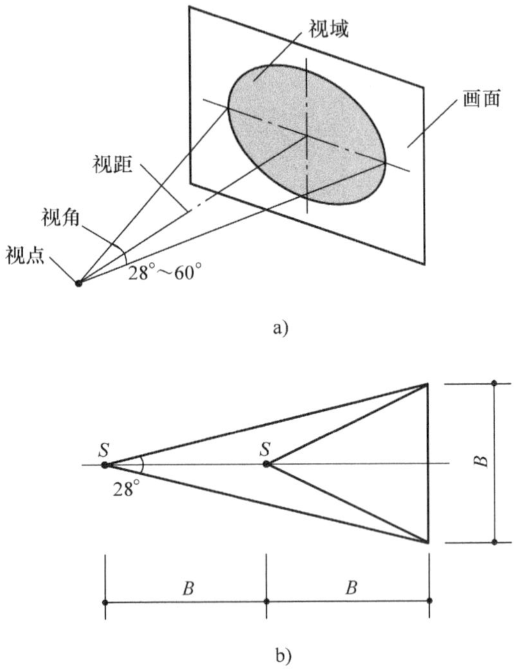


图4-29　视域与视距

线附近的物像十分清晰，其周围的物像越是远离主视线就越模糊不清。因此，人们在观察物体时便存在一个看清的范围，这个范围被称为视域。

如图4-29a所示，这个视觉范围是以人的眼睛为顶点、以中心视线为轴的视锥来表示的，视锥顶角称为视角。据测定，视角在28°~35°时视觉效果最佳，视角超过60°时就会出现失真现象，视角越大失真越严重（图4-30）。

（2）视距　为了保证视角在这一最佳范围内，一般应使视距为视域宽的1~2倍，如图4-29b所示。

在室内一点透视中，画面的位置和视高不变，当视距较近时，内墙面小，进深大；当视距较远时，内墙面大，进深小（图4-31）。

在立方体的两点透视中，当视距较近时，两灭点的距离较小，当视距较远时，两灭点的距离较大。即视距较近时，立方体的两垂直面缩短越多，透视角度越陡，当视距较远时则反之（图4-32）。

（3）视高　建筑物、画面、视距不变，视点的高低变化使透视图形变为仰视图、平视图和俯视图，其高度的选择直接影响到效果图的表现形式与效果。如图4-33所示，上为仰视图、中为平视图、下为俯视图。

（4）透视图形角度　画面、视点位置不变，立方体绕着它和画面相交的一垂边旋转，旋转角度的不同而形成不同的透视图形。若垂面与画面交角较小，则透视角度平缓，交角较大，则透视角度较陡(图4-34)。

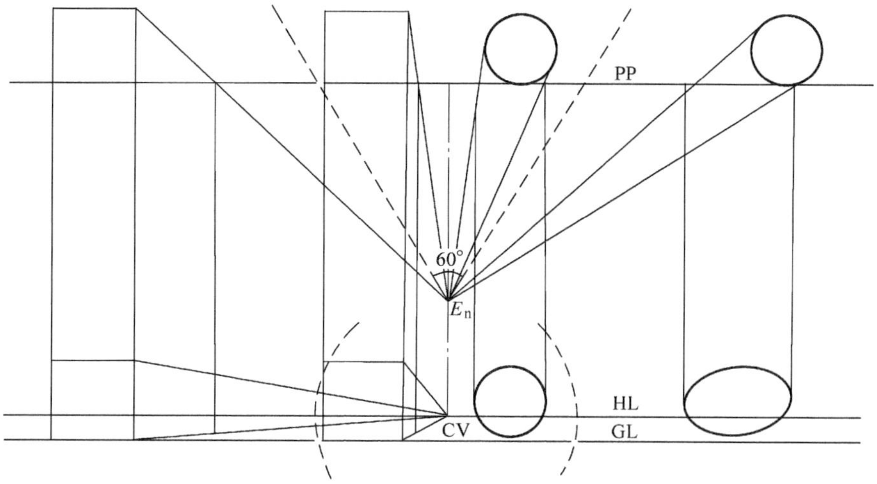


图 4-30 不同视角的透视变化

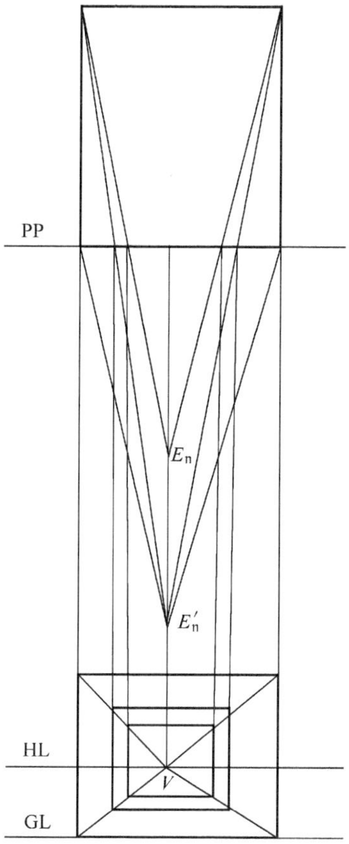


图 4-31 一点透视中不同视距的透视变化

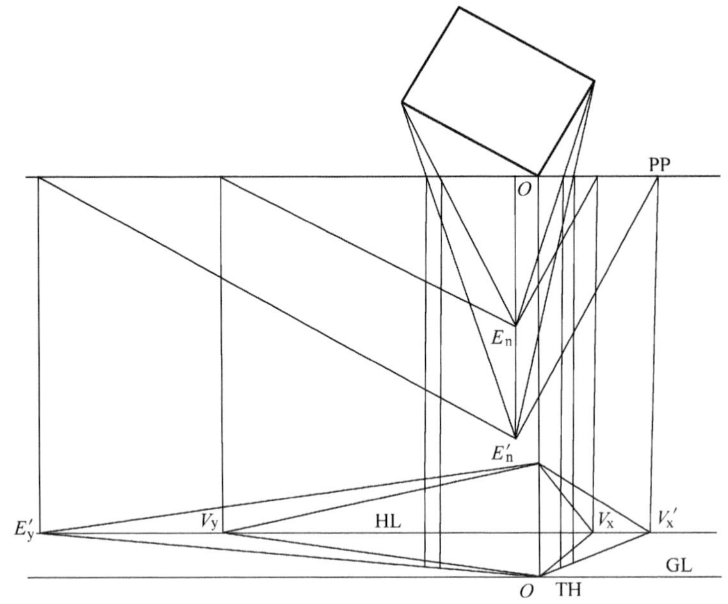


图4-32 两点透视中不同视距的透视变化

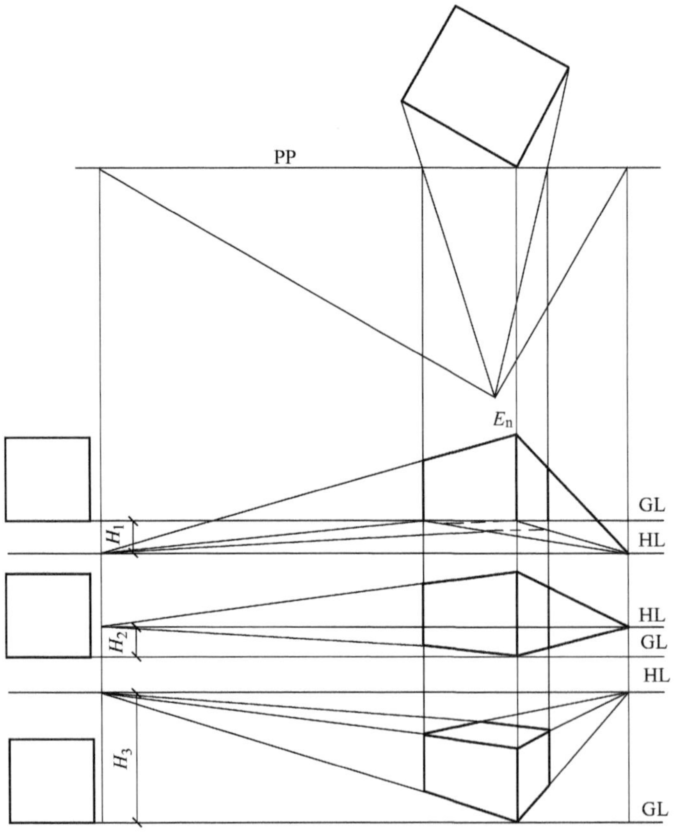


图4-33 不同视高的透视图

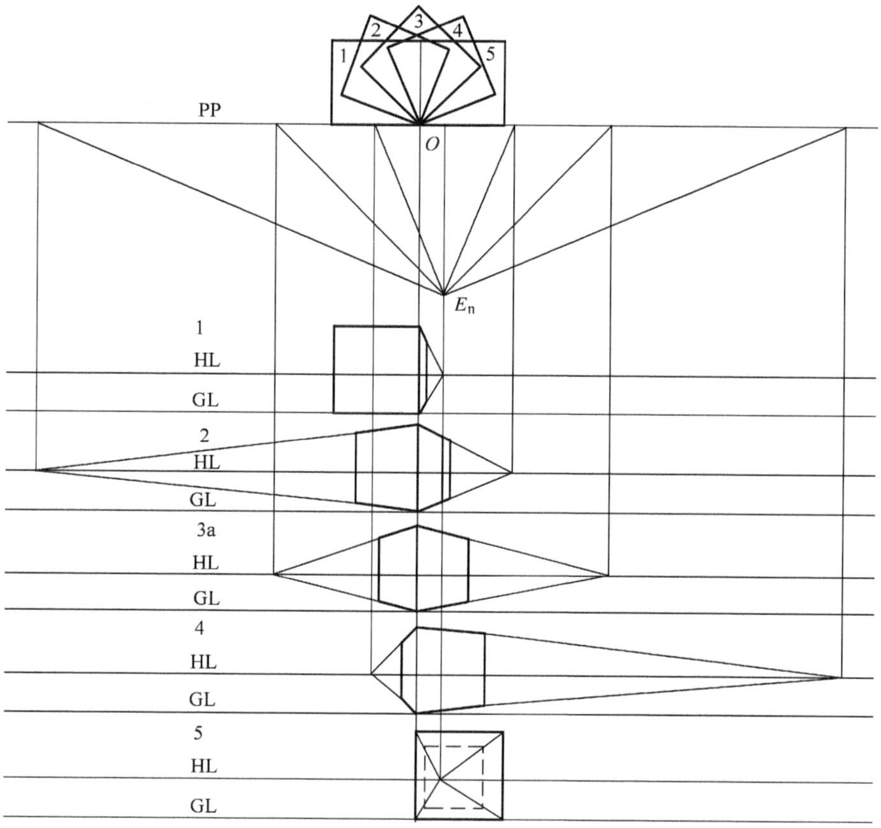


图 4-34　透视图形的角度变化

## 复习思考与练习题

1. 透视图是怎样形成的？其有何特点？何谓视点、视平线、灭点、测点、画面及基面？各用什么字母表示？
2. 透视图有几类？都是在什么情况下形成的？
3. 画透视图的基本方法有几种？何谓视线法、测点法？它们的优缺点是什么？
4. 视高的高低会不会影响透视效果？
5. 透视图中的线段怎样进行等比分割？透视矩形如何等分？
6. 圆的透视的简易画法怎么画？
7. 选择视点要考虑什么问题？室内透视中视点位置如何选取？视点位置与透视效果的关系如何？
8. 用一点透视法表现室内场景。
9. 用一点变两点透视法表现室内场景。
10. 用两点透视法表现室内场景。

# 第五章　建筑工程图

学习目标

1. 了解建筑工程图的形成过程和主要内容。
2. 掌握建筑工程图的识读方法。
3. 了解建筑工程图的绘制步骤，掌握建筑工程图的绘制技能。
4. 能够准确、熟练地进行建筑设计方案的表达，为将来的专业设计工作打下基础。

## 第一节　建筑工程图的基本知识

### 一、房屋的类型和组成

房屋即建筑物，是人们进行生产、生活、办公和学习等各种活动的场所，与人类的生存和发展密切相关。按照房屋的使用功能，一般可分为工业建筑（厂房、仓库、动力站等）、农业建筑（谷仓、饲养场等）及民用建筑。民用建筑又可分为居住建筑（住宅、宿舍、公寓等）和公共建筑（学校、医院、体育馆、影院等）。

各种房屋，尽管其功能、外形、空间组合、规模大小、结构形式、构造方式等各有特点，但除单层工业厂房外，房屋的构造基本相似，一般都由基础、墙和柱、楼地面、楼梯、屋顶、门窗六部分组成。此外，一般房屋还有台阶、坡道、雨篷、阳台、散水、明沟以及其他各种构配件和装饰等（图5-1）。

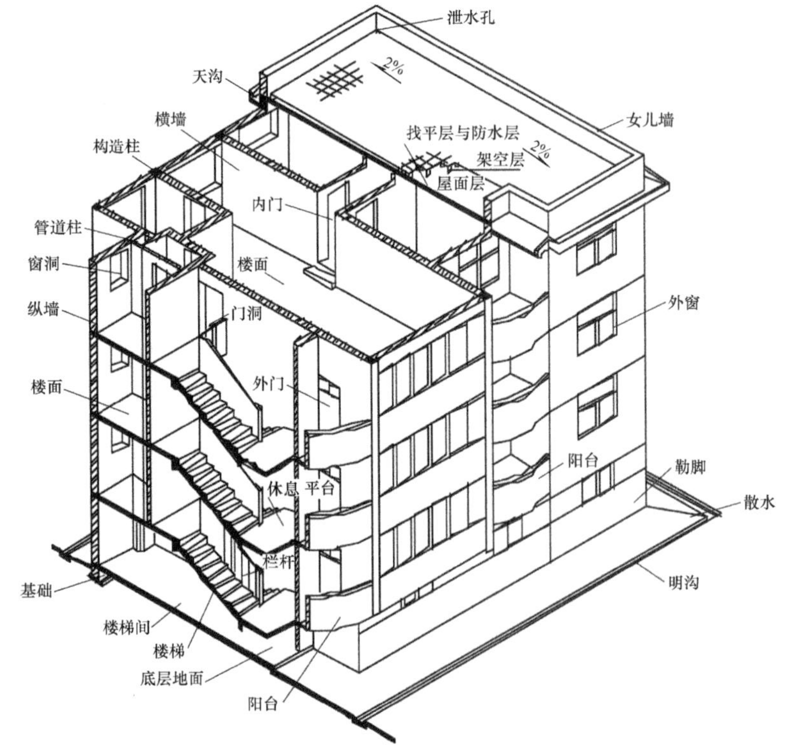


图5-1　民用建筑的组成

## 二、施工图的产生及其分类

房屋建筑图：将一幢拟建房屋的内外形状和大小以及各部分的结构、构造、装修、设备等内容，按照“国标”的规定，用正投影方法画出的完整图样，所以又称为“施工图”。

房屋建造需设计、施工两个阶段。

房屋建筑图（施工图）的设计也需两个阶段。

① 初步设计：提出方案，说明该建筑的平面布置、立面处理、结构选型等。

② 施工图设计：修改和完善初步设计，以符合施工的需要。

对一些复杂工程，还应增加技术设计（或扩大初步设计）阶段，作为协调各工种的矛盾和绘制施工图的准备。

（1）初步设计阶段

1）设计前的准备。

2）方案设计。

3）绘制初步设计图。

（2）施工图设计阶段　注意是将已经批准的初步设计图，按照施工的要求给予具体化。

完整的一套施工图包括：图纸目录、设计总说明、建筑施工图（建施）、结构施工图（结施）、建筑装修图、设备施工图（设施）。

## 三、施工图的图示特点

1）施工图中的各图样，主要用正投影法绘制。

2）房屋形体较大，施工图一般采用较小比例绘制。

3）由于房屋的构、配件和材料种类较多，制图国家标准规定了一系列相应的符号和图例。

## 四、阅读施工图的步骤

阅读施工图之前除了具备投影知识和形体表达知识外，还应熟识施工图中常用的各种图例和符号。

1）看图纸的目录，了解整套图纸的分类和每类图纸的张数。

2）按照目录通读一遍，了解工程概况（建设地点、环境，建筑物大小、结构型式，建设时间等）。

3）根据负责内容，仔细阅读相关类别的图纸。阅读时，应按照先整体后局部，先文字后图样，先图形后尺寸的原则进行。

## 五、施工图中常用的符号

（一）定位轴线

用来确定主要承重结构和构件（承重墙、梁、柱、屋架、基础等）的位置，以便施工时定位放线和查阅图纸。

**1. 国标规定定位轴线的绘制**

线型：细单点长画线。

轴线编号的圆：细实线，直径 8 ~ 10mm（用模板绘制，不能徒手绘制）。

编号（以平面图为例）：水平方向，从左向右依次用阿拉伯数字编写；竖直方向，从下向上依次用大写拉丁字母编写（不能用 I、O、Z），如图 5-2 所示。

**2. 标注位置**

图样对称时，一般标注在图样的下方和左侧；图样不对称时，以下方和左侧为主，上方和右方也要标注。

**3. 分轴线的标注**

对应次要承重构件，不用单独划为一个编号，可以用分轴线表示。表示方法：用分数进行编号，以前一轴线编号为分母，阿拉伯数字（1、2、3…）为分子依次编写，如图 5-3 所示。

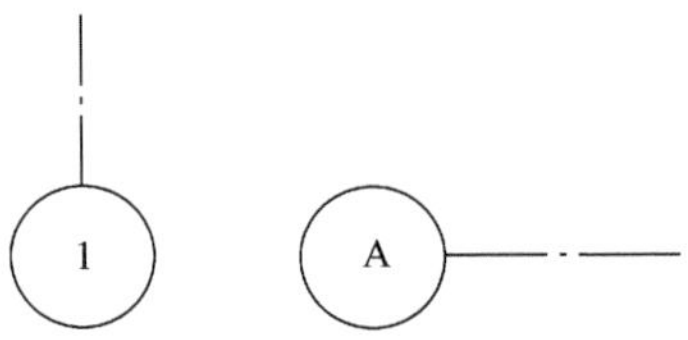


图 5-2　轴线绘制

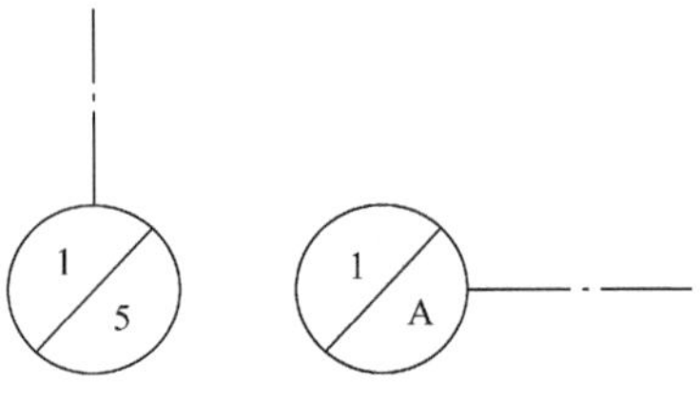


图 5-3　分轴线绘制

**4. 详图中的轴线编号**

轴线编号的圆：直径 8～10mm，细实线绘制（用模板绘制）。

一个详图适用于几根轴线时，应同时注明各有关轴线的编号，如图 5-4 所示。

通用详图中的定位轴线，应只画圆，不注写轴线编号。

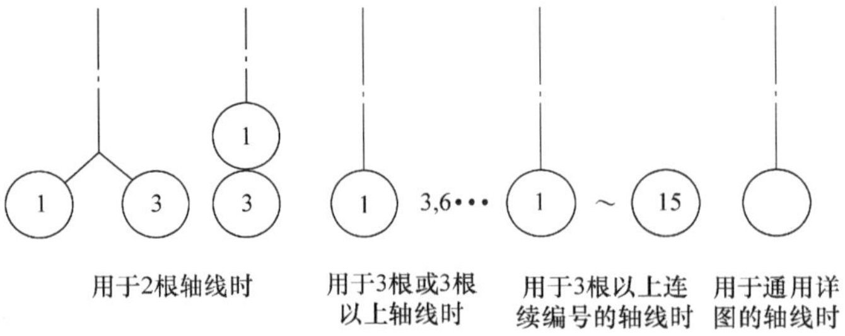


图 5-4　详图的轴线编号

（二）标高符号

在总平面图、平面图、立面图、剖面图上，经常有需要标注高度的地方。不同图样上的标高符号的绘制各不相同，如图 5-5 所示。

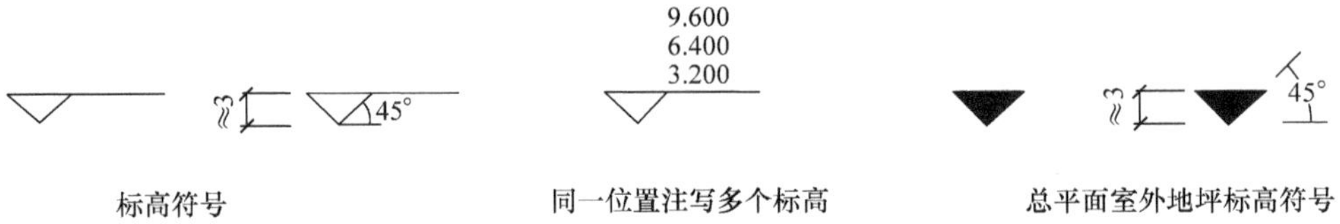


图 5-5　标高符号

1）平面图的标高符号：用相对标高，保留三位小数。

2）立面图、剖面图的标高符号：用相对标高，保留三位小数。

3）总平面图的标高符号（室内、室外）：用绝对标高，保留两位小数，如标高数字前有“－”号，表示该完成面低于零点标高。

（三）索引符号和详图符号

为了方便查找构件详图，用索引符号可以清楚地表示出详图的编号、详图的位置和详图所在图纸的编号。

**1. 索引符号**（图 5-6）

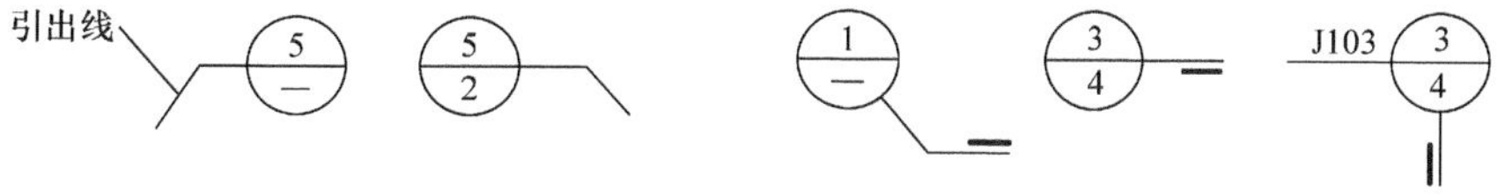


索引符号　　用于索引剖面详图的索引符号

图 5-6　索引符号

绘制方法：引出线的一端指在要画详图的地方，另一端为细实线、直径 8 ~ 10mm 的圆，引出线应对准圆心。在圆内过圆心画一水平细实线，将圆分为两个半圆。

当索引符号用于索引剖面详图时，应在被剖切的部位绘制剖切位置线，引出线所在一侧应为投影方向。

编号方法：上半圆用阿拉伯数字表示详图的编号，下半圆用阿拉伯数字表示详图所在图纸的图纸号。若详图与被索引的图样在同一张图纸上，下半圆中间画一水平细实线；若详图为标准图集上的详图，应在索引符号水平直径的延长线上加注标准图集的编号，如图 5-7 所示。

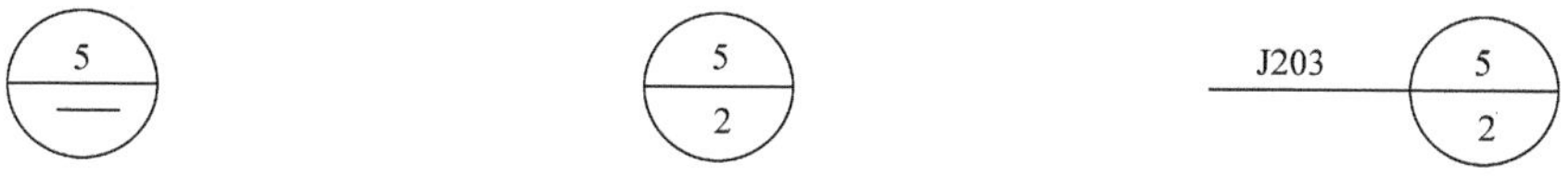


详图与被索引的图样在同一张图纸上　　详图与被索引的图样不在同一张图纸上　　详图在标准图集上

图 5-7　索引符号编号

**2. 详图符号——表示详图的位置和编号**（图 5-8）

绘制方法：粗实线，直径 14mm。

编号方法：当详图与被索引的图样不在同一张图纸上时，过圆心画一水平细实线，上半圆用阿拉伯数字表示详图的编号，下半圆用阿拉伯数字表示被索引图纸的图纸号。

当详图与被索引的图样在同一张图纸上时，圆内不画水平细实线，用阿拉伯数字表示详图的编号。

（四）常用建筑材料图例

常用建筑材料图例见表 5-1。

详图与被索引的图样在同一张图纸上　　详图与被索引的图样不在同一张图纸上

图 5-8　详图符号

**表 5-1　常用建筑材料图例**

| 序号 | 名称 | 图例 | 备注 | 序号 | 名称 | 图例 | 备注 |
|---|---|---|---|---|---|---|---|
| 1 | 自然土壤 |  | 包括各种自然土壤 | 4 | 砂砾石、碎砖三合土 |  | |
| 2 | 夯实土壤 |   | | 5 | 空心砖 |  | 指非承重砖砌体 |
| 3 | 砂、灰土 | 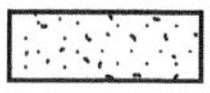 | 靠近轮廓线绘较密的点 | 6 | 饰面砖 |  | 包括铺地砖、马赛克、陶瓷锦砖、人造大理石等 |

（续）

| 序号 | 名称 | 图例 | 备注 | 序号 | 名称 | 图例 | 备注 |
|---|---|---|---|---|---|---|---|
| 7 | 焦渣、矿渣 | 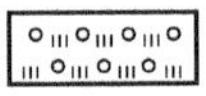 | 包括与水泥、石灰等混合而成的材料 | 18 | 耐火砖 | 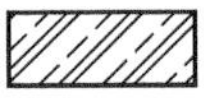 | 包括耐酸砖等砌体 |
| 8 | 混凝土 | 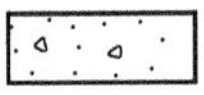 | 1. 本图例指能承重的混凝土及钢筋混凝土<br>2. 包括各种强度等级、骨料、添加剂的混凝土<br>3. 在剖面图上画出钢筋时，不画图例线<br>4. 断面图形小，不易画出图例线时，可涂黑 | 19 | 石膏板 | 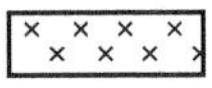 | 包括圆孔、方孔石膏板、防水石膏板等 |
| 9 | 钢筋混凝土 | 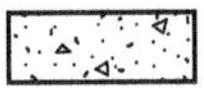 |  | 20 | 金属 |  | 1. 包括各种金属<br>2. 图形小时，可涂黑 |
| 10 | 多孔材料 | 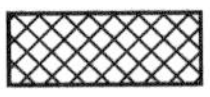 | 包括水泥珍珠岩、沥青珍珠岩、泡沫混凝土、非承重加气混凝土、软木、蛭石制品等 | 21 | 网状材料 |   | 1. 包括金属、塑料网状材料<br>2. 应注明具体材料名称 |
| 11 | 纤维材料 |  | 包括矿棉、岩棉、玻璃棉、麻丝、木丝板、纤维板等 | 22 | 液体 | 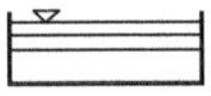 | 应注明具体液体名称 |
| 12 | 泡沫塑料材料 | 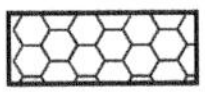 | 包括聚苯乙烯、聚乙烯、聚氨酯等多孔聚合物类材料 | 23 | 玻璃 |  | 包括平板玻璃、磨砂玻璃、夹丝玻璃、钢化玻璃、中空玻璃、加层玻璃、镀膜玻璃等 |
| 13 | 木材 | 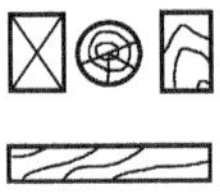 | 1. 上图为横断面，上左图为垫木、木砖或木龙骨<br>2. 下图为纵断面 | 24 | 橡胶 |  |  |
| 14 | 胶合板 |  | 应注明为×层胶合板 | 25 | 塑料 |  | 包括各种软、硬塑料及有机玻璃等 |
| 15 | 石材 | 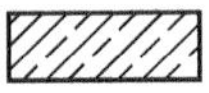 |  | 26 | 防水材料 |  | 构造层次多或比例大时，采用上面图例 |
| 16 | 毛石 | 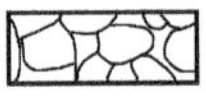 |  | 27 | 粉刷 | 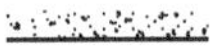 | 本图例采用较稀的点 |
| 17 | 普通砖 | 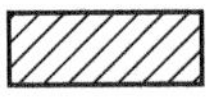 | 包括实心砖、多孔砖、砌块等砌体。断面较窄不易绘出图例线时，可涂红 |  |  |  |  |

注：序号1、2、9、10、14、15、17、18、19、20、24、25图例中的斜线、短斜线、交叉斜线等一律为45°。

## 第二节　建筑总平面图

### 一、形成及用途

将拟建工程四周一定范围内的新建、拟建、原有和拆除的建筑物、构筑物连同其周围的地形地貌（道路、绿化、土坡、池塘等），用水平投影方法和相应的图例所画出的图样，称为总平面图（总平面布置图）。

建筑总平面图可以反映出建筑物的形状、位置、朝向以及周围环境的关系，为以后的设计、施工提供依据。如图5-9所示为某工程总平面图。

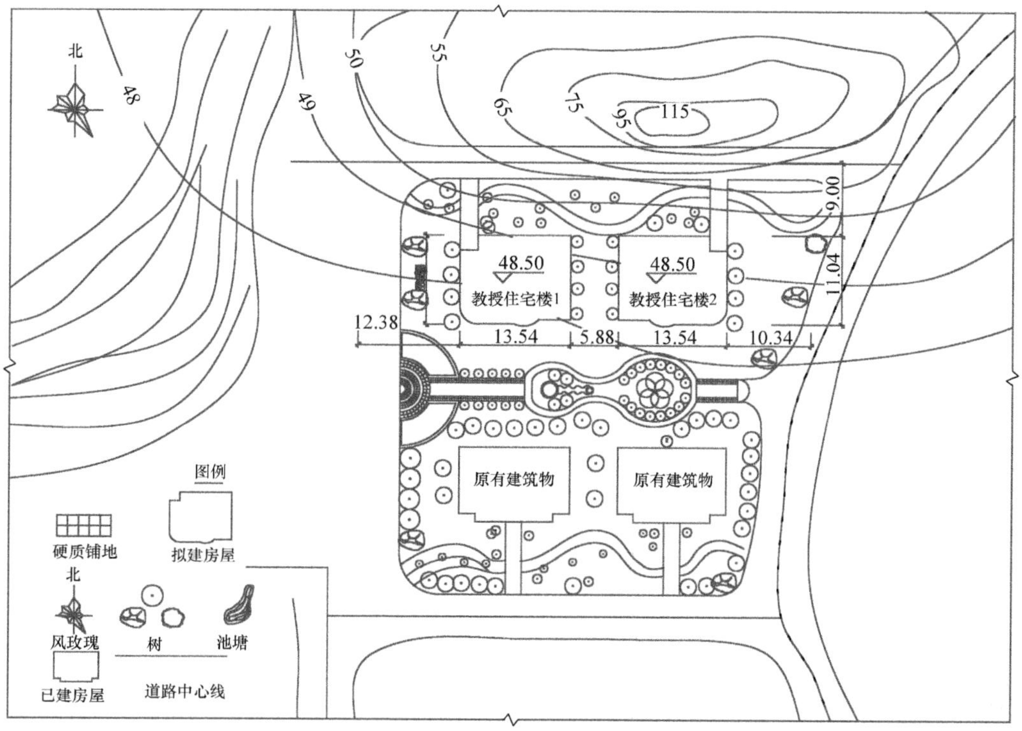


图 5-9　某工程总平面图

## 二、总平面图中常用的图例

总平面图中常用的图例见表 5-2。

**表 5-2　总平面图中常用的图例**

| 序号 | 名称 | 图　例 | 备　注 |
|---|---|---|---|
| 1 | 新建建筑物 | 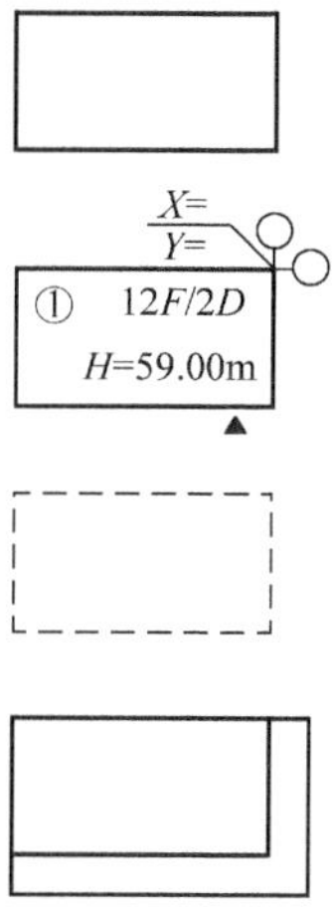 | 新建建筑物以粗实线表示与室外地坪相接外 ±0.00 外墙定位轮廓线<br>建筑物一般以 ±0.00 高度处的外墙定位轴线交叉点坐标定位。轴线用细实线表示，并标明轴线号<br>根据不同设计阶段标注建筑编号，地上、地下层数，建筑高度，建筑出入口位置（两种表示方法均可，但同一图纸采用一种表示方式）<br>地下建筑物以粗虚线表示其轮廓<br>建筑上部（±0.00 以上）外挑建筑用细实线表示<br>建筑物上部连廊用细虚线表示并标注位置 |
| 2 | 原有建筑物 | 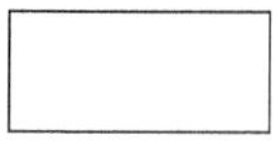 | 用细实线表示 |
| 3 | 计划扩建的预留地或建筑物 |  | 用中粗虚线表示 |

（续）

| 序号 | 名称 | 图　例 | 备　注 |
|---|---|---|---|
| 4 | 拆除的建筑物 | 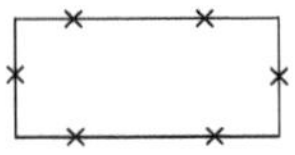 | 用细实线表示 |
| 5 | 建筑物下面的通道 | 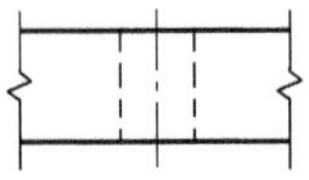 | — |
| 6 | 散状材料露天堆场 | 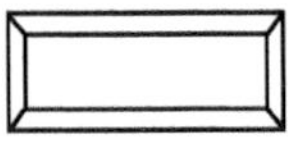 | 需要时可注明材料名称 |
| 7 | 其他材料露天堆场或露天作业场 | 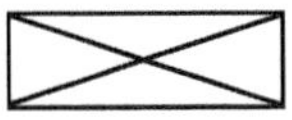 | 需要时可注明材料名称 |
| 8 | 铺砌场地 | 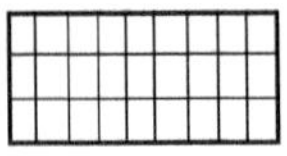 | — |
| 9 | 敞棚或敞廊 | 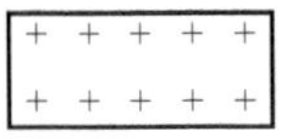 | — |
| 10 | 围墙及大门 | 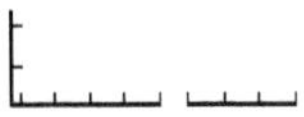 | — |
| 11 | 挡土墙 | 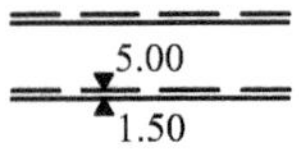 | 挡土墙根据不同设计阶段的需要标注$\frac{\text{墙顶标高}}{\text{墙底标高}}$ |
| 12 | 挡土墙上设围墙 |   | — |
| 13 | 台阶及无障碍坡道 | 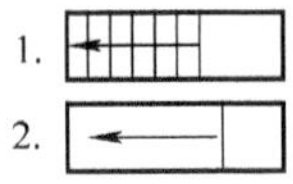 | 1. 表示台阶（级数仅为示意）<br>2. 表示无障碍坡道 |
| 14 | 坐标 | 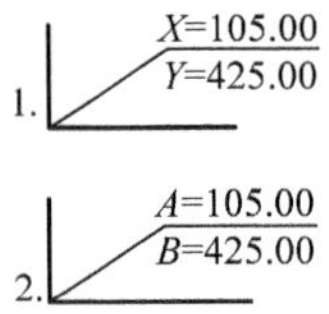 | 1. 表示地形测量坐标系<br>2. 表示自设坐标系<br>坐标数字平行于建筑标注 |
| 15 | 方格网交叉点标高 | 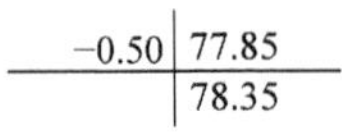 | “78.35”为原地面标高<br>“77.85”为设计标高<br>“−0.50”为施工高度<br>“−”表示挖方（“+”表示填方） |
| 16 | 室内地坪标高 | 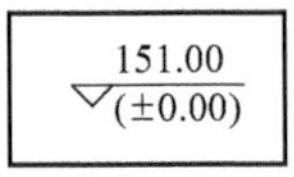 | 数字平行于建筑物书写 |
| 17 | 室外地坪标高 | 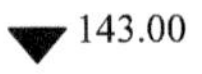 | 室外标高也可采用等高线 |

（续）

| 序号 | 名称 | 图　例 | 备　注 |
|---|---|---|---|
| 18 | 盲道 | 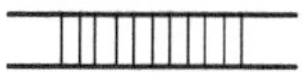 | — |
| 19 | 地下车库入口 | 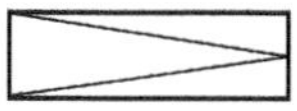 | 机动车停车场 |
| 20 | 地面露天停车场 |  | — |
| 21 | 露天机械停车场 | 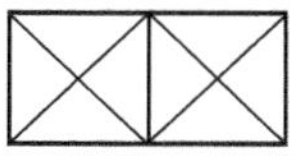 | — |
| 22 | 新建的道路 | 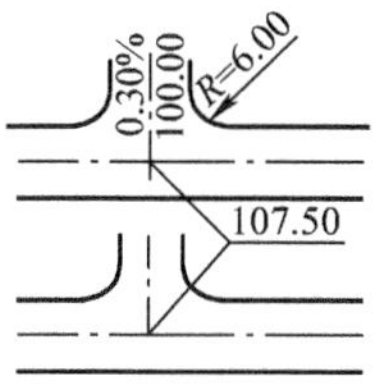  | “R＝6.00”表示道路转弯半径；“107.50”为道路中心线交叉点设计标高，两种表示方式均可，同一图纸采用一种方式表示；“100.00”为变坡点之间距离，“0.30%”表示道路坡度，——表示坡向 |
| 23 | 道路断面 | 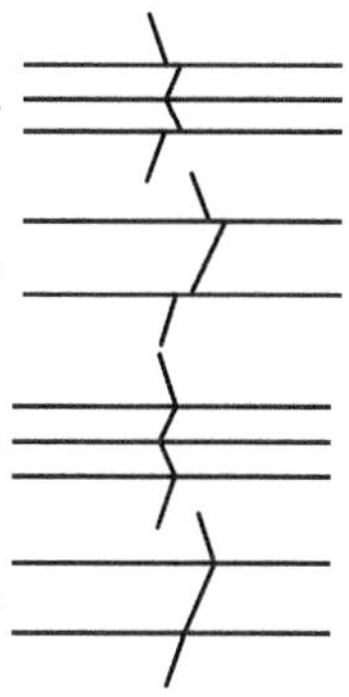  | 1. 为双坡立道牙<br>2. 为单坡立道牙<br>3. 为双坡平道牙<br>4. 为单坡立道牙 |
| 24 | 原有道路 |  | — |
| 25 | 计划扩建的道路 |  | — |
| 26 | 拆除的道路 | 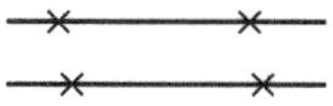 | — |
| 27 | 人行道 | 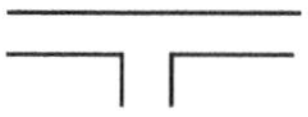 | — |

## 三、总平面图的主要内容

1）图名、比例、指北针、风玫瑰图（风向频率玫瑰图）、图例。

风向频率玫瑰图是根据某一地区多年平均统计的各个方向吹风次数的百分数值，按一定比例绘制，一般多用八个或十六个罗盘方位表示。有风向频率玫瑰图，可以不要指北针。

指北针或风向频率玫瑰图可以指示建筑物的朝向，如图5-10所示。

指北针绘制方法：细实线，直径24mm。指针尖指向北，指针尾部宽度为直径的1/8，约3mm。需用较大直径绘制指北针时，指针尾部宽度取直径的1/8。

2）附近地形（等高线）地貌（道路、水沟、池塘、土坡等），如图5-11所示。

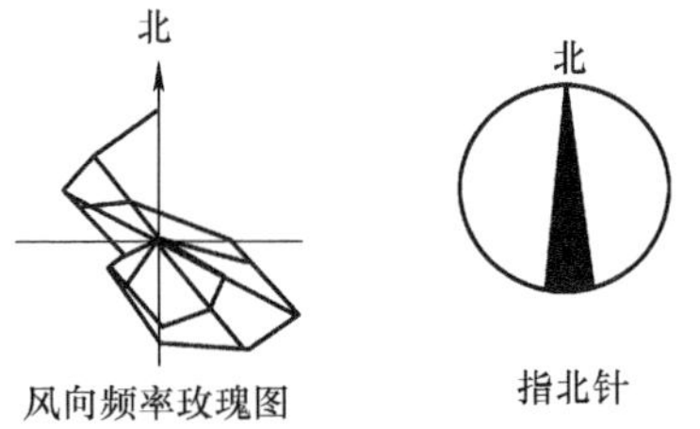


图 5-10　风向频率玫瑰图和指北针

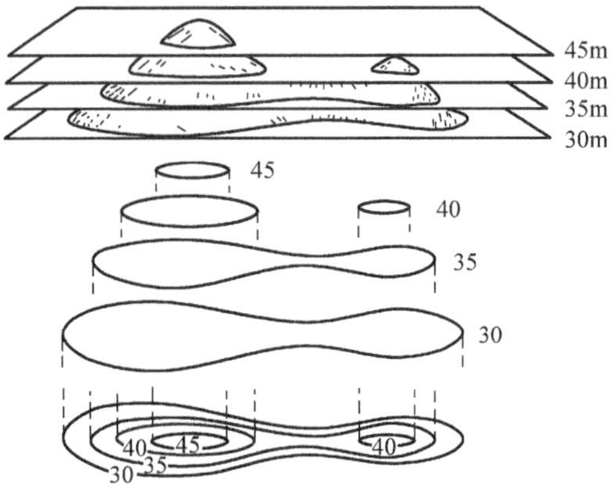


图 5-11　等高线

3）新建建筑（隐蔽工程用虚线）的定位（可以用坐标网或相互关系尺寸表示）、名称（或编号）、层数和室内外标高。

层数：低层建筑可用相应数量的小黑点或阿拉伯数字表示；高层建筑用阿拉伯数字表示。

4）相邻原有建筑、拆除建筑的位置或范围。

5）绿化、管道布置。

## 四、总平面图的识读要求

**1. 熟悉图例、比例**

熟悉图例、比例是阅读总平面图应具备的基本知识。如总平面图总比例为1∶500。

**2. 了解工程性质及周围环境**

工程性质是指建筑物功能，如商店、办公室、住宅等；了解环境的目的在于弄清楚周围环境是否对建筑有不利影响。

**3. 查看标高、地形图**

从标高和地形图中可以知道建筑房屋前区域的原有地貌。

**4. 查找定位依据**

确定新建建筑物的位置是总平面图的主要作用。建筑群的定位有两种方法，一种是按原来建筑物或原有道路定位，一种是按坐标定位。

**5. 道路与绿化**

道路与绿化是主体配套工程，从道路了解建成后的人流方向和交通情况，从绿化可以看出建筑后的环境情况。

## 五、总平面图的绘制要求

1）图例。熟悉建筑总平面图中的图例，绘制时要遵守要求。

2）线型。新建建筑物用粗实线绘制可见外轮廓，原有建筑物及建筑物的附属部分用细实线绘制可见外轮廓，计划预留地用中虚线绘制可见外轮廓，拆除建筑用细实线加叉号绘制可见外轮廓。

3）标注标高。建筑总平面图中应标注建筑物首层室内地面标高、室外地坪及道路标高、等高线高程。

4）新建工程的定位。新建工程一般根据原有房屋、道路或其他永久性建筑定位，如在新建范围内无参照标志，可根据测量坐标，确定建筑物或构筑物的位置。

5）如有地下管线或构筑物，应画出它的位置，以便作为平面布置的参考。

6）绘制比例、风玫瑰图，注写标题。总平面图的范围较大，通常采用较小比例，如1:500、1:1000、1:2000等，宜用线段比例尺，尺寸数字单位为m。总图应按上北下南的方向绘制。

7）复核。

## 第三节 建筑平面图

### 一、形成及用途

假想用一水平的剖切面沿门窗洞口位置将房屋切开，对剖切面以下部分所作出的水平剖面图，称为建筑平面图（简称平面图），如图5-12所示。

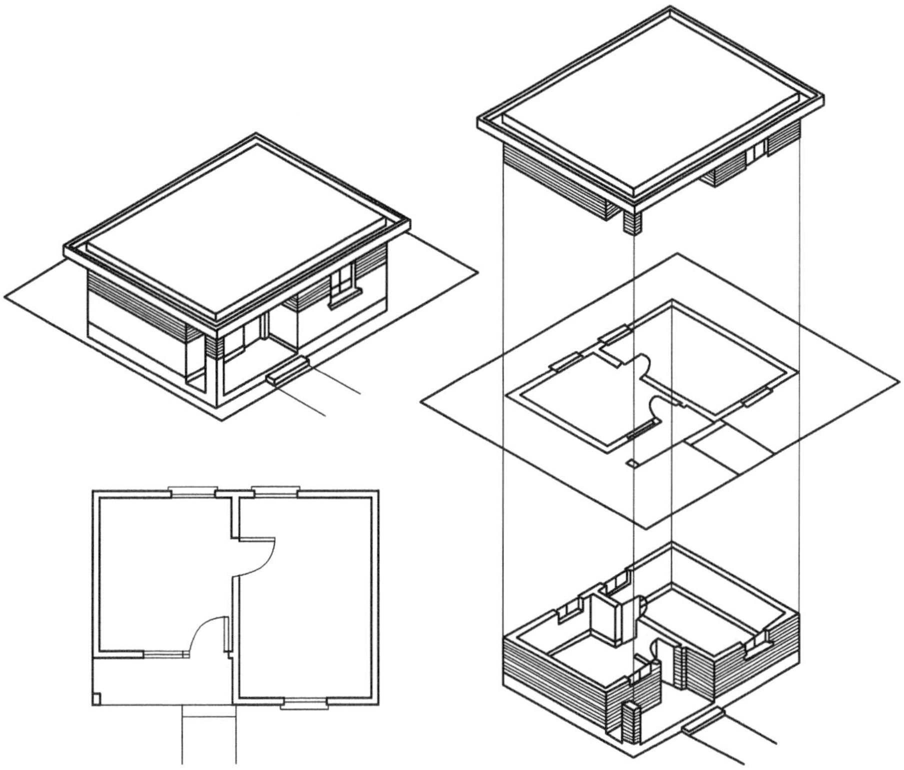

图5-12 平面图形成示意图

建筑平面图反映房屋的平面形状、大小和房屋的布局，门窗的位置、尺寸，墙、柱的尺寸及使用的材料，如图5-13所示。

原则上房屋有几层，就画出几个平面图，在图的正下方注明图名。除此之外还应有一个屋顶平面图（简单房屋也可没有），如图5-14所示。当房屋的中间各层房间的数量、大小、布置均相同时，可用一个“标准层平面图”表示；当房屋左右对称时，可将两层平面图画在同一个图上，中间用对称符号表示，在各自图样下方分别注明图名。

### 二、平面图的主要内容

1）图名、比例、指北针（比例一般采用1:100、1:200）。

2）各房间的名称、布置、联系、数量、室内标高。

3）建筑物的总长、总宽。

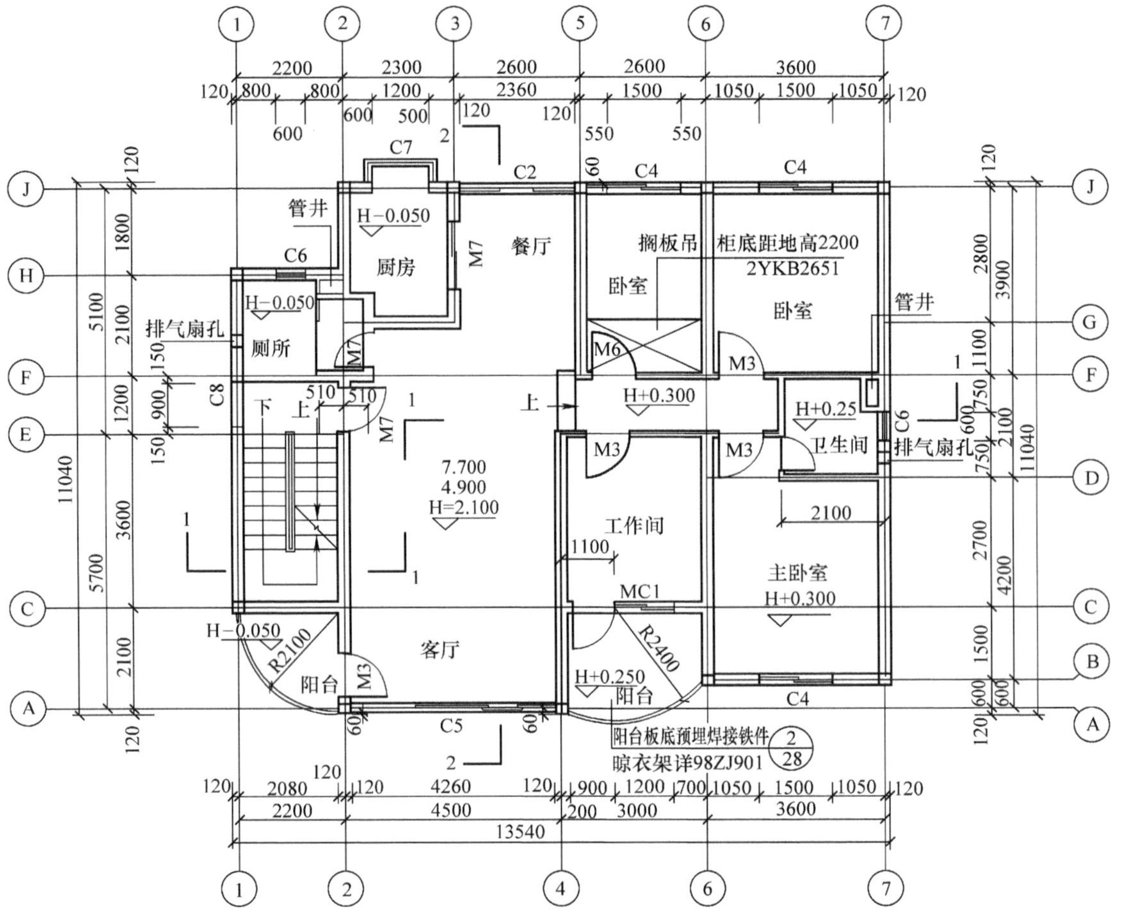


标准层平面图1:100

图5-13　建筑平面图

4）定位轴线，确定建筑结构和构件的位置。

5）尺寸

① 总尺寸：标注建筑物的最外轮廓尺寸。

② 轴线尺寸：表示定位轴线间的距离，房间的开间和进深。

③ 细部尺寸：标注门、窗、柱的宽度以及细部构件的尺寸。

④ 内部尺寸：表示房间内部门、窗、洞口、各种设施的大小及位置。

6）门窗图例和编号，门编号为M1、M2、M3…，窗编号为C1、C2、C3…一般情况下，在首页或平面图同页图纸上，附有门窗表。

7）细部布置：如楼梯、隔板、卫生设备、家具布置等。

8）剖切位置：在底层平面图中应画出剖切符号。

9）其他：花池、室外台阶、散水、雨水管等。

## 三、平面图的识读要求

从平面图基本内容上看，底层平面图涉及的内容最全面。因此，阅读建筑平面图时，首先要读底层平面图。

**1. 识读底层平面图的要求**

1）根据底层平面图中的指北针能明确房屋的朝向。然后熟悉房屋的形状、主要房间的布置及相互关系。

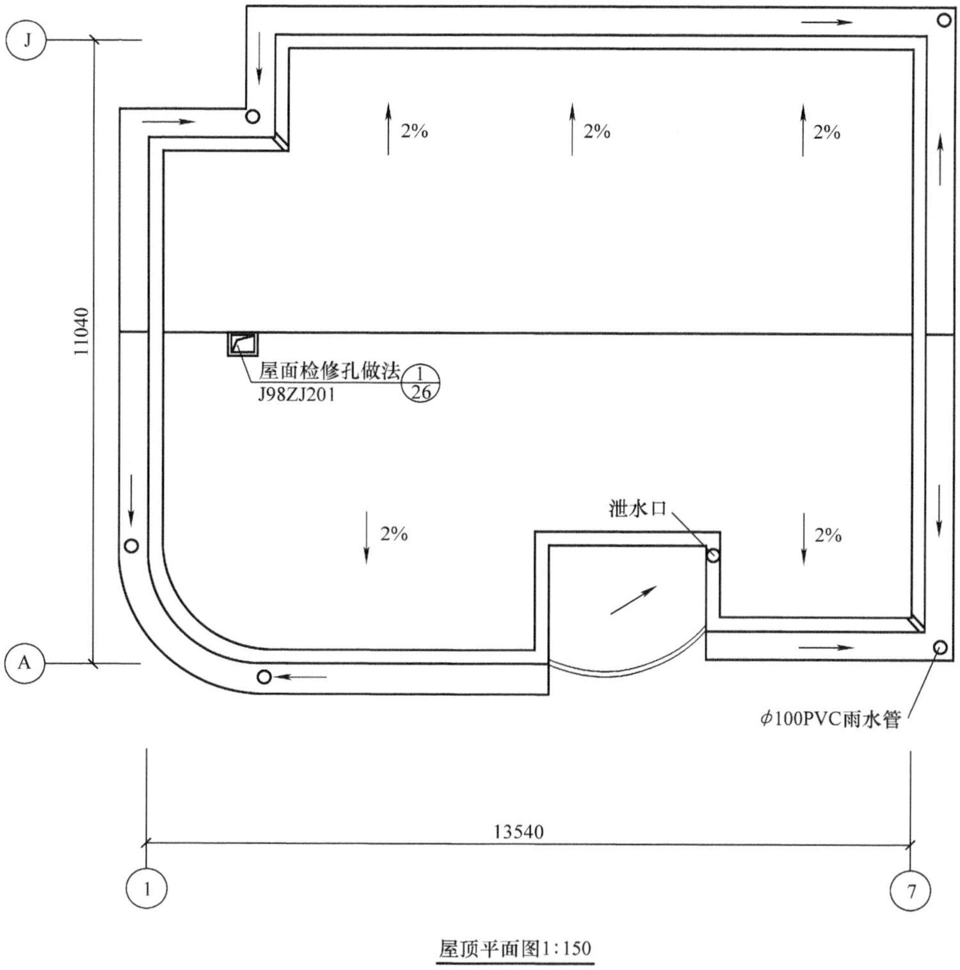


图 5-14　屋顶平面图

2）熟悉房屋的主要定位与定形尺寸，复核建筑物尺寸。

3）熟悉门窗的种类、尺寸及数量，并结合门窗表进行核对。

4）了解标高设计内容，掌握房间、厨房、卫生间、楼梯间和室外地面的标高。

5）明确附属设施的平面图位置，如卫生间的洗涤槽、厕所的蹲位、雨水管等的位置。

6）阅读文字说明，查阅对施工及材料的要求。

**2. 识读其他层平面图的要求**

1）掌握房屋布置、尺寸、通道与底层不同的地方。

2）掌握墙身尺寸及材料自底层起的变化情况。

3）掌握门窗、建筑施工及装饰自底层起的变化情况。

4）掌握顶层楼梯的变化情况。

**3. 识读屋顶平面图的要求**

1）掌握屋面的排水方向、坡度、排水分区、雨水口及雨水管位置。

2）掌握屋面及各局部构造的类型、位置及做法。

## 四、平面图的绘制步骤与要求

1）选定比例，确定图幅。一般平面图的比例为 1∶50、1∶100、1∶200。

2）画出定位轴线和附加定位轴线或墙体中心线（图5-15a）；轴线是设计和施工的定位线，凡承重墙、柱子等主要承重构件均应设置轴线。

3）编写轴线号，用细单点长画线绘制，端部用细实线画直径为8～10mm的圆，并进行编号，画出内外墙厚度（图5-15b）。

4）画出门窗的位置、宽度，柱的位置、大小；画出台阶、楼梯等其他可见轮廓线（图5-15b）。

5）加深墙、柱的剖断轮廓线，按线条等级依次加深其他各线（图5-15c）。

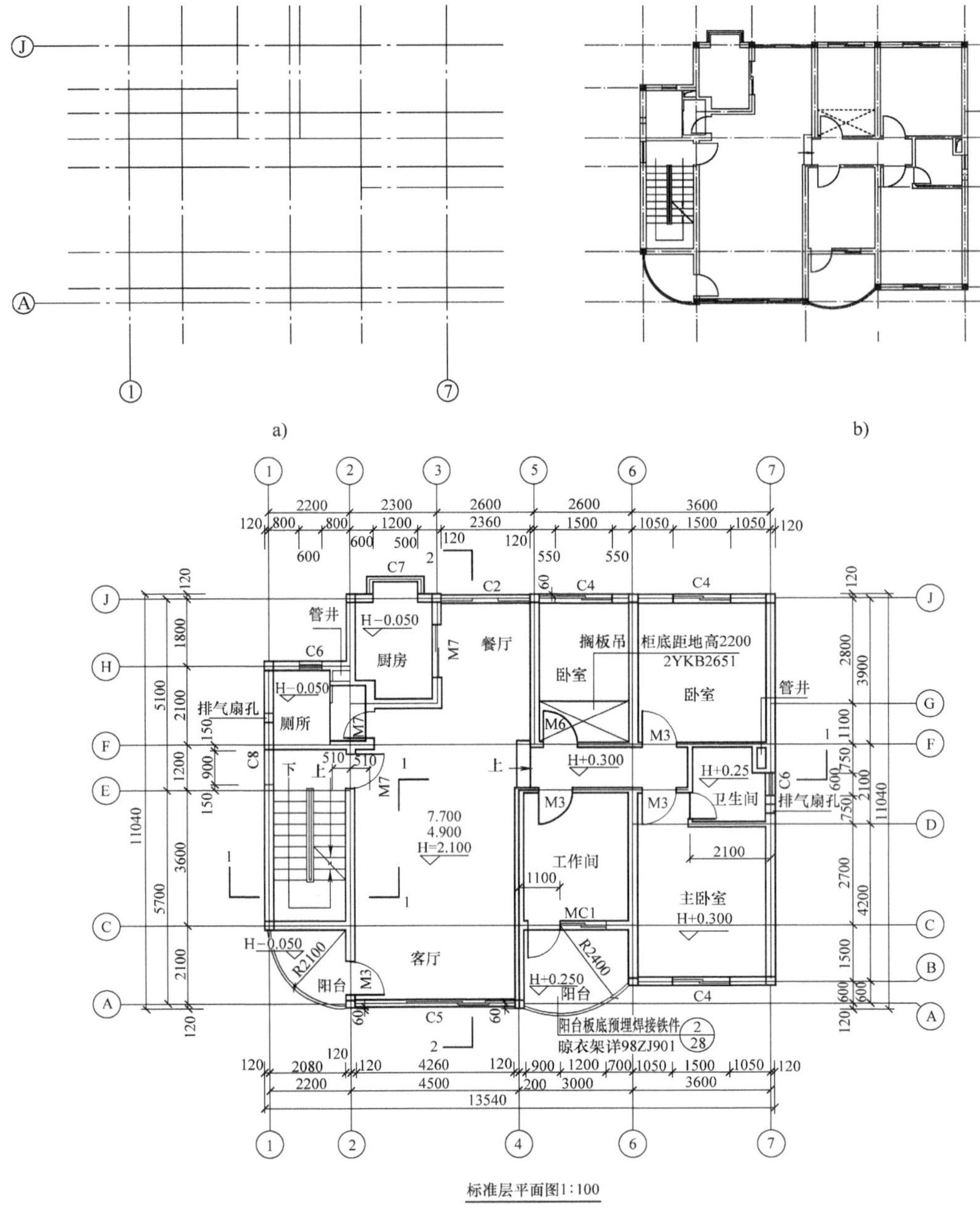


图5-15　平面图绘制步骤

a）绘轴线　b）绘墙身厚、门窗及其细部，绘楼梯、阳台等细部　c）经检查无误后，擦除多余线条，加深、加粗线型，标注尺寸、轴线、文字等

建筑图中的图线应粗细有别、层次分明。被剖切平面剖到的墙、柱的断面轮廓线用粗实线绘制。门的开启线、尺寸起止符号用中实线绘制。未剖到的构件轮廓线（如台阶、散水、窗台、各种用具设施）、

尺寸线用细实线绘制。定位轴线用细单点长画线绘制。

6）标注尺寸、画出剖切符号，绘制指北针或风玫瑰图；首层平面应标明 ±0.00 及室外地坪标高；注写图名、比例，注写相关文字说明（图 5-15c）。

## 第四节　建筑立面图

### 一、形成及用途

在与房屋立面平行的投影面上所作的房屋正投影图，称为建筑立面图，简称立面图（图 5-16）。

建筑立面图可直观表现立面的艺术处理、外部装修、立面造型，屋顶、门、窗、雨篷、阳台、台阶、勒脚的位置和形式。

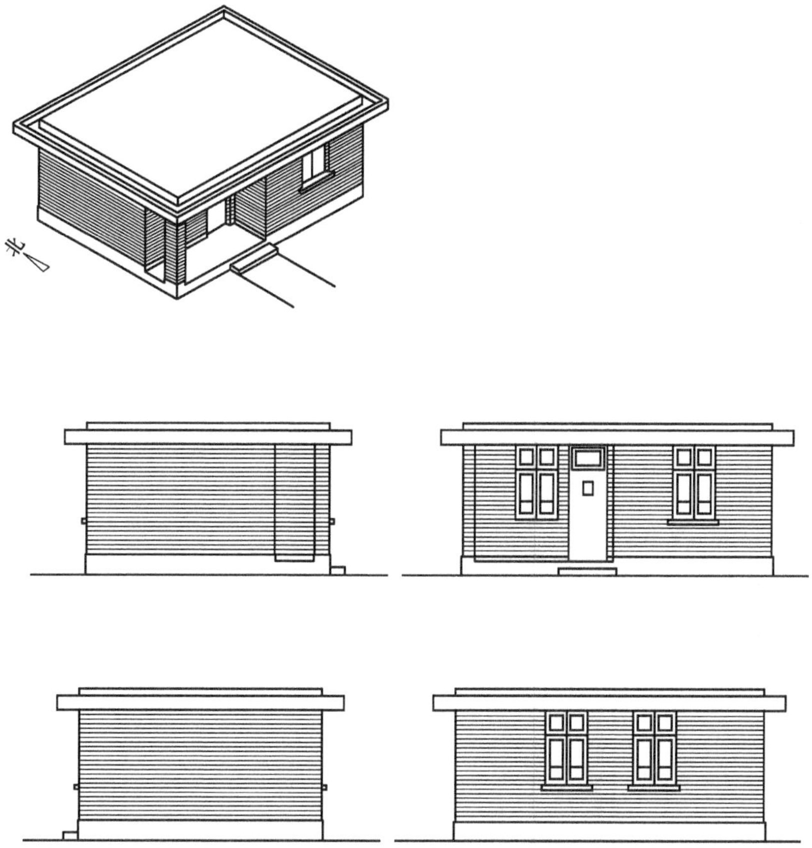


图 5-16　立面图形成示意图

立面图命名方式如下：

1）按立面的位置：建筑物一般有四个或多个立面，每个立面应有一个对应的立面图。正立面图是反映主要出入口或比较显著地反映出房屋外貌特征那一面的立面图（图 5-17）；背立面图是与正立面相对的立面图；左侧立面图是站在看正立面的位置，左手侧的立面图；右侧立面图是站在看正立面的位置，右手侧的立面图。

2）按房屋的朝向：南立面图——面向南面的立面图；北立面图——面向北面的立面图；东立面图——面向东面的立面图；西立面图——面向西面的立面图；依据指北针可以判断东、南、西、北。

3）按轴线编号：也可按轴线编号命名立面图。

立面图的数量：若两个侧立面造型不同，则房屋的四个立面都画；若两个侧立面相同，则画三个立面图（正立面图、背立面图、左侧立面图）。画立面图时，只将各个立面所看到的内容画出，房屋内部

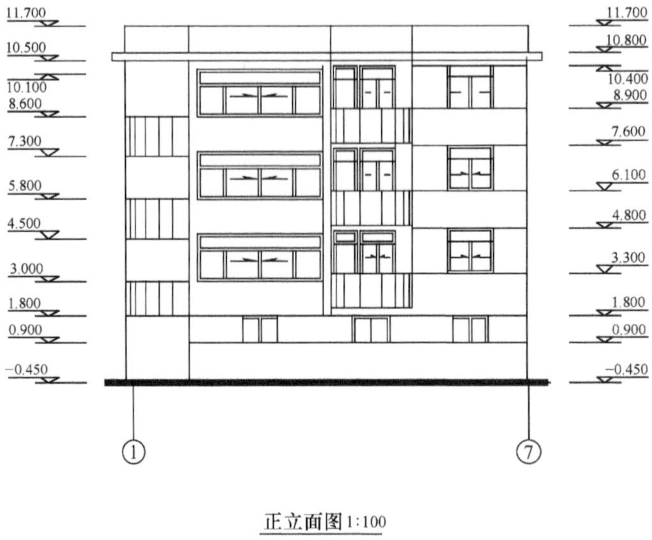


图5-17　正立面图

的各构造不画。

## 二、立面图的主要内容

1）表明建筑物的外部形状，主要有门、窗、台阶、雨篷、阳台等。

2）用标高表示出各主要部位的相对高度，如室内外地面标高、各楼层标高及屋面标高。

3）立面图的尺寸。立面图有两种表达建筑物高度的方法：一种是用三道尺寸线表示，最外一道尺寸表示建筑物总高，中间一道尺寸表示建筑物层高，最里面一道尺寸表示门、窗洞口的高度及楼层之间的位置；另一种是用标高来表达各层和门、窗高度。

4）外墙的装修。

5）图纸名称、比例或比例尺。

## 三、立面图的识读要求

1）对应平面图识读，查阅立面图与平面图之间的关系，这样能更好地建立起立体图的感觉，加强对平面图和立面图之间的联系和理解。

2）了解建筑物外部形状。

3）查阅建筑物各部位标高及相应的尺寸。

4）查阅外墙的各细部装修做法。

5）结合相关图纸，查阅门、窗等施工要求。

## 四、立面图的绘制步骤与要求

1）选比例，定图幅，进行图的布置。比例、图幅一般同平面图。

2）画室内外地坪线，外墙体的结构中心线，外墙厚度及屋顶高度，屋面构造厚度。

3）画出门、窗、洞口位置与高度，出檐宽度及厚度。熟悉建筑立面图中的图例，绘制时要遵守要求，见附录C（构造及配件图例）。

4）画出门、窗、墙面、台阶等的细部投影线并按线条等级依次加深相应各线条；为了图面的美观，立面图中对各部分的线型做了相应的规定。

地坪线（室外地坪）用特粗实线（为粗实线的1.4倍）绘制；建筑物的最外轮廓线用粗实线绘制；相对外墙面来说，有凹凸的部位（如：门、窗最外框线，窗台、遮阳板、檐口、阳台、雨篷、台阶、花池的轮廓线，或外凸于墙面的柱子）用中实线绘制；细部分格线（如：门、窗的分格线，墙面的分格线），雨水管，标高符号线，其他的引出线用细实线绘制；轴线用细单点长画线绘制。

5）标注标高、注写图名。立面图中应标注主要部位的标高，如出入口地面、室外地坪、檐口、屋顶等处，标注时应注意排列整齐，力求图面清晰。

6）复核。

立面图绘制步骤如图 5-18 所示。

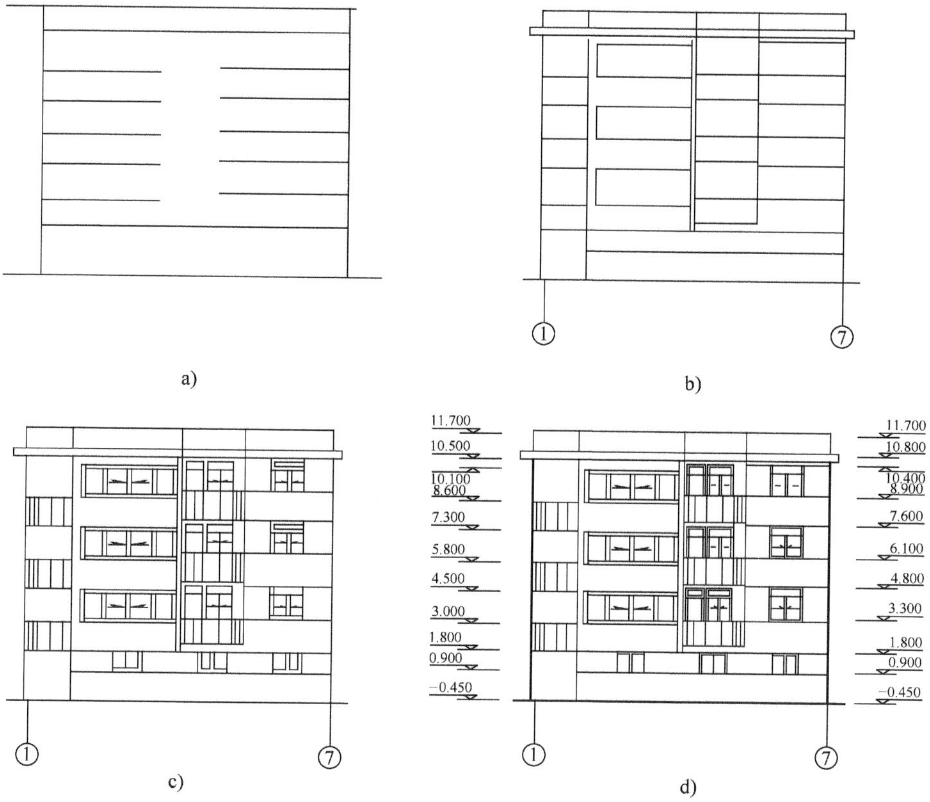


图 5-18　立面图绘制步骤

## 第五节　建筑剖面图

### 一、形成及用途

假想用一个或多个垂直于外墙轴线的铅垂剖切面将房屋剖开，所得的投影图称为建筑剖面图，简称剖面图（图 5-19）。

建筑剖面图用来表示房屋内部的结构、分层情况，各构件的高度，各部分的联系，同时在构件的端面可以反映使用材料，是与平面图、立面图相互配合的不可缺少的重要图样之一。

剖切原则：剖切面一般选在过门窗洞口、楼梯间、房屋构造复杂或典型的部位；对于多层建筑，一般选在楼梯间、层高不同、层数不同的部位。剖切面一般为横向，即平行于侧面，必要时也可为纵向，即平行于正面。

剖切位置符号在首层平面图上绘制。

剖面图数量依据房屋复杂程度和施工情况具体确定。

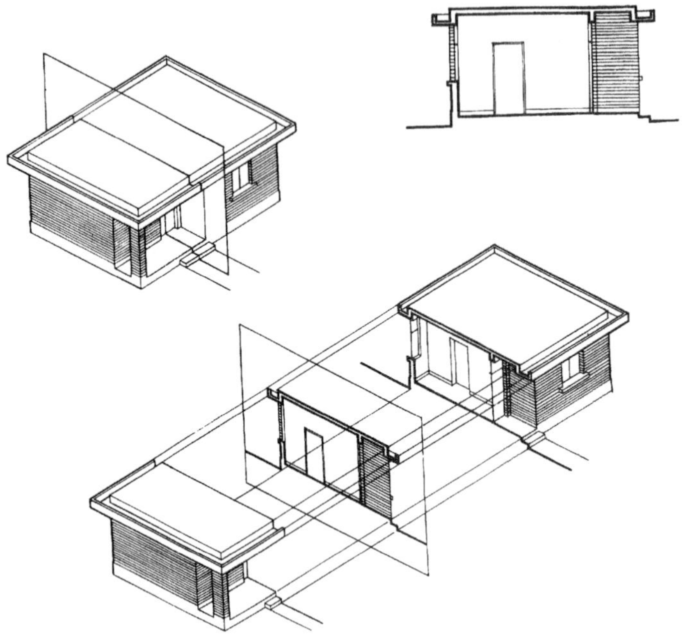

图 5-19 剖面图形成示意图

## 二、剖面图的主要内容

1）表示房屋内部的分层、分隔情况。

2）反应屋顶坡度及屋面保温隔热情况。

3）表示房屋高度方向的尺寸及标高。

4）另外，剖面图示例如图 5-20 所示。在剖面图中还有阳台、台阶、散水、雨篷等。

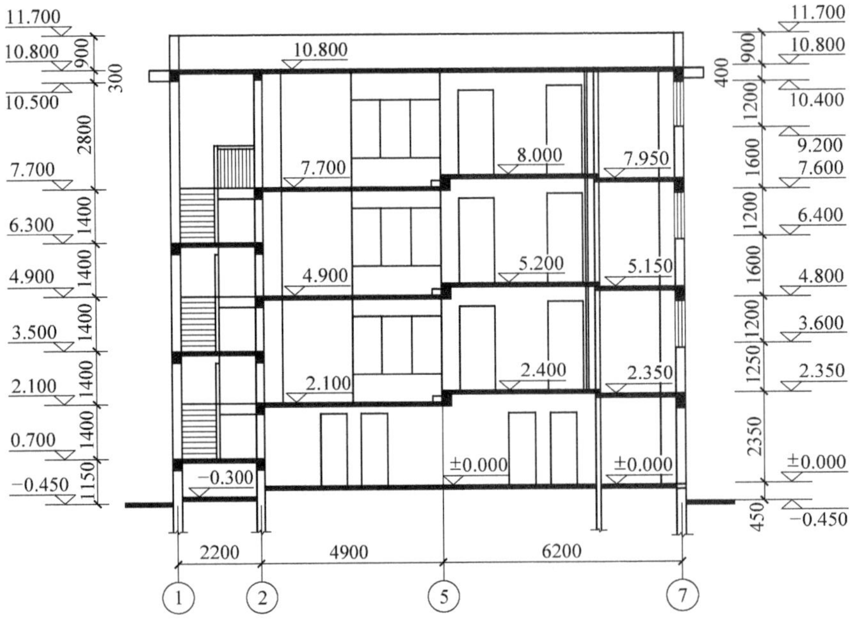


图 5-20 剖面图

## 三、剖面图的识读要求

1）阅读图名、轴线编号、绘图比例，并与底层平面图对照，确定剖面图的剖切位置、投影方向。

2）了解房屋从屋外地面到屋顶竖向各部位的结构做法和结构形式。

3）了解墙体与楼面、地面、梁板、屋面等构件之间的相互关系和材料做法等。

4）阅读各房屋水平面的标高及尺寸标注，了解房屋的层高和总高。

5）了解墙上各层门窗洞口和窗间墙的高度、室内外高度等。

6）阅读图中的文字说明及索引符号，了解细部的结构及做法。

## 四、剖面图的绘制步骤与要求

1）画室内外地坪线，在其上作墙体和屋顶结构中心线，定出墙体厚度及屋面构造厚度。

2）画出门、窗、洞口的位置与高度，出檐宽度及厚度，墙面上门、窗投影轮廓线。

3）画出门、窗、墙面、台阶等的细部可见投影线。加深剖断轮廓线，按线条等级依次加深、加宽其他各线；剖到构件的轮廓线用粗实线绘制，未剖到的可见轮廓线、标高符号线用细实线绘制，轴线用细单点长画线绘制，室内外地坪线用特粗实线绘制。

4）标注标高，注写图名、比例。

5）复核。

建筑剖面图绘制步骤如图 5-21 所示。

建筑剖面图应标注建筑物主要部位的标高，所注尺寸应与平面图、立面图吻合，注意排列整齐，力求图面清晰。为了定位和阅读方便，剖面图中应给出与平面图编号相同的轴线。剖面图的名称应与平面图的剖切符号编号一致。

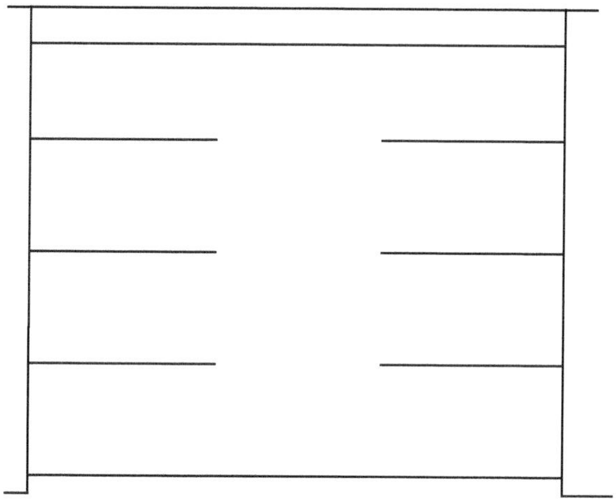

a)

图 5-21　剖面图绘制步骤

a）定最外两道轴线、室外地面、底层地面、楼面、屋面水平线

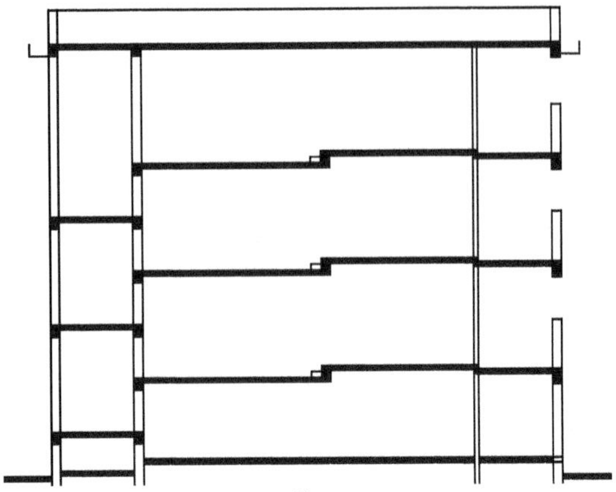

b)

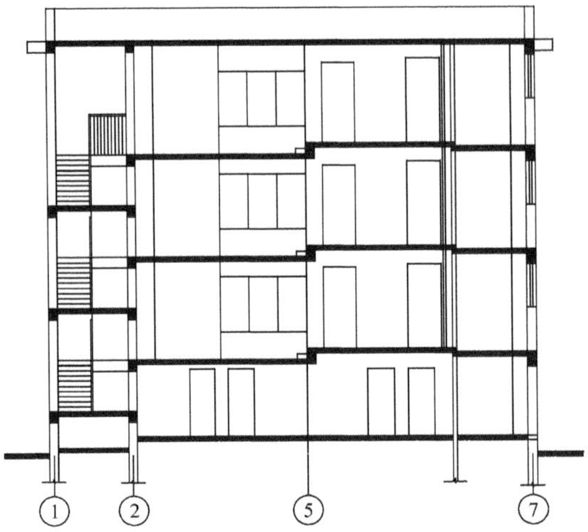


c)

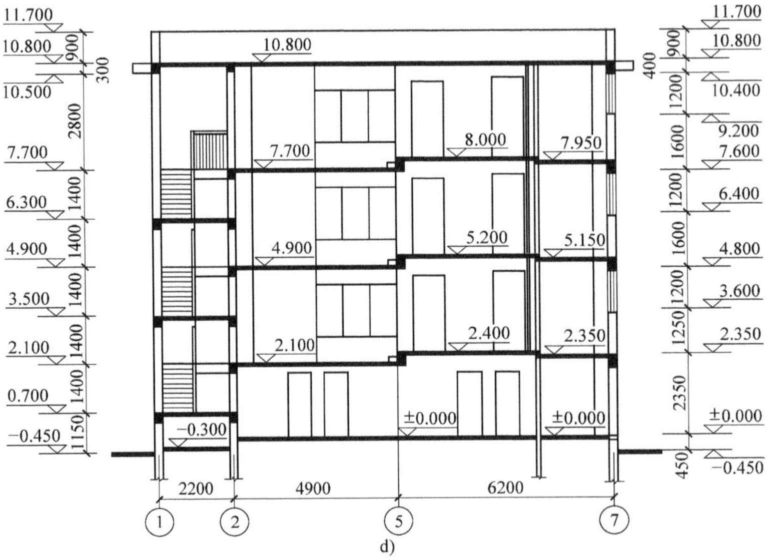


d)

图5-21　剖面图绘制步骤（续）

b）定中间轴线、墙厚、地面和楼面厚、屋面厚与坡度　c）画门窗、楼梯、散水、栏杆扶手、梁、板等，加深加粗线型

d）标注尺寸、标高、轴线、文字等

## 第六节 建筑平面图、立面图、剖面图的综合图

建筑平面图、立面图、剖面图是建筑工程图最基本的图样。三种图之间既有区别，又有紧密联系。平面图说明建筑物各部分在水平方向的尺寸和位置，但无法表明它们的高度；立面图说明建筑物外形的长、宽、高尺寸，但无法表明它的内部关系；剖面图则能说明建筑物内部高度方向的布置情况。因此，只有通过平面图、立面图、剖面图三种图互相配合才能完整地说明建筑物从内到外、从水平到竖直的全貌。

下面以房屋方案为例，介绍平面图、立面图、剖面图综合识读的方法。

1）查看建筑物名称、比例及有关说明。

2）根据平面图、立面图、剖面图对建筑物有个初步了解。如图 5-22 所示，该建筑物为四层平屋顶建筑，坐北朝南，长约 13. 54m，宽约 11. 04m，最高处约 12. 15m。

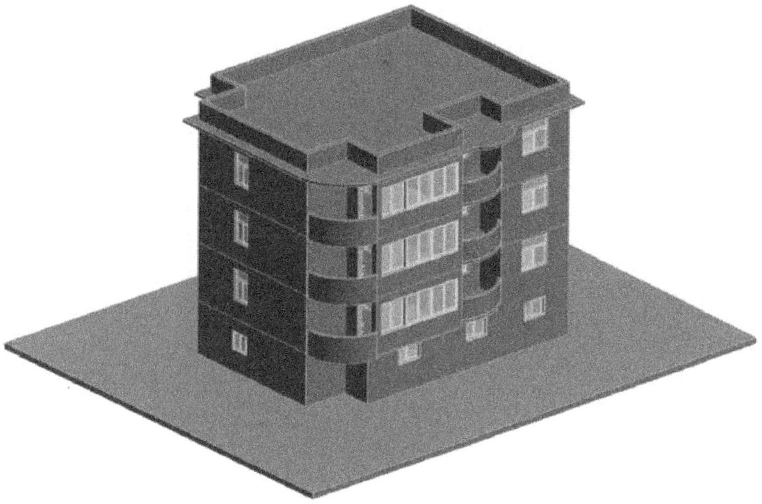

图 5-22 某房屋立体图

3）从平面图中了解每层房间的划分、用途，楼梯、走道、门厅的布置，门、窗、洞口的位置及宽度等（图 5-23a）。该建筑物一层主要布置了起居室、餐厅、厨房、卫生间等房间，是一间四室两厅、两卫的跃式房屋，客厅和房间地面有一个高差为 0. 3m，室内外地坪高差为 0. 45m；楼层标高 3. 00m。

4）从立面图中了解房屋的外观造型，外墙面的装饰做法，门、窗高度以及主要部位的标高（图 5-23a）。

5）从剖面图中了解房屋的内部垂直方向分层情况（图 5-23b）。先从一层平面图中查看剖切符号，明确剖切位置和剖视方向，再对应剖面图进行识读。

6）从屋顶平面图中了解屋面排水情况（图 5-23b），包括排水分区、天沟、屋面坡度、雨水口位置等。

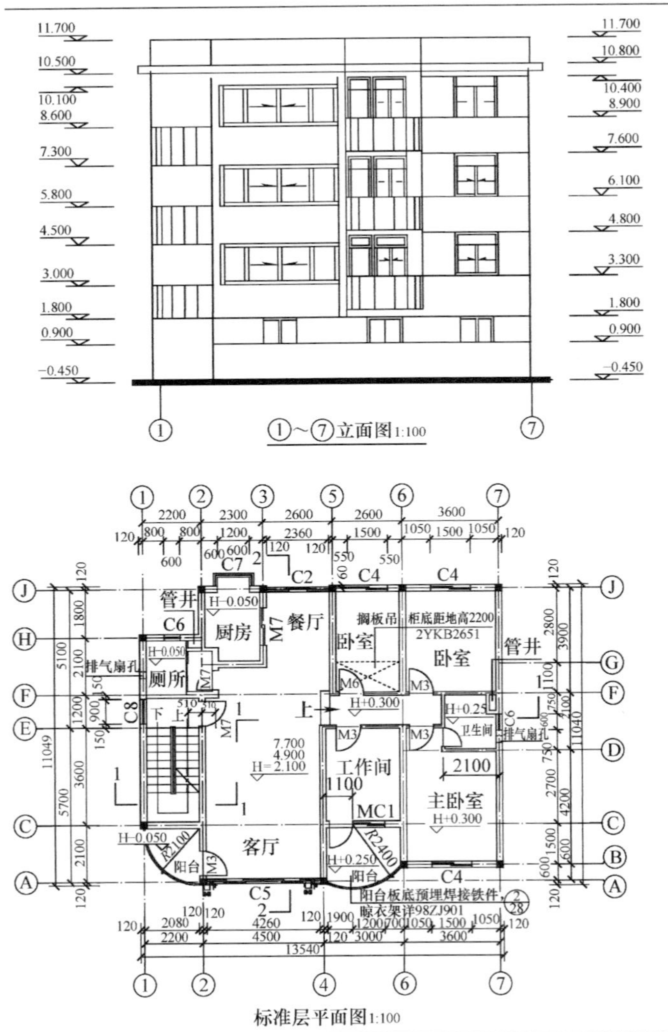


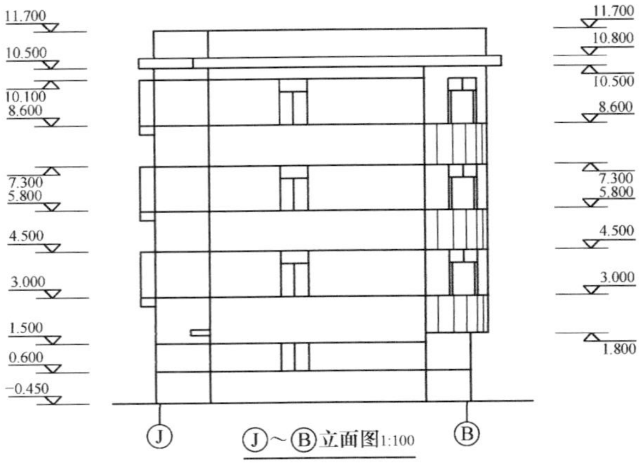


| 门窗编号 | 尺寸(宽×高) | 数量 | 备注 |
|---|---|---|---|
| M1-0819 | 800×1900 | 7 | 刷米黄色油漆 |
| M2-0921 | 900×2100 | 3 | 刷米黄色油漆 |
| M3-0924 | 900×2400 | 12 | 刷米黄色油漆 |
| M4-1019 | 1000×1900 | 1 | 防盗大门 |
| M5-7020 | 700×2000 | 6 | 刷米黄色油漆 |
| M7-1421 | 1400×2100 | 3 | 白色玻璃铝合金推拉门 |
| MC1-3924 | 3900×2400 | 3 | 参照长沙铝铜材厂装饰分厂产品，立面详图见本图，5mm厚白色玻璃铝合金推拉窗 |
| C1-1209 | 1200×900 | 7 | |
| C2 | 2360×1500 | 3 | |
| C3-0909 | 900×900 | 1 | |
| C4-1515 | 1500×1500 | 9 | |
| C5 | 4260×1500 | 3 | |
| C6-0612 | 600×1200 | 6 | |
| C7-2115 | 2100×1500 | 3 | 无烟灶专用窗 |
| C7-0915 | 900×1500 | 3 | 同C1 |

| | | | | | |
|---|---|---|---|---|---|
| ×××设计有限公司 | | 建设单位 | | 图号 | 建施02 |
| CAD制图 | 审核 | 工程名称 | ×××住宅楼 | 比例 | |
| 设计 | 审定 | 图名 | ①~⑦立面图 Ⓙ~Ⓑ立面图 标准层平面图 | 日期 | |
| 校核 | 项目负责 | | | | |

a)

图 5-23

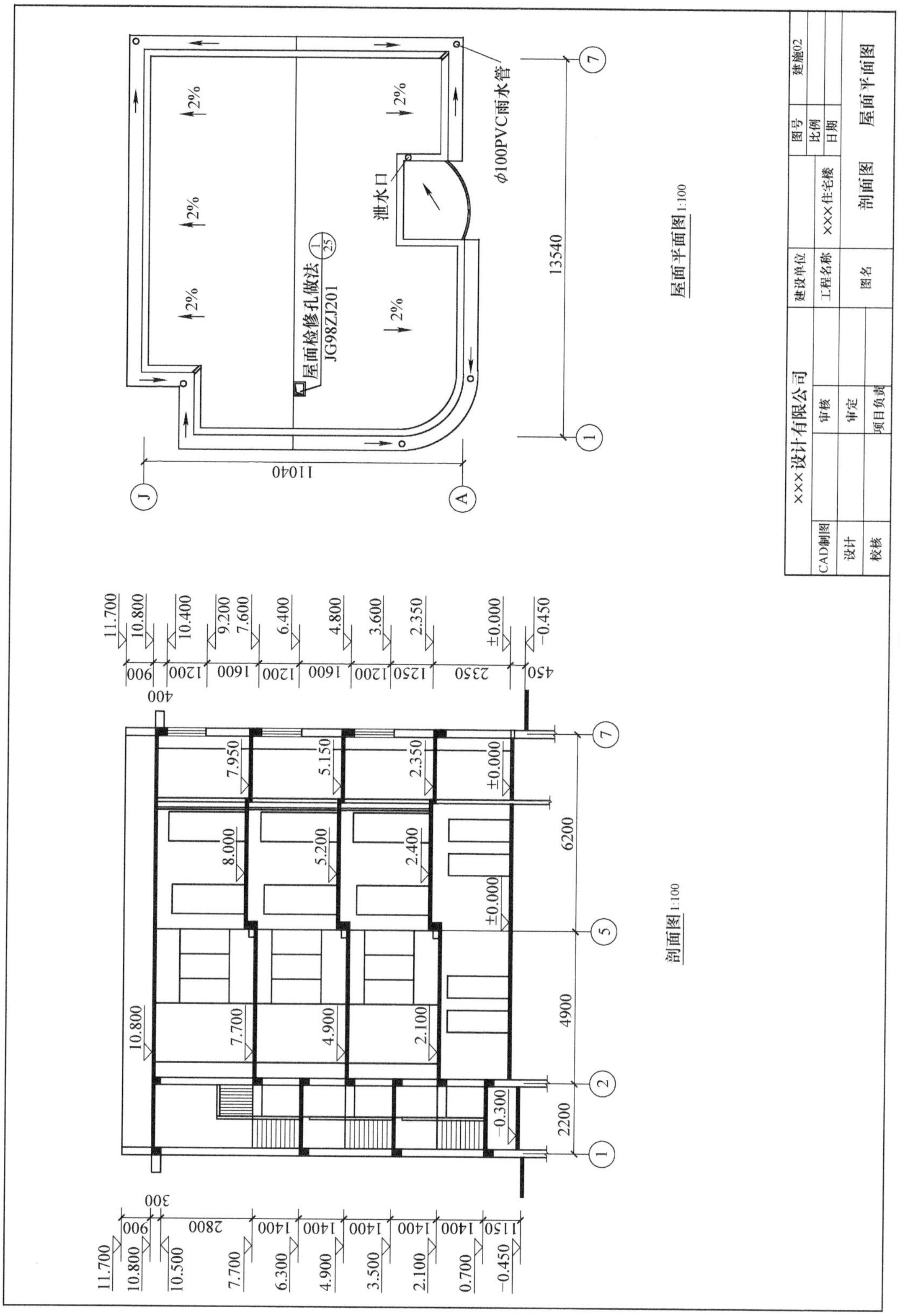
屋面平面图 1:100
剖面图 1:100
屋面检修孔做法
JG98ZJ201
泄水口
ϕ100PVC雨水管
2%
13540
11040
6200
4900
2200
×××设计有限公司
CAD制图
设计
校核
审核
审定
项目负责
建设单位
工程名称
×××住宅楼
图名
剖面图
屋面平面图
图号
建施02
比例
日期

b)

图 5-23（续）

## 复习思考与练习题

**1. 问答题**

(1) 一套房屋施工图包括哪些内容?

(2) 房屋建筑施工图的特点是什么?

(3) 平面图上定位轴线和编号有哪些规定?

(4) 什么是总平面图? 其主要内容有哪些? 如何阅读?

(5) 什么是建筑平面图? 其主要内容有哪些? 如何阅读?

(6) 建筑立面图如何命名? 其主要内容有哪些?

(7) 建筑物如何选择剖面图? 如何阅读?

**2. 绘图题**

用A3图纸绘制图5-24。

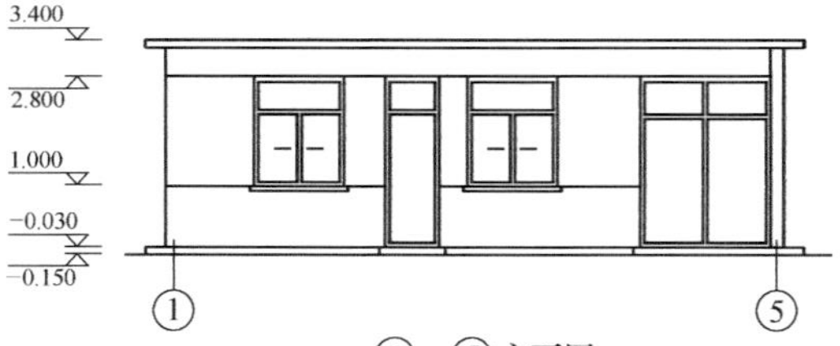


①~⑤立面图

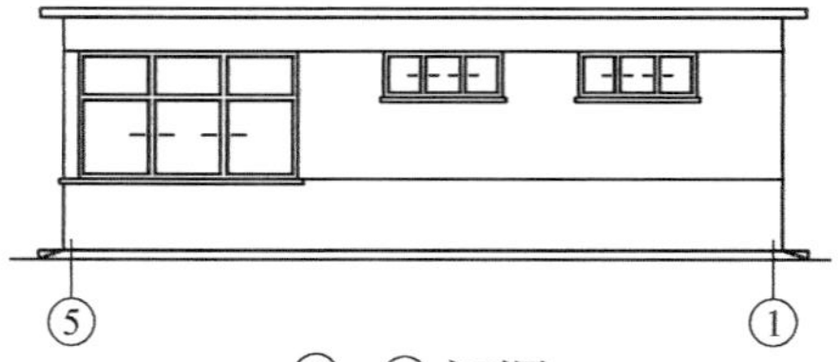


⑤~①立面图

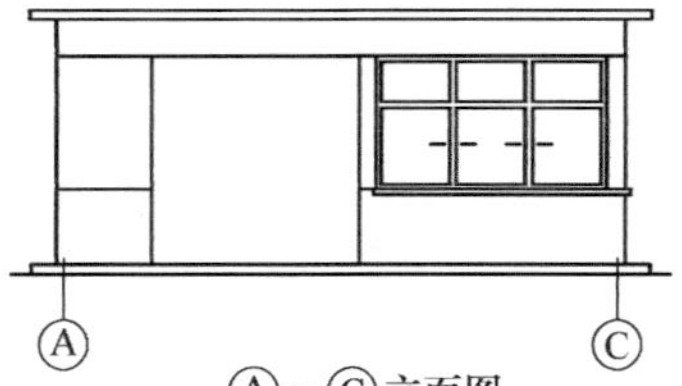


Ⓐ~Ⓒ立面图

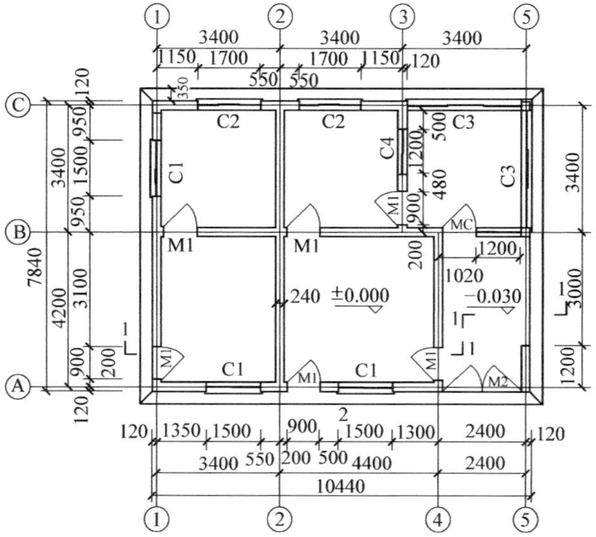


平面图

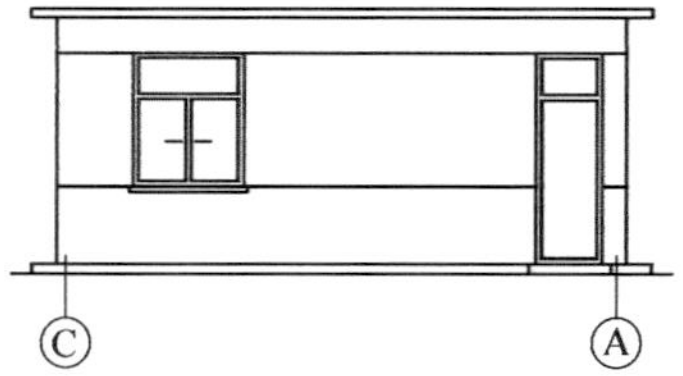


Ⓒ~Ⓐ立面图

| 编号 | 尺寸 | 数量 |
|---|---|---|
| M1 | 900×2800 | 6 |
| M2 | 2160×2800 | 1 |
| MC1 | 2100×2800 | 1 |
| C1 | 1500×1800 | 3 |
| C2 | 1700×600 | 2 |
| C3 | 3160×1800 | 2 |
| C4 | 1200×1800 | 1 |

作业要求:

1. 用1:100的比例抄绘单层房屋的平面图、①~⑤立面图、Ⓐ~Ⓒ立面图，其余任选。
2. 补绘1—1剖面图，并标注标高和线性尺寸。

| ×××设计有限公司 | | | | 建设单位 | | 图号 | 建施02 |
|---|---|---|---|---|---|---|---|
| CAD制图 | | 审核 | | 工程名称 | ×××住宅楼 | 比例 | |
| | | | | | | 日期 | |
| 设计 | | 审定 | | 图名 | | | |
| 校核 | | 项目负责 | | | | | |

图　5-24

# 第六章　室内装饰工程图

## 学习目标

1. 了解室内装饰工程图的特点和主要内容，掌握它与建筑工程图的区别及联系。
2. 掌握室内装饰工程图的读图技能，读懂各类室内装饰工程图。
3. 能够初步应用建筑制图相应标准绘制各类室内装饰工程图。

在建筑构件限定的内部空间中，以满足人的物质与精神需求为目的所进行的环境设计，称为室内设计。室内设计与建筑有着相依相存的关系，有人认为室内设计是“建筑的二次设计”。室内设计要依赖于建筑给予的空间来进行，它们之间互相依存但又有各自的特点。同时，室内设计也是一门综合性学科，内容广泛，可以概括为以下四大部分。

### 一、空间形象设计

空间形象设计即对建筑所提供的内部空间进行处理，在建筑设计的基础上进一步调整空间的尺度和比例，解决好空间与空间之间的衔接、对比、统一等问题。

### 二、室内装修设计

室内装修设计主要是按照空间处理的要求把空间围护体的几个界面，即对墙面、地面、顶棚等进行处理，包括对分隔空间的实体、半实体的处理，即对建筑构造体有关部分进行设计处理。

### 三、室内物理环境设计

对室内体感气候、采光、采暖、通风、温湿调节等方面的设计处理，是现代室内设计中极为重要的方面，随着科技的不断发展与应用，它已成为衡量环境质量的重要内容。如照明系统、空调系统，甚至还有消防系统设计等。

### 四、室内陈设艺术设计

室内陈设艺术设计主要是对室内家具、设备、装饰织物、陈设艺术品、照明灯具、绿化等方面的设计处理。

室内设计的学科内容十分广泛，除了自身的体系之外，还涉及很多关联学科，如视觉艺术、美学、力学、生态学、民族学、心理学、社会学、光学、声学、经济学、价值工程学、建筑学、材料学以及空调、防火知识等。这些与室内设计学科有着直接或间接的关系，同时也使室内设计构成一个完整的综合体。

室内装饰工程图是上述室内设计内容的综合体现，以平面图、顶棚图、立面图、剖面图和详图等主要样式表述，同时室内装饰工程图是室内装饰施工工程中的重要施工依据。室内装饰工程图不仅是室内设计师表达设计思想的图纸语言，更是在装饰设计工程中设计者与施工技术人员交流、确定包括装修材料在内的施工技术的最重要的文件资料。没有一套完整、正确的室内装饰工程图纸是没法指导装饰施工工程的。例如装修施工中因图纸尺寸的错误，造成现场施工尺寸的误差，将导致工程返工而浪费材料、增加费用、影响工期和验收等。可以说没有完整、正确的图纸作为依据的室内装饰工程是不可能完成的，并将导致出现一系列的施工质量等问题。

因此，对于学习室内设计专业，学会正确地阅读、绘制室内装饰工程图是必须掌握的核心专业知识和技能。

建筑设计制图与室内装饰设计制图的基本原理是一致的，也可以说建筑制图是装饰设计制图的基础。因此学习室内装饰设计制图与识图仍然需要学习建筑制图中的投影原理、制图的基本方法、透视图的画法以及图线、图框、图例的运用等，并将这些原理、方法和标准运用到室内装饰设计制图中。建立这种观念，并按这种观念去学习，可以打好室内装饰工程制图与识图的基础。这对于学习和从事室内设计的人员来说尤为重要。

室内设计作为建筑设计的延续和再创作，它在表现内容和方法上有着自身的特点。因此，目前的建筑制图标准无法涵盖装饰设计需要表现的全部内容。概括地讲，建筑设计图纸主要表现建筑建造中所需的技术内容，而室内装饰设计图纸则主要表现建筑建造完成后的室内环境所需要进一步完善、改造的技术内容。了解这种区别对于提高装饰工程制图与识图水平是很有必要的。

综上所述，室内装饰工程制图与识图的原理、方法、标准可以在引用建筑制图标准的基础上，根据自身的特点，总结我国在室内装饰设计制图中的实践经验，并吸收国外及我国港台地区装饰设计制图中的有益方法，从而形成适合我国的室内设计装饰工程制图标准和识图规范。

## 第一节　室内装饰工程图的基本知识

### 一、室内装饰工程图的主要内容

室内装饰工程图包括室内设计的平面图、顶棚图、立面图和详图，又称室内装饰施工图。它是设计者进行室内设计表达的深化阶段及最终阶段，更是指导室内装修施工的重要依据。

室内装饰工程图属于建筑装饰设计范围，在图纸标题栏的“图别”中简称“饰施”。

室内装饰工程图的主要内容有：

**1. 室内装饰施工设计说明及目录**

设计说明及目录如图6-1所示。

**2. 室内装饰施工设计图样**

1）平面图：平面布置图、地面（坪）装修平面图、顶棚平面图等（图6-2～图6-4）。

2）立面图：立面布置图、装修立面图等（图6-5）。

3）剖面图：整体剖面图、局部剖面图等（图6-6）。

4）构造详图：局部构造详图、装饰大样图等（图6-7）。

5）透视效果图。

**3. 专业配合装饰施工设计图**

1）结构专业：根据装饰施工设计对原建筑结构加固、局部改造等施工图。

2）水、暖、通风及空调专业：对装饰施工设计中的水、暖、通风及空调的布置、系统施工图等。

3）电气专业：对装饰施工设计的布置、系统配电线路施工图等。强电有照明及水、暖、通风及空调、消防控制系统配电线路施工图，弱电有电话、广播、电视、办公自动化、安全控制系统配电线路施工图（图6-8～图6-10）。

4）园林专业：屋顶花园、室内环境绿化、水体设计等施工图。

| | | | |
|---|---|---|---|
| 建筑 | | 暖通 | |
| 结构 | | 消防 | |
| 电气 | | 装饰 | |
| 给排水 | | 园林 | |

## 设计说明

| | |
|---|---|
| 1 | 图中尺寸均以毫米计，标高以米计。 |
| 2 | 施工时，如图纸尺寸与现场尺寸有误差，应以现场为准。 |
| 3 | 施工放线前必须严格按图中尺寸或相关说明执行，如有不清应通知设计人员现场处理。 |
| 4 | 本设计经业主同意签字后为施工依据，如业主要求变动，应经甲乙双方认可，以变更通知单双方签字为准。 |
| 5 | 本工程施工范围以报价单为准，如有增减项目应以变更通知单双方签字为准。 |
| 6 | 洗手间、厨房地面必须做柔性防水，防潮处理，施工时应按相关防水防潮处理方法执行。 |
| 7 | 本层现建筑完成标高±0.000。 |

## 目录

| 序号 | 图号 | 比例 | 图纸内容 | 序号 | 图号 | 比例 | 图纸内容 |
|---|---|---|---|---|---|---|---|
| 01 | | 1:75 | 封面 | | | | |
| 02 | | 1:75 | 设计说明 | | | | |
| 03 | | 1:75 | 常用图例表 | | | | |
| 04 | | 1:5 | 泥工施工工艺 | | | | |
| 05 | P-01 | 1:75 | 原建筑平面图 | | | | |
| 06 | P-02 | 1:75 | 新建平面图 | | | | |
| 07 | P-03 | 1:75 | 地面布置图 | | | | |
| 08 | P-04 | 1:75 | 平面布置图 | | | | |
| 09 | P-05 | 1:75 | 顶棚平面图 | | | | |
| 10 | E-01 | 1:30 | 玄关鞋柜立面图 | | | | |
| 11 | E-02 | 1:40 | 客厅电视背景及吧台区酒柜立面图 | | | | |
| 12 | E-03 | 1:40 | 客厅沙发背景立面图 | | | | |
| 13 | E-04 | 1:30 | 客厅踏步及吧台区吧台立面图 | | | | |
| 14 | E-05 | 1:30 | 次卧床头背景立面图 | | | | |
| 15 | E-06 | 1:30 | 次卧衣柜立面图 | | | | |
| 16 | E-07 | 1:30 | 次卧衣柜结构图 | | | | |
| 17 | E-08 | 1:30 | 主卧书房电脑台立面图 | | | | |
| 18 | E-09 | 1:30 | 主卧书房书柜立面图 | | | | |
| 19 | E-10 | 1:30 | 主卧床头背景立面图 | | | | |
| 20 | E-11 | 1:30 | 主卧衣帽间立面图 | | | | |
| 21 | E-12 | 1:30 | 主卧衣帽间结构图 | | | | |
| 22 | E-13 | 1:30 | 房间门立面图 | | | | |
| 23 | P-6 | 1:75 | 电气布置图 | | | | |
| 24 | P-7 | 1:75 | 配电系统图 | | | | |
| 25 | P-8 | 1:75 | 图例设备材料表 | | | | |

| ××装饰有限公司 | | | | | | | |
|---|---|---|---|---|---|---|---|
| 设计 | | 业主认可 | | 工程名称 | ××家居装饰 | | |
| 制图 | | 审定 | | 施工图审查许可证编号： | | | |
| 报价 | | 审核 | | 图纸内容 | 设计说明、目录 | 图别 | 饰施 |
| 日期 | | 比例 | | | | 图号 | |
| 设计说明 | | | | | | | |

图6-1 设计说明及目录

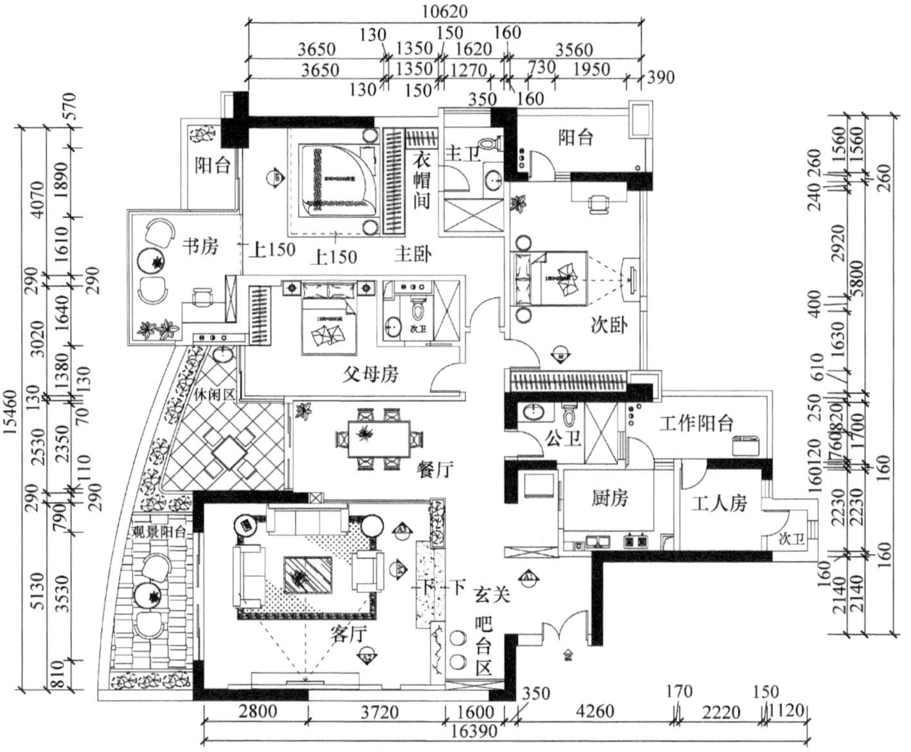


图 6-2　家居设计平面布置图

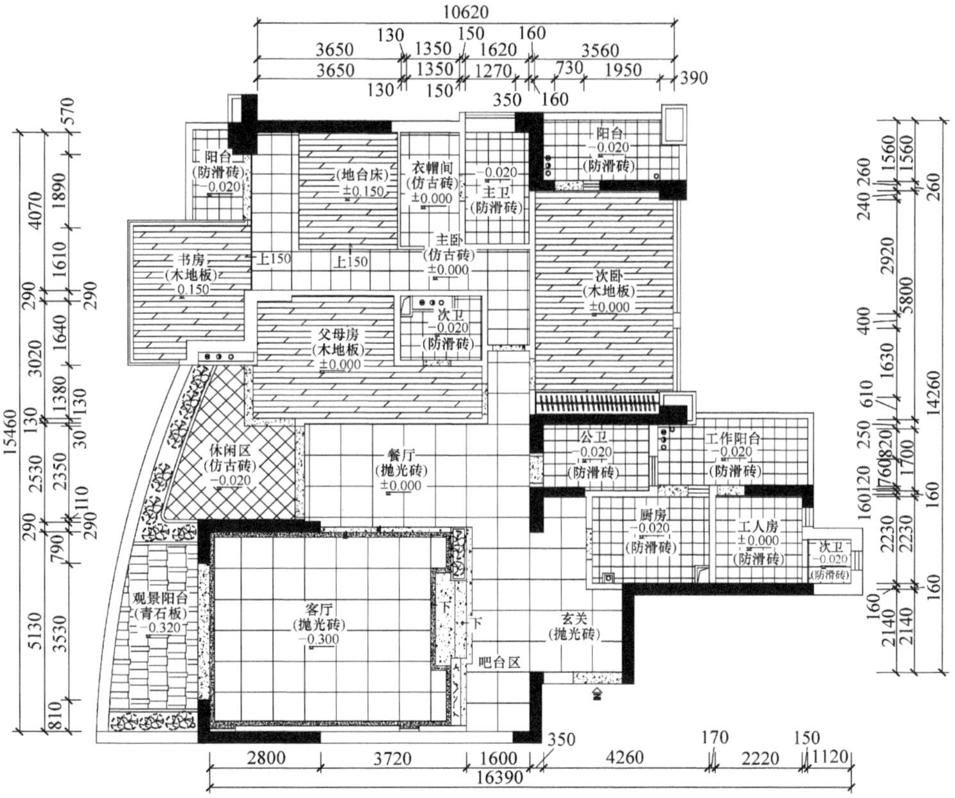


图 6-3　家居设计地面装修平面图

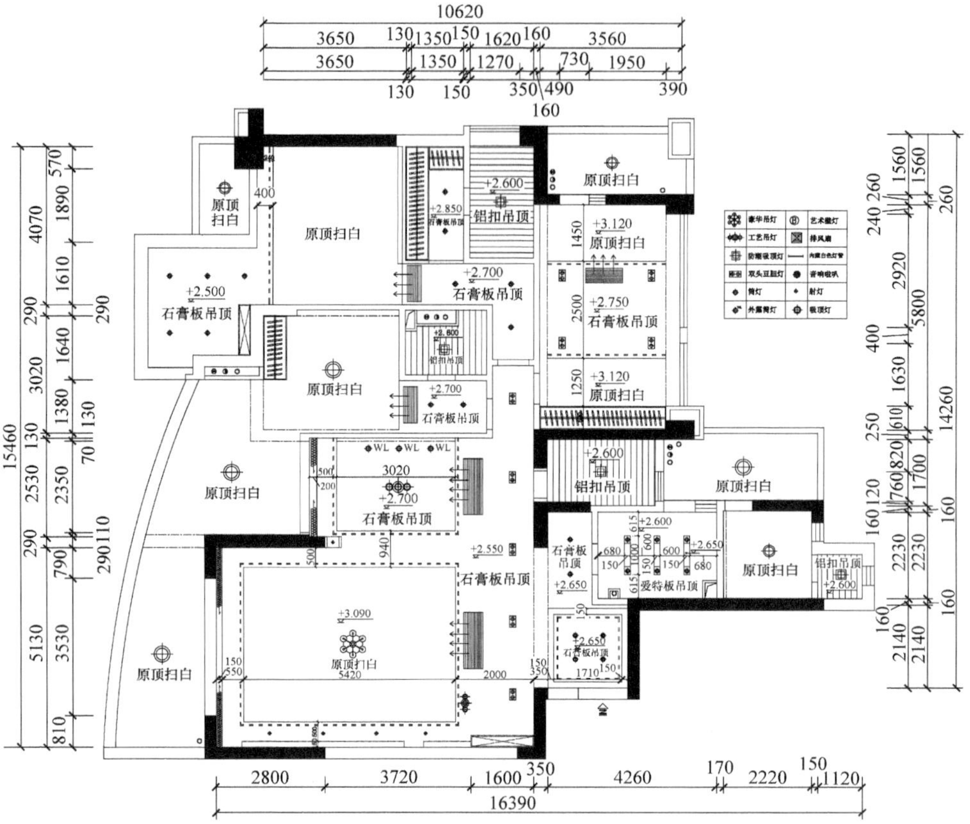


图6-4　家居设计顶棚平面图

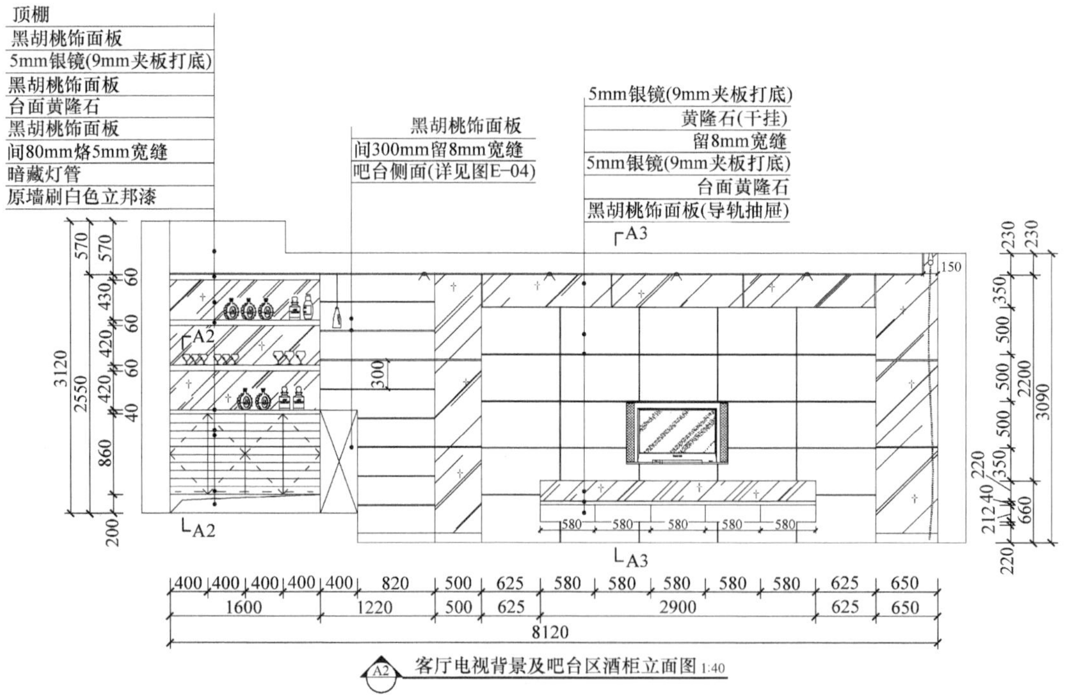


图6-5　家居设计立面图

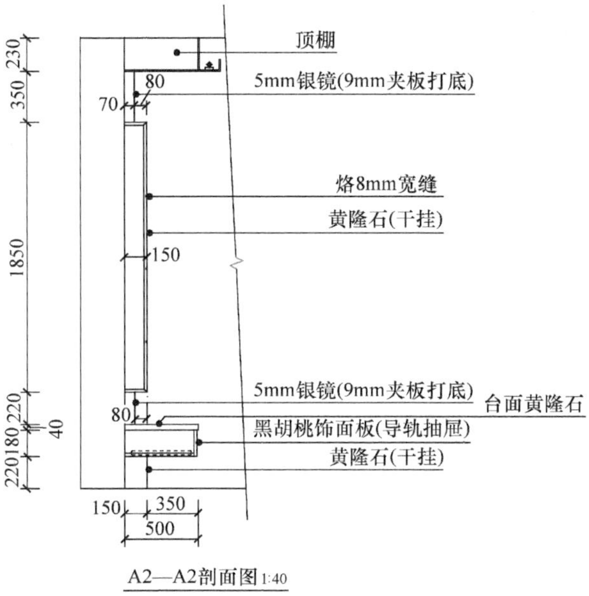


图 6-6　家居设计剖面图

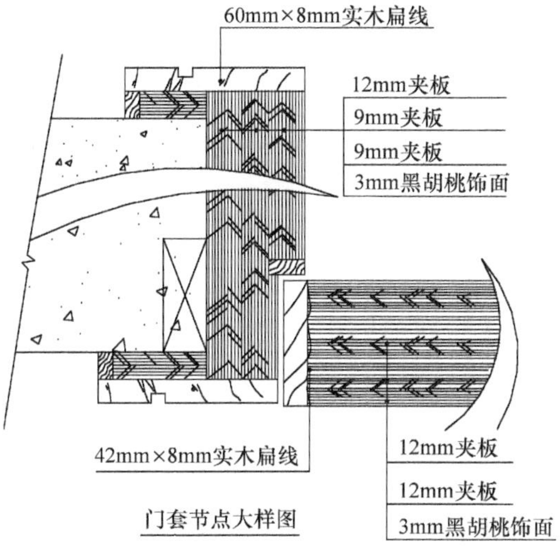


图 6-7　家居设计局部构造详图

| 图例 | 名　称 | 型号规格 | 图例 | 名　称 | 型号规格 |
|---|---|---|---|---|---|
| | 配电箱 | | | 单联双控开关 | 220V　10A |
| | 吊灯 | 220V　300W | | 双联单控开关 | 220V　10A |
| | 艺术吊灯 | 220V　100W | | 双联双控开关 | 220V　10A |
| | 普通吸顶灯 | 220V　100W | | 三联单控开关 | 220V　10A |
| | 防潮吸顶灯 | 220V　60W | | 三联双控开关 | 220V　10A |
| | 筒灯 | 220V　9W | | 电话插座 | BT01 |
| | 石英射灯 | 220V　35W | | 电视插座 | B31TV |
| | 吸顶式排气扇 | 220V　60W | | 网络插座 | |
| | 灯　管 | 220V　15W | | 带漏电保护的空气开关 | |
| | 镜前灯 | 220V　60W | | 自动空气开关 | |
| | 单相二、三极插座 | 220V　10A | | 铜芯导线 | BVV-500(4mm$^2$、2.5m$^2$) |
| | 空调插座 | 220V　10A | | 电视线 | SBYFV-75-5 |
| | 单联单控开关 | 220V　10A | | 电话线 | HPV-4X0.5 |

图 6-8　家居设计开关、插座、灯具图表

## 二、室内装饰工程图的特点

对于没有统一规范的室内装饰工程图来说，一般还是应用建筑制图的规范。目前，我国用于表现室内设计结果的工程图样种类繁多，手法各异，但主要的内容还是应用了建筑制图的规范。室内装饰装修工程图总的来讲仍属于建筑工程图，因此其画法、要求及规定理应与建筑工程图相同。但由于两者表达的内容侧重点不同，因此在表现方法、图面要求及一些表达方面也不完全相同。

下面仅就装饰工程图中特殊之处简要说明如下：

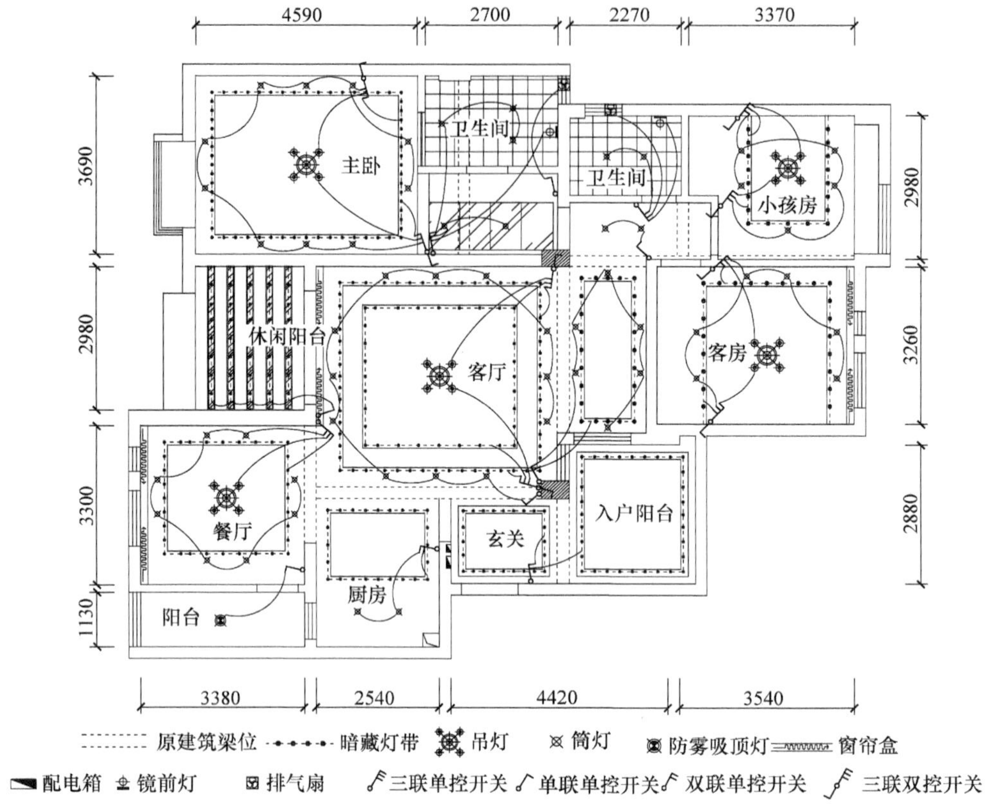


图6-9　家居设计开关控制图

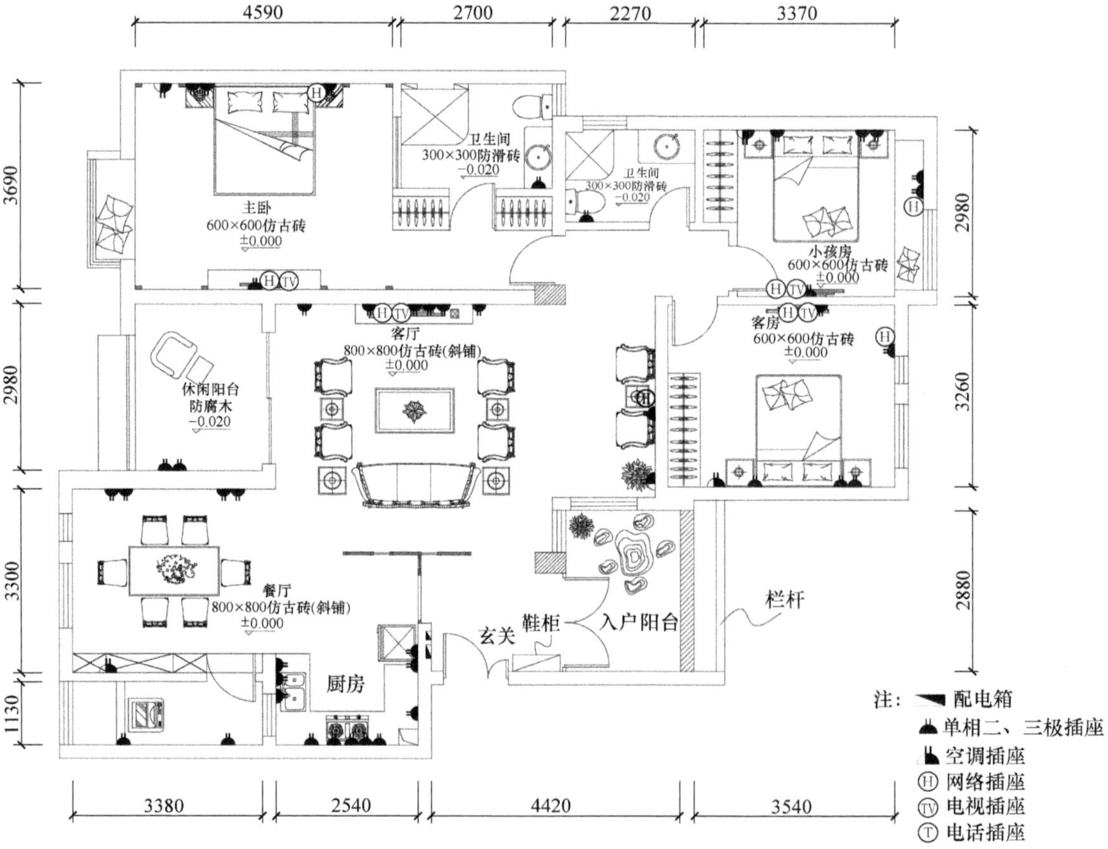


图6-10　家居设计插座平面布置图

（一）省略原有建筑结构材料及构造

由于室内装饰与装修是在已建房屋中进行二次设计，即只在房屋表面进行装修，因此在装饰设计、施工中只要不更改原有建筑结构，画图时便可省略原建筑结构的材质及构造。

（二）室内装饰工程平面、立面布置图中可加画阴影与配景

建筑施工图是指导建筑工程的施工，因此没有必要也不允许在施工图中加画阴影与配景；然而在室内装饰工程图中有时为了增强对装饰效果的艺术感受或感染力，在平面、立面布置图中允许加画阴影和配景，如花草、树及人物等，这种图只适于小型室内装修。

（三）室内装饰工程图中尺寸的灵活性

在建筑施工图中尺寸必须完整、准确，满足不同工种施工时对尺寸的要求；然而在室内装饰工程图中，特别是在其基本图样中，可只标注影响施工的控制尺寸；对有些不影响工程施工的细部尺寸，图中也可不必细标，允许施工操作人员在施工中按图的比例量取或依据实情与设计人员一同现场确定。

（四）室内装饰工程图中图示内容的不确定性

室内装饰设计中对家具、家电及摆设等物品只提供大致构想，具体实施可由用户根据爱好自行确定。

（五）室内装饰工程图中常附以效果图与直观图

效果图是进行室内装饰工程设计的基础和依据，施工图是设计效果的再现。为保证准确再现装饰设计的效果，在室内装饰工程图中多附上效果图或直观图，能够帮助施工人员理解设计意图并更好地进行工程施工。特别是在家具、摆设及一些固定设施等设计时，多配以透视图或轴测图。

## 第二节　平　面　图

室内装饰工程图中的平面图主要包括两大部分：平面布置图和地面（坪）装饰平面图。

### 一、平面图的形成与作用

室内设计中的平面布置图（也称平面图）与建筑平面图形成的概念相同，可认为是高于窗台上表面处的水平剖视图，但它只移去切平面以上的房屋形体，而对室内地面上摆设的家具等其他物体不论切到与否都完整画出。平面图主要用来说明房间内各种家具、家电、陈设及各种绿化、水体等物体的大小、形状和相互关系，同时它还能体现出装修后房间可否满足使用要求及其建筑功能的优劣。在平面布置图的设计中，不但要体现出设计者的设计概念，而且要满足各室内空间的不同使用功能的需求。对于平面布置图的家具布置，应符合人机工程学的尺度要求以及室内交通的动静关系等，这点对于设计室内装饰工程图非常重要，也是初学者的难点（图6-11～图6-17）。

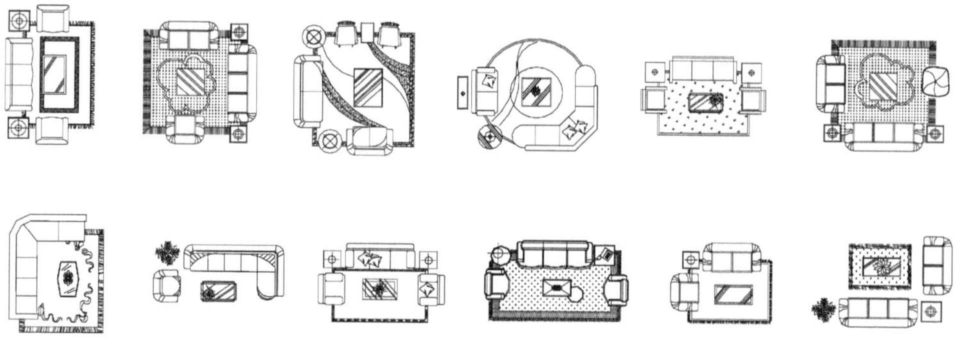

图6-11　平面布置图中的家具——组合沙发

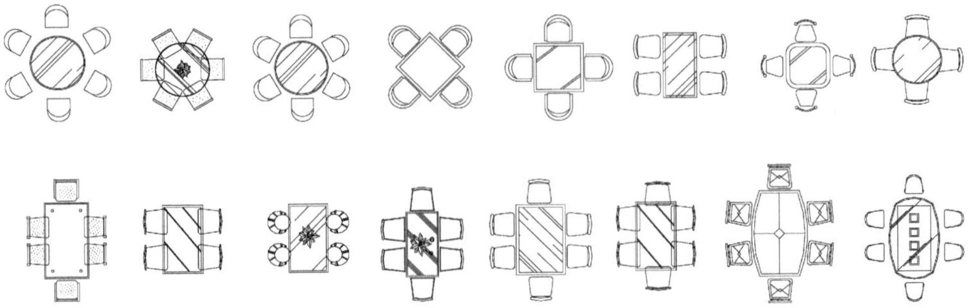

图 6-12　平面布置图中的家具——餐桌、餐椅

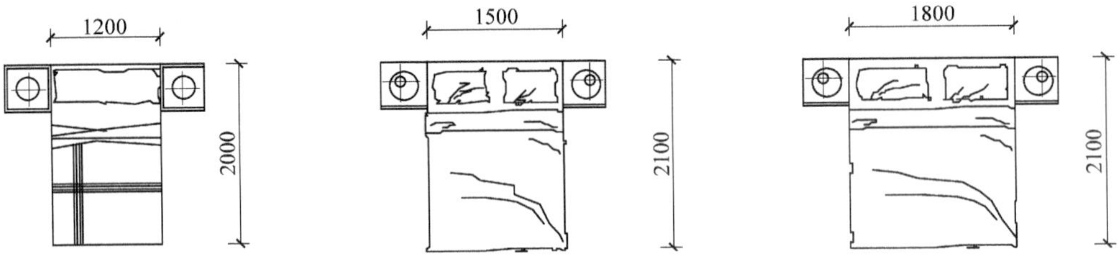


图 6-13　平面布置图中的家具——床、床头柜

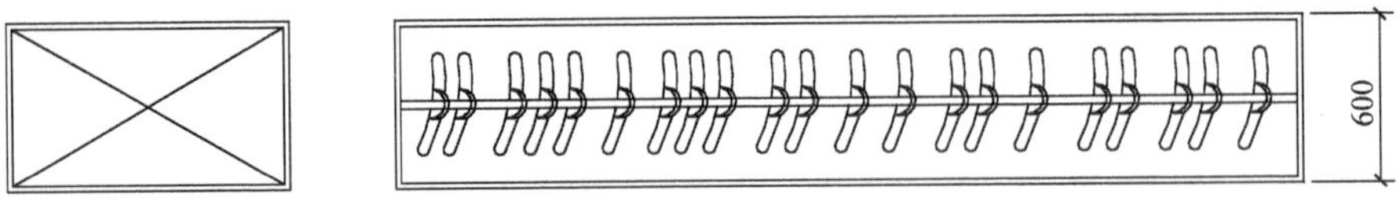


图 6-14　平面布置图中的家具——衣柜

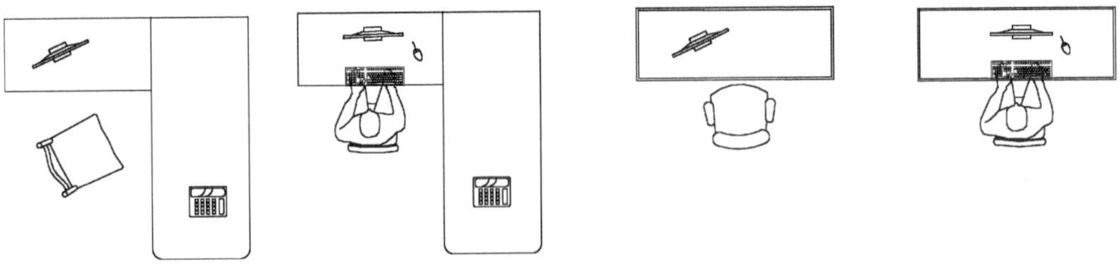

图 6-15　平面布置图中的家具——电脑桌

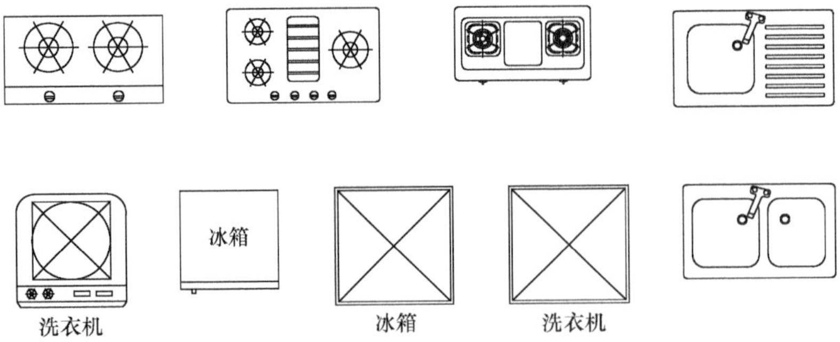


图 6-16　平面布置图中的家具——厨房炉灶、洗碗盆、冰箱、洗衣机

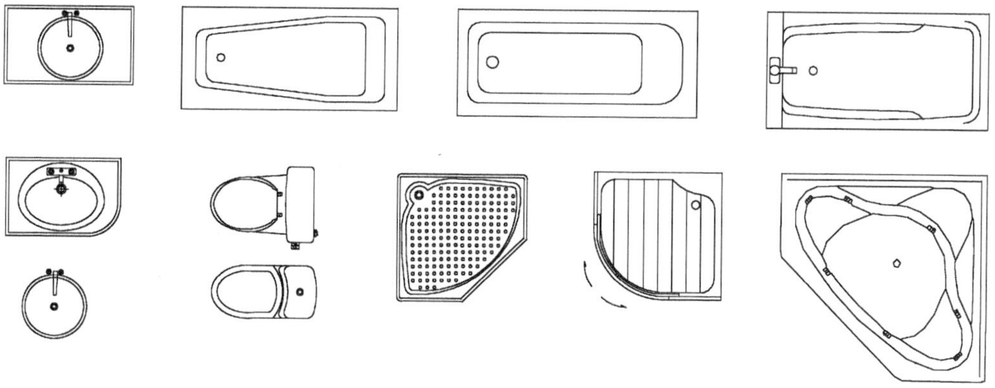

图 6-17　平面布置图中的家具——卫生间洁具

平面图是整套室内装饰工程图中最基础和最关键的部分，因为其他的室内装饰工程图如顶棚平面图、立面图等都是以平面图为基础和依据展开设计的。因此平面图的设计至关重要，其将关联及影响到其他图纸的设计程序和内容。平面图是整个室内装饰设计的关键（图 6-18）。

地面（坪）装饰平面图就是地表面的水平投影图，它只用来表现地面装修的材料、花饰及做法。当地面装修所用材料单一，并无分格或装饰划分时，也可直接在平面布置图中表现（图 6-19、图 6-20）。

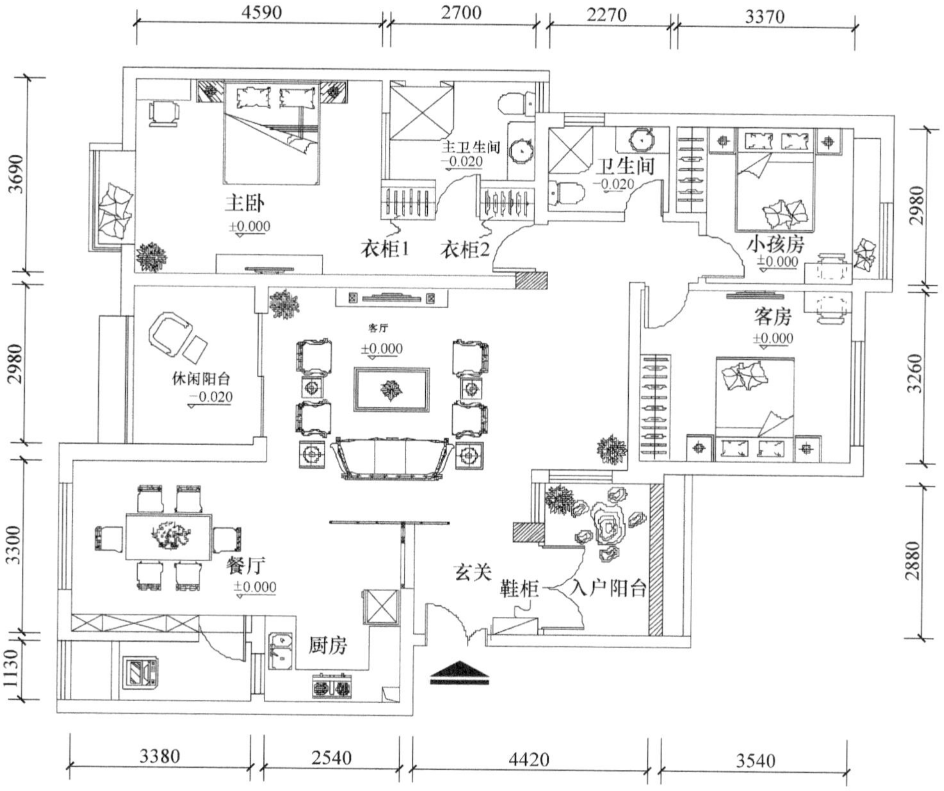


图 6-18　平面布置图

## 二、平面图的内容与画法

1）平面布置图必须画出所有涉及的家具、家电、设施及陈设等物品的水平投影。这些物品可用文字注明。家具、家电等物品应根据实际尺寸按与平面图相同的比例绘制，尺寸可以标明，其图线均用中线或细线绘制。

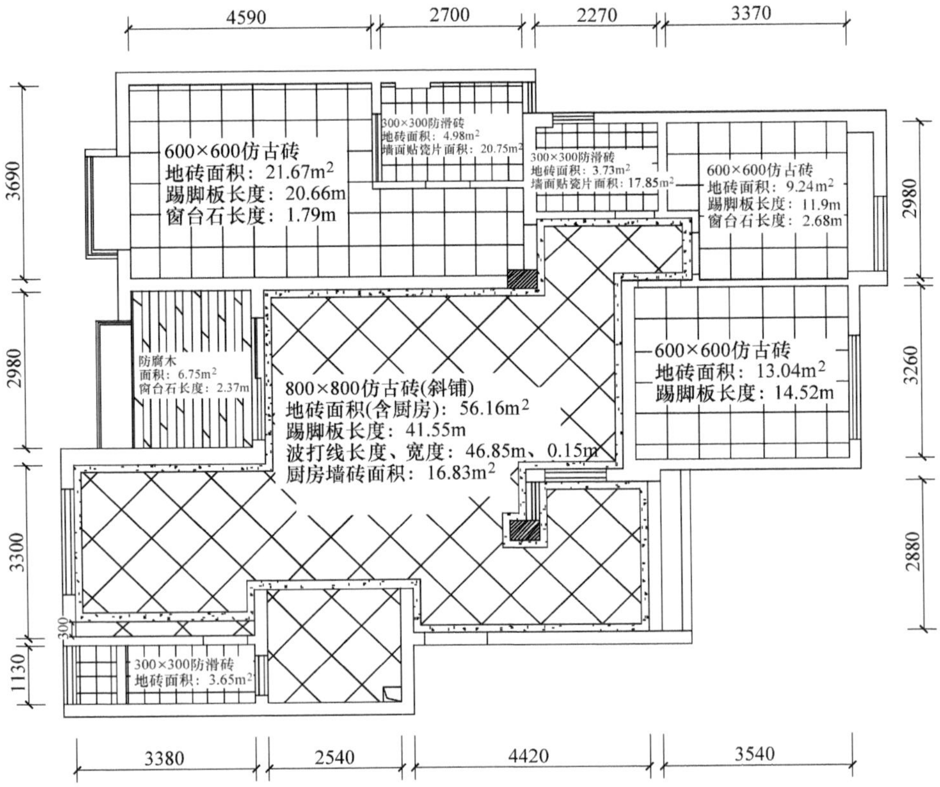


图6-19　地面装饰平面图

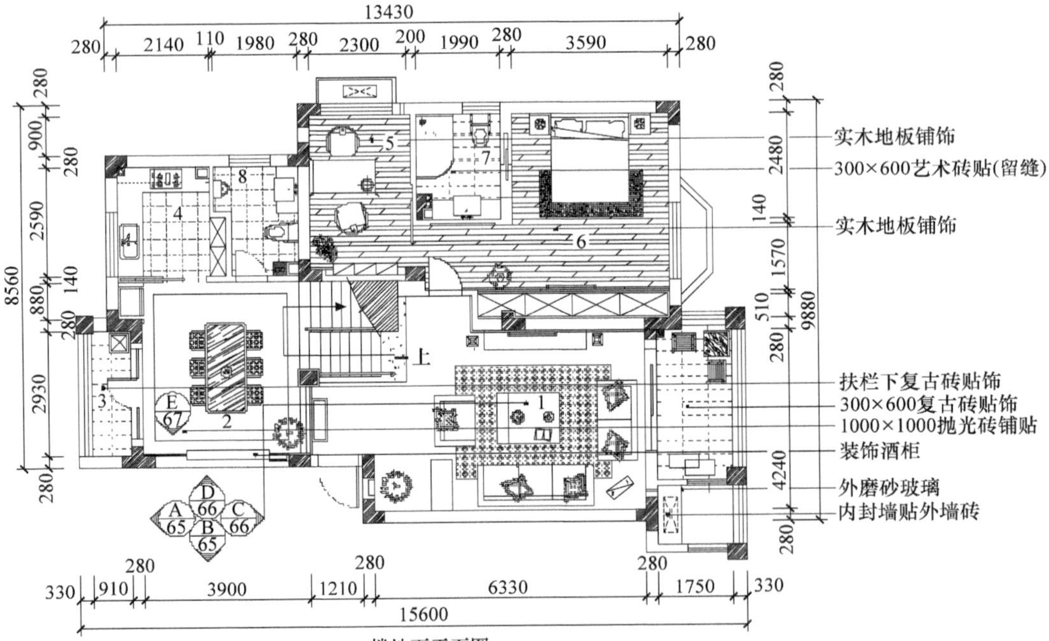


一楼地面平面图

1—客厅　2—餐厅　3—阳台　4—厨房　5—书房　6—主卧　7—主卫　8—次卫

图6-20　地面装饰材料在平面布置图中的表现

2）平面布置图中轴线网编号及轴线尺寸通常可以省去，但属于新建房屋中的再装修（指直接在原有建筑平面图的基础上进行二次装修）设计时，则应保留轴线网及编号，以便与建筑施工图对照。

3）平面布置图中主要应标出房间的净尺寸及家具、家电与设施之间的定位尺寸，部分固定设施的大小尺寸也应标明，而与室内装修无关的外部尺寸均可不标注（图6-21）。

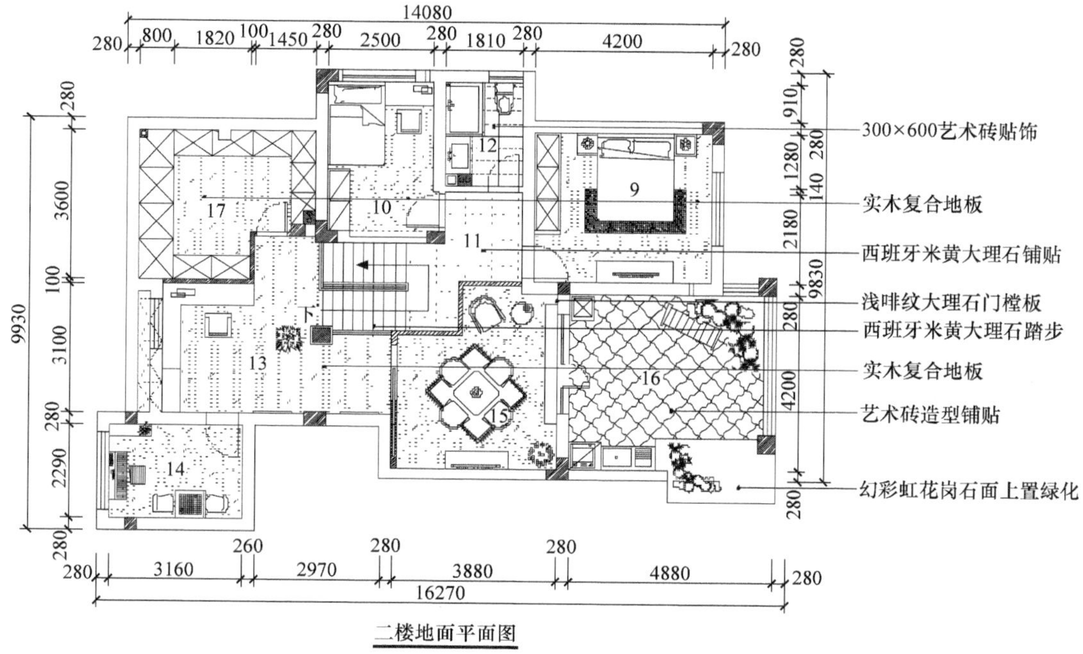


9—老人房　10—儿童房　11—过道　12—卫生间　13—书房　14—钢琴室　15—棋牌室　16—露台　17—储藏室

图6-21　平面布置图

4）平面图中对原建筑结构用粗线表示，根据图面需要画出材料、做法的图例或符号。

5）平面布置图中一般宜采用较大比例绘制，如1:50等。

6）平面图中门、窗应以建筑制图国家标准中规定的符号标明，数量多时进行编号，有特殊要求时须注明或另画大样图。

7）室内家具中的吊柜、高窗及其他须表现的一些高于剖切平面的固定设施（如空调等），在平面布置图中均用虚线表示（图6-22）。

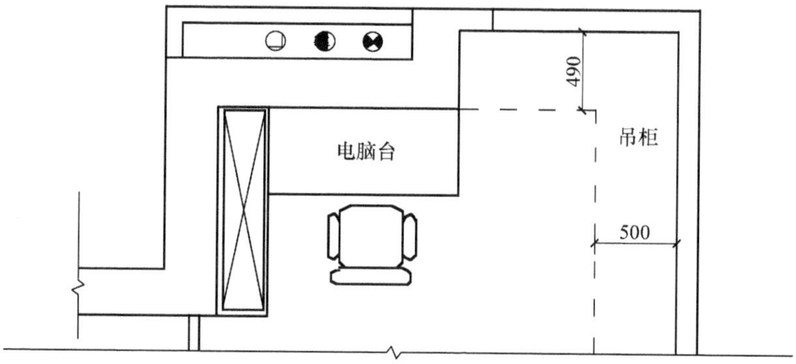


图6-22　平面布置图的吊柜用虚线表示

8）在平面图中还应表明欲装修的详图或剖面的位置、投影方向（图6-23）。

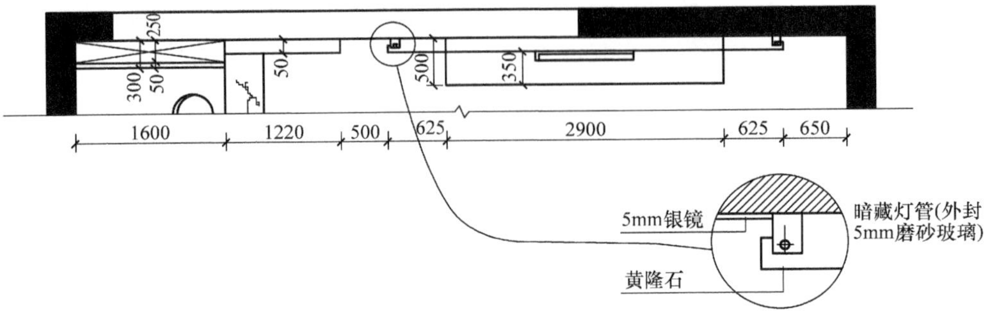


图6-23　平面图的详图表示方法

9）平面图中的各功能分区，应用文字标出其功能分区的名称（图6-24）。

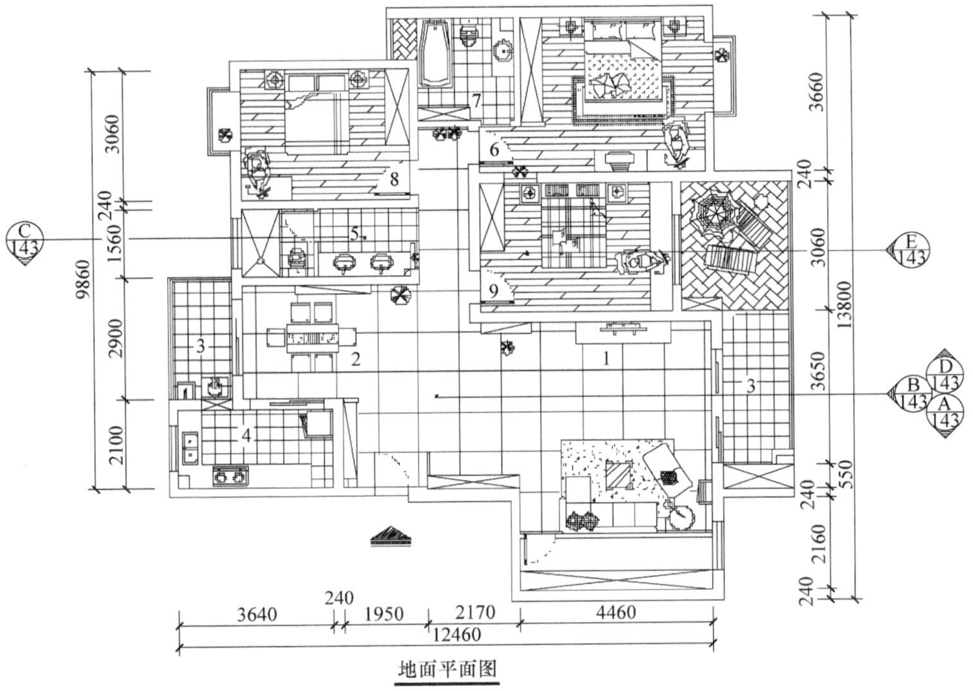


1—客厅　2—餐厅　3—阳台　4—厨房　5—次卫　6—主卧　7—主卫　8—儿童房　9—老人房

图6-24　平面布置图中的功能分区名称及立面索引图标

10）平面布置图中应标出立面索引图标（图6-24、图6-25）。

11）平面布置图中地面有高差关系的，应用标高方法表示。

12）地面（坪）装饰的图案、花饰等做法应用几何作图方法准确绘出，并标明几何作图的尺寸及地面划分尺寸，所用材料及色彩均用文字注明。

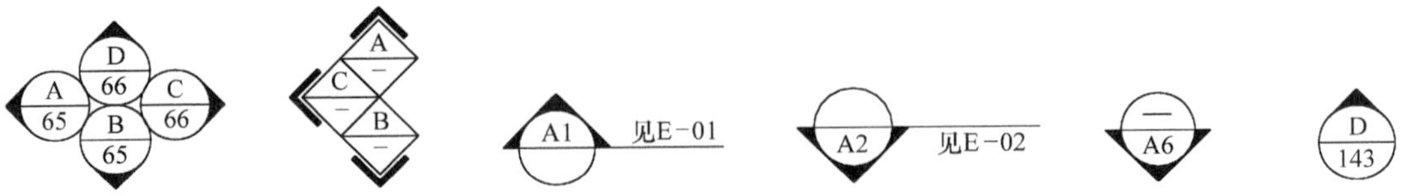


图6-25　平面布置图立面索引图标的不同表示方法

## 第三节　顶　面　图

吊顶（顶棚）设计是装饰工程设计的主要内容，吊顶平面图（或称顶棚平面图）可简称顶面图。

### 一、吊顶平面图的形成与作用

顶面图主要用来表现顶棚的造型，并要标明顶棚造型的尺寸、标高、材料，同时在顶面图中还要表明顶棚上各种灯具的布置状况、类型，顶棚上的消防装置和通风装置布置状况与装饰形式及公共环境设计中广播系统的音箱口等。吊顶平面图（图6-26）一般用镜面视图或仰视图的图示法绘制。当用镜面投影方法绘图时，应在图名旁注明“镜像”二字。

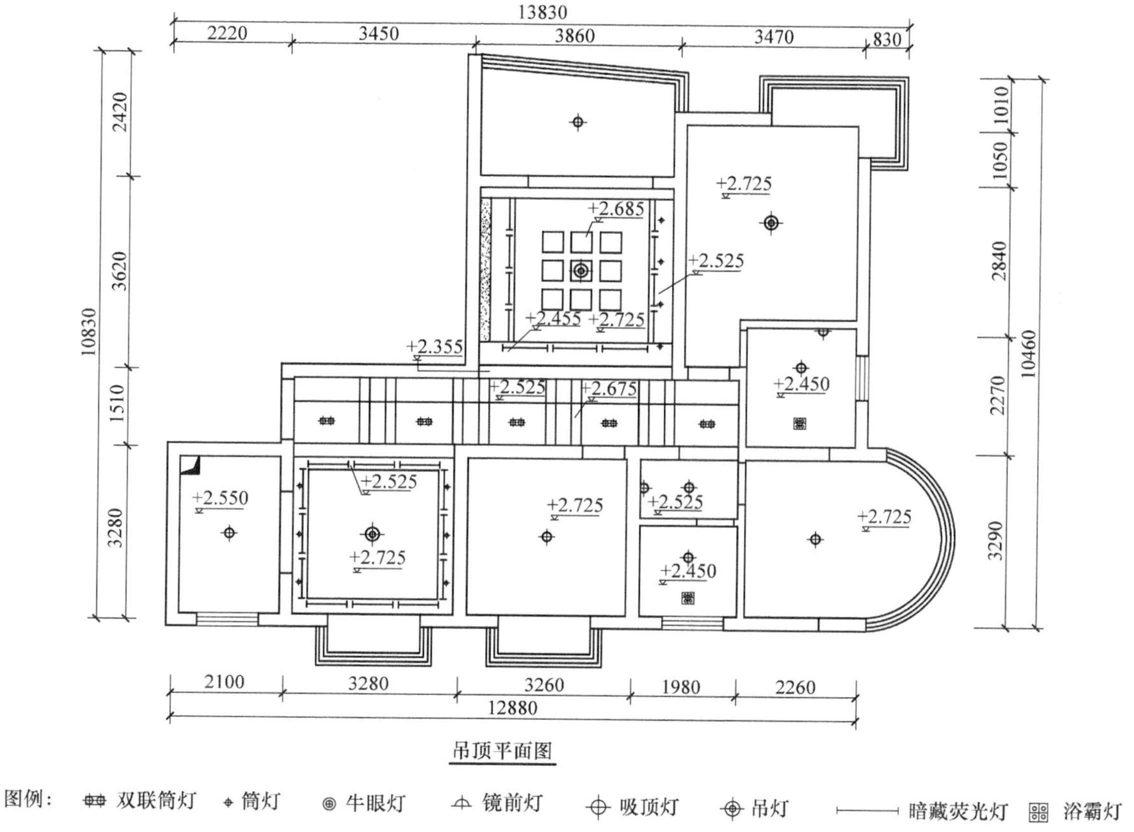


图6-26　吊顶平面图

### 二、吊顶平面图的内容与画法

由于各类房间的功能要求不同，所以顶面图所表现的内容有繁有简。

1）顶面图中应表明顶棚表面局部起伏的变化状况，即吊顶叠层表面变化的深度和范围。变化深度可用标高表明，构造复杂的则要用剖面图表示；投影轮廓可用中线绘制并标明相应尺寸。

2）顶面图中应表明顶棚上各种灯具的设置状况，如吸顶灯、吊灯、筒灯、射灯等各种灯具的位置与类型，并标明灯具的排列间距及灯具的安装方式。

3）顶棚上若有浮雕、花饰，当顶面图比例较大能直接表达时，应在顶面图中绘出，否则可用文字注明并另用大样图表明。

4）顶面图中还应表明顶棚表面所使用的装饰材料的名称及色彩（图6-27、图6-28）。

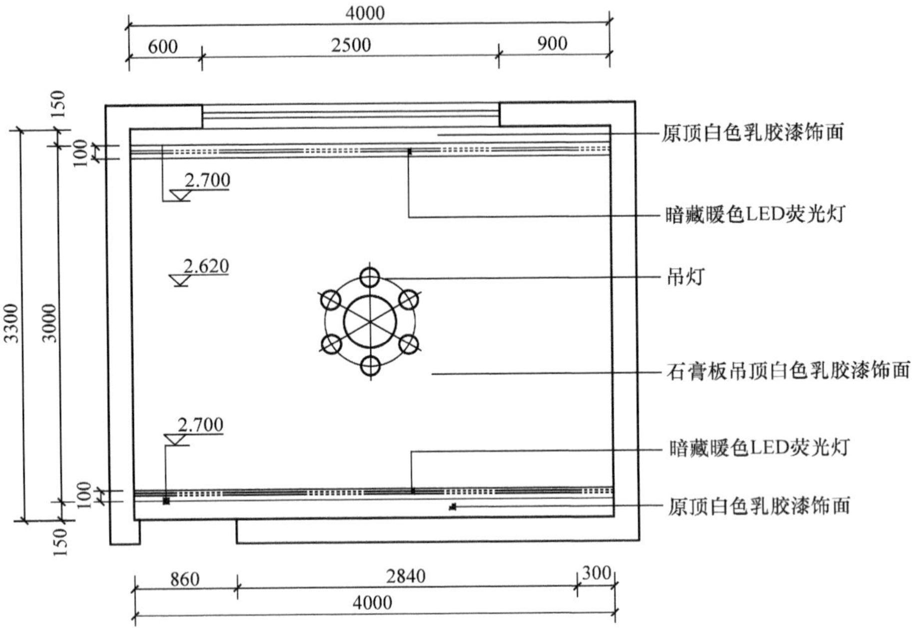


图6-27　顶棚平面图

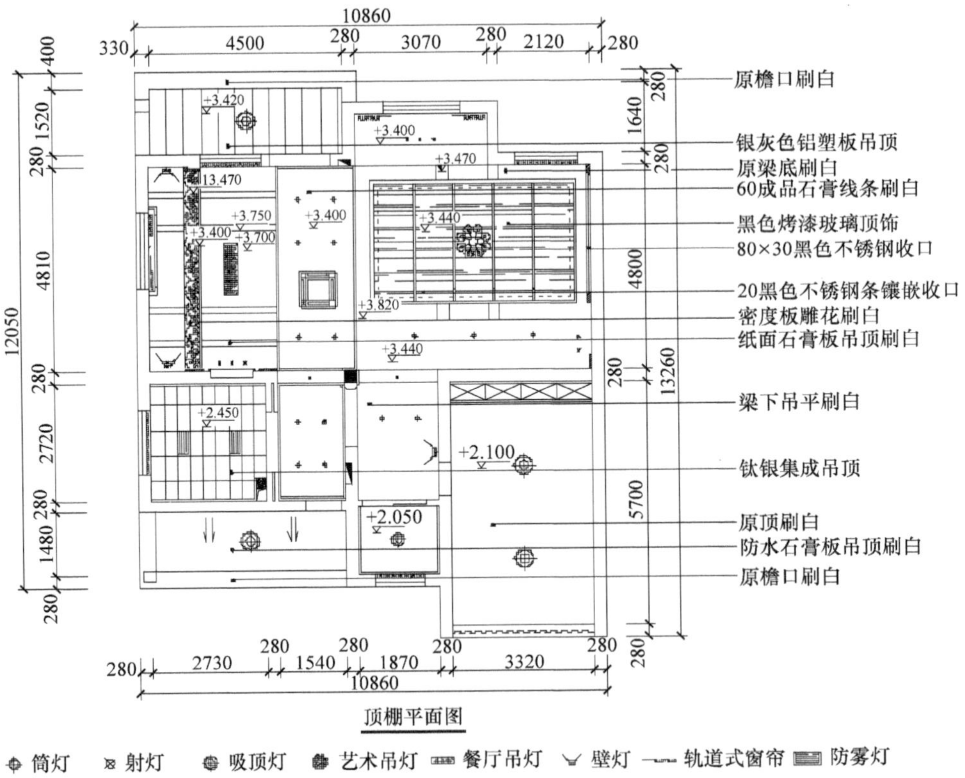


图6-28　顶棚平面图

5）顶棚做法如需用剖面图表达时，顶面图中还应指明剖面图的剖切位置与投影方向，对局部做法有要求时，可用局部剖切图表示（图6-29、图6-30）。

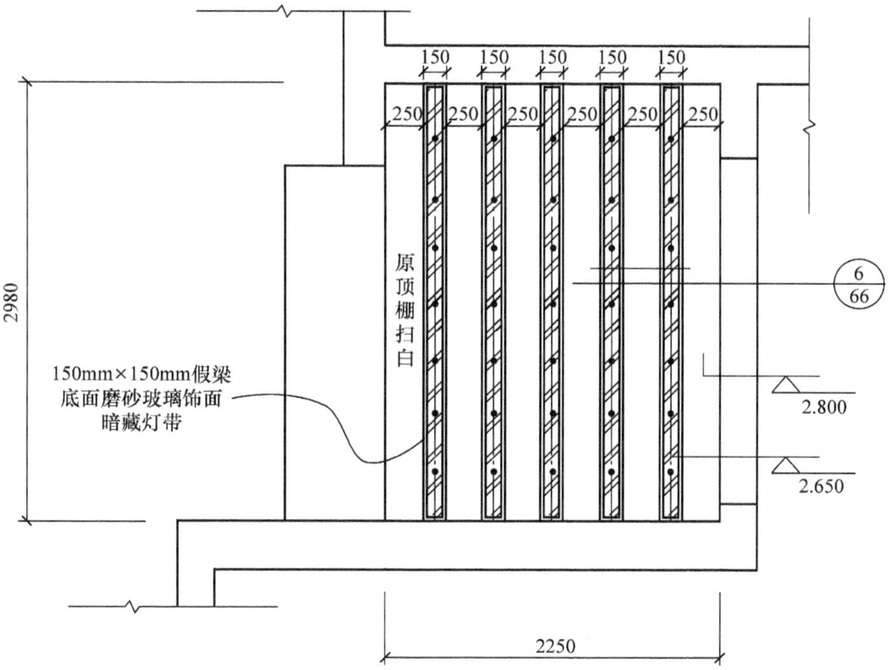


图6-29　顶棚平面图

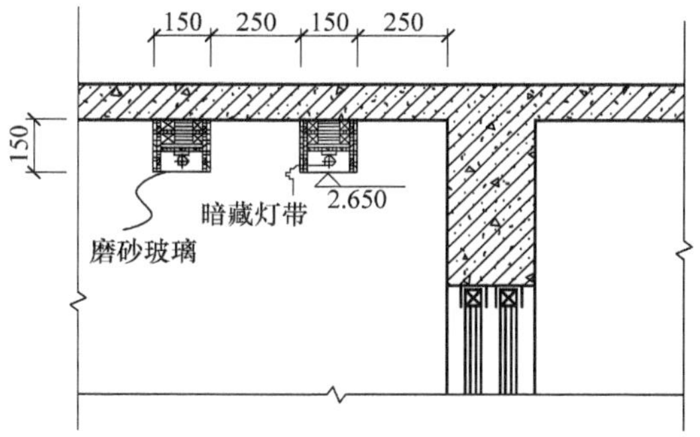


图6-30　顶棚剖面图

## 第四节　立　面　图

室内设计中的立面图包括立面布置图和装修立面图。

### 一、立面图的形成与作用

立面布置图也称立面图，是表现室内墙面装饰装修及墙面布置的图样，它除了画出固定墙面装修外，还可画出墙面上可灵活移动的装饰品以及地面上的陈设家具等设施。一般立面布置图应在平面图中利用视向图标指明装修立面方向（图6-31）。

装修立面图是施工操作人员对装饰设计进行施工的依据，同建筑施工图一样不允许有阴影和配景。它的形成实质是某一方向墙面的正视图。

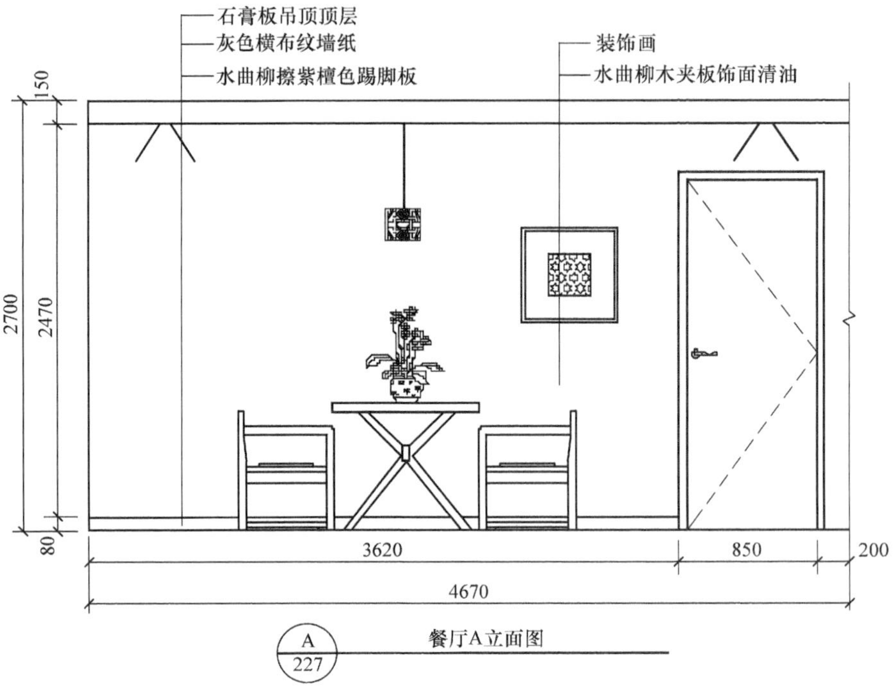


图 6-31　餐厅立面图

装修立面图主要用来表现某一方向室内墙面的观赏外观与墙面装饰装修的做法，而其他可移动的装饰物品，则可省去不予表现，它是墙面装修施工的依据（图 6-32）。

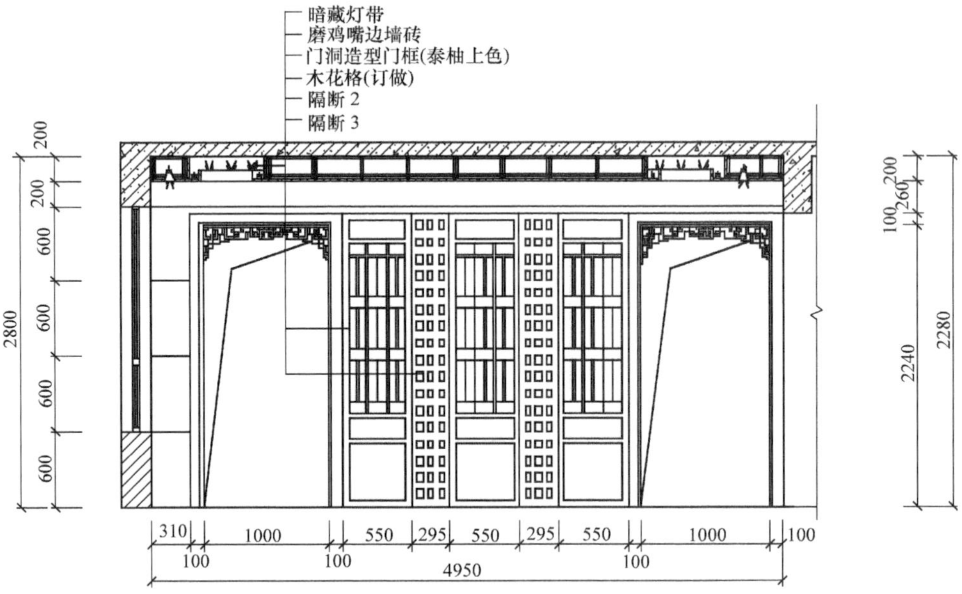


图 6-32　装修立面图

对于立面图的命名，当平面图中无轴线标注时，应在平面图中标注所视方向，在立面图中可按平面图所标注的视向命名，如 A 立面图、D 立面图等；另外也可按平面图中有轴线编号的标注来命名，如①—④立面图、B—D 立面图等。

## 二、立面图的内容与画法

**1. 立面布置图**

1）立面布置图要画出所视立面所有能观察到的物品，如家具、家电等陈设物品的正投影。家具陈设等物品应根据实际大小用图面统一比例绘制，其尺寸可不标注（图6-33）。

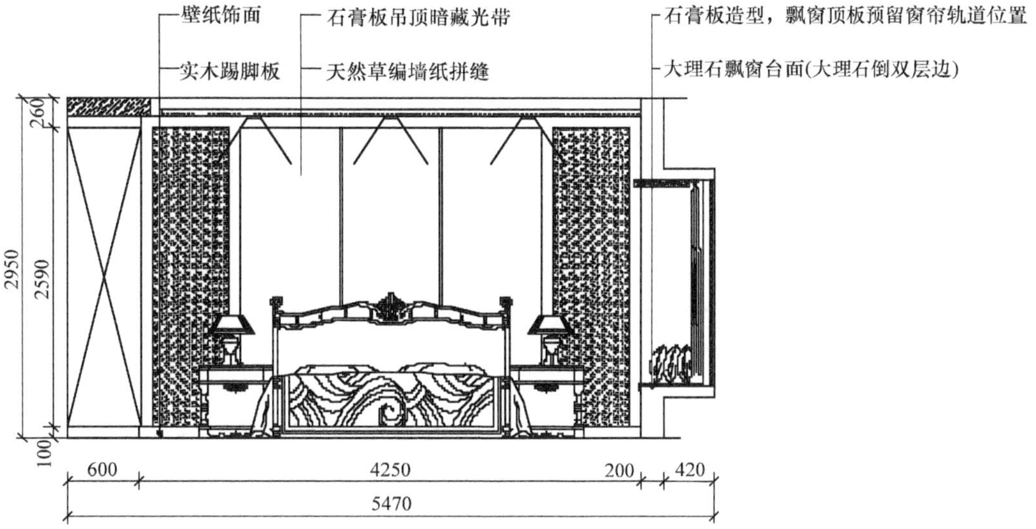


图6-33 卧室A立面图

2）标出室内竖向尺寸及横向尺寸，对地面、顶棚等表面还需用标高注明其高度。

3）标明墙面装饰材料的材质、色彩与工艺要求，另外如墙面上有装饰壁面、悬挂的织物以及灯具等装饰物时也应标明（图6-34）。

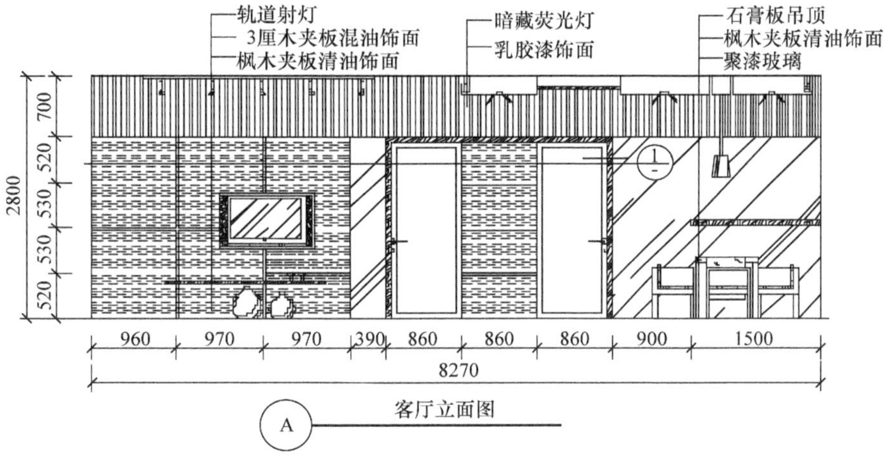


图6-34 立面布置图

4）标明室内绿化、水体等立面设计形象。

**2. 装修立面图**

1）应标明投影方向指定的墙面上外装修的划分及材料、色彩，并注明工艺要求。

2）应标明墙面上设置的壁灯形式、位置与数量。

3）应标明与墙体相结合的壁龛、壁炉及与其相关的柜橱或博古架等装修内容。

4）应画出墙面上门、窗的形式，材料及相关的窗帘盒、窗帘等织物的设计形式。

5）应给出欲进行再表达的局部剖切的位置及欲放大的详图索引（图6-35、图6-36）。

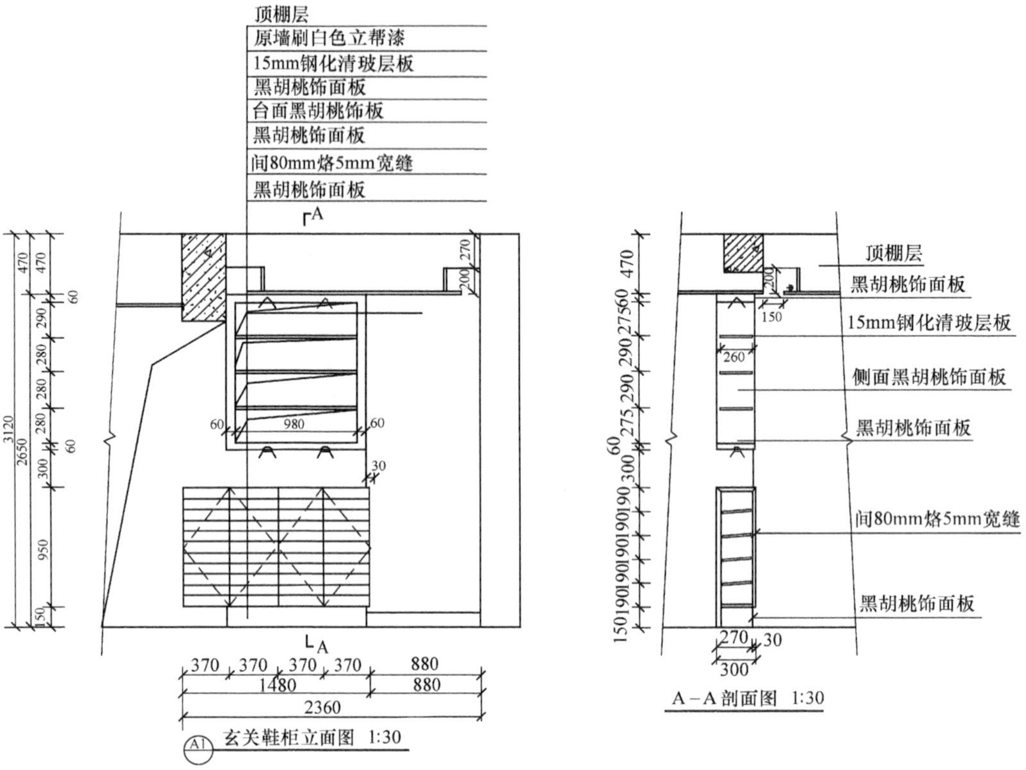


图6-35　装修立面图及剖面图

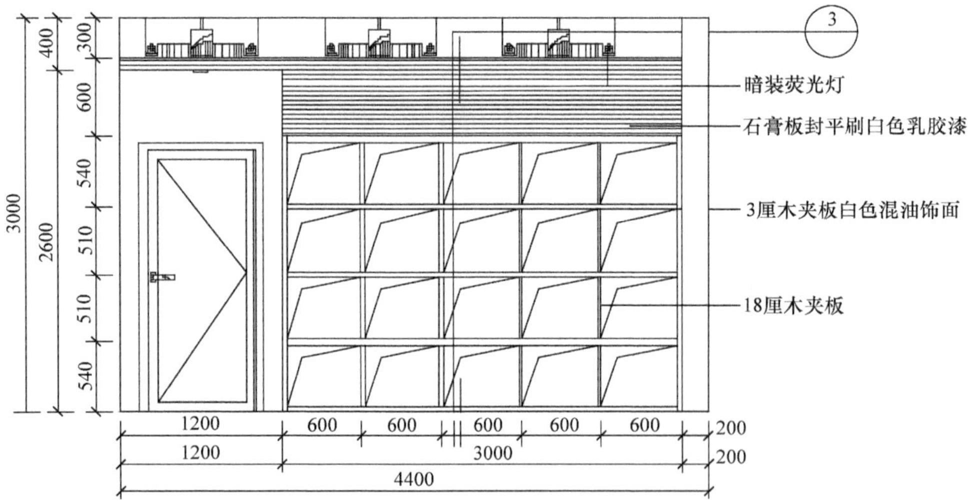


图6-36　装修立面图

6）应标明装修所需的竖向尺寸及横向尺寸。

比较立面布置图与装修立面图所表达的内容不难看出：两者所体现的内容与画法基本相同，只是装修立面图侧重表达墙体的固定装饰材料做法，而立面布置图则侧重表现室内装修的整体效果（图6-37）。

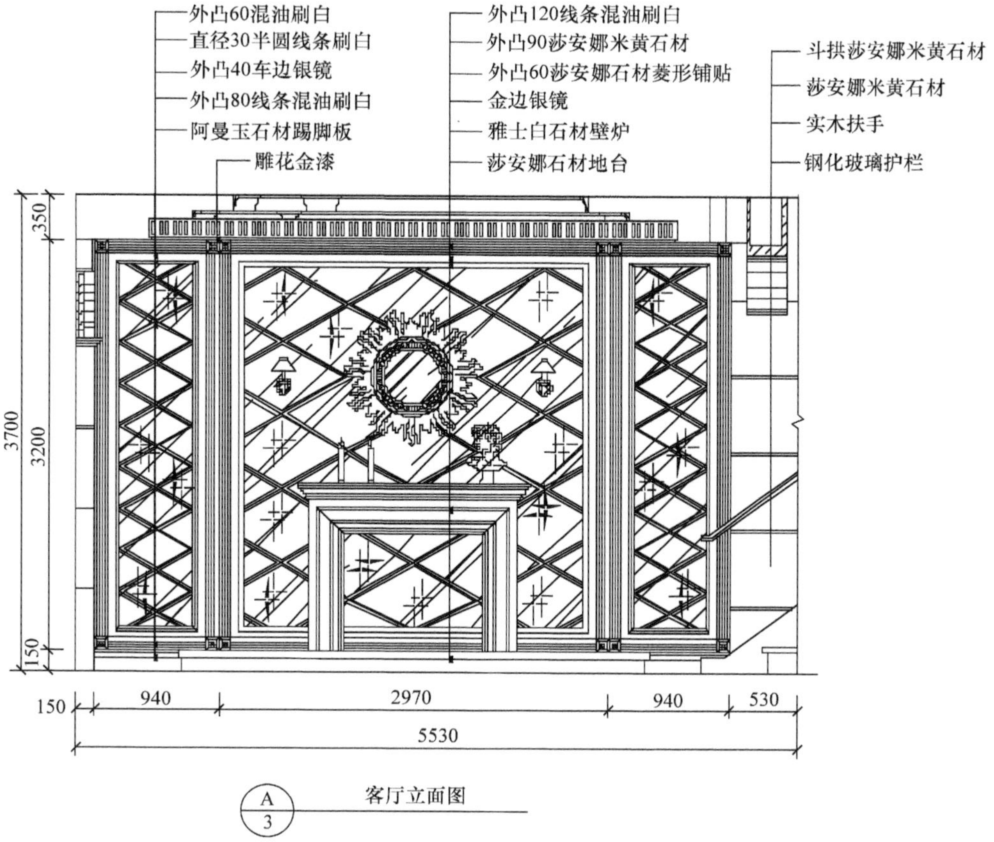


图 6-37　立面布置图

## 第五节　详　　图

室内装饰工程详图包括大样图、节点图。

### 一、详图的形成与作用

室内装饰工程详图，是以较大比例绘制的能表明在平面图、立面图、剖面图中无法表达的部位的详细图样。室内装饰工程详图涉及的内容非常广泛，数量很大。它是平面图、立面图、剖面图的深入和补充，更是指导装修施工的重要依据。室内装饰工程详图与建筑详图表现方法相同（图 6-38 ~ 图 6-41）。

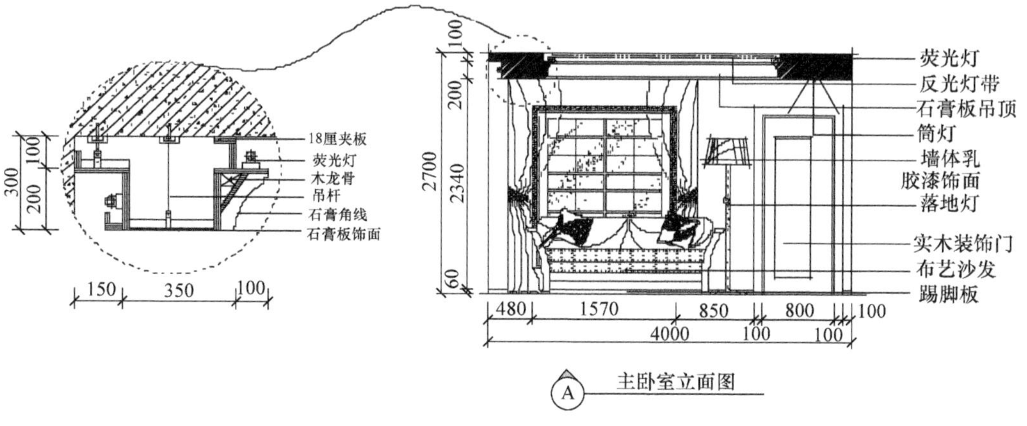


图 6-38　立面图及详图

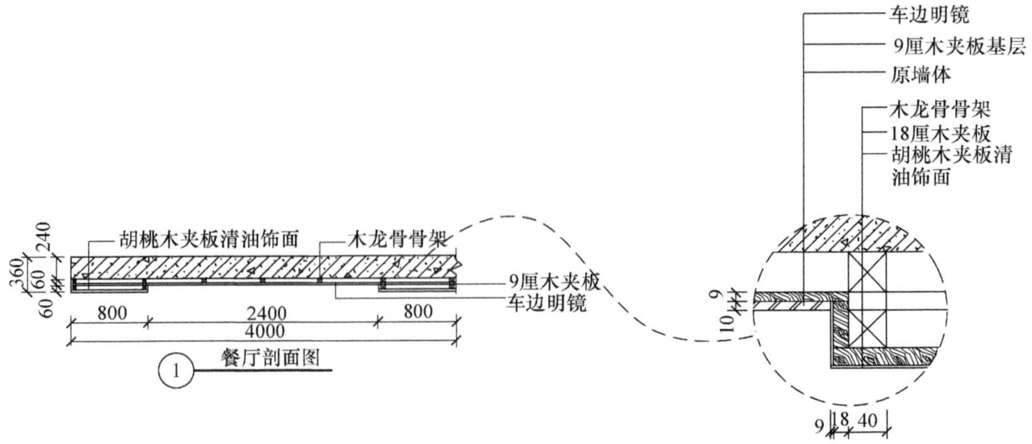


图 6-39　剖面图及详图

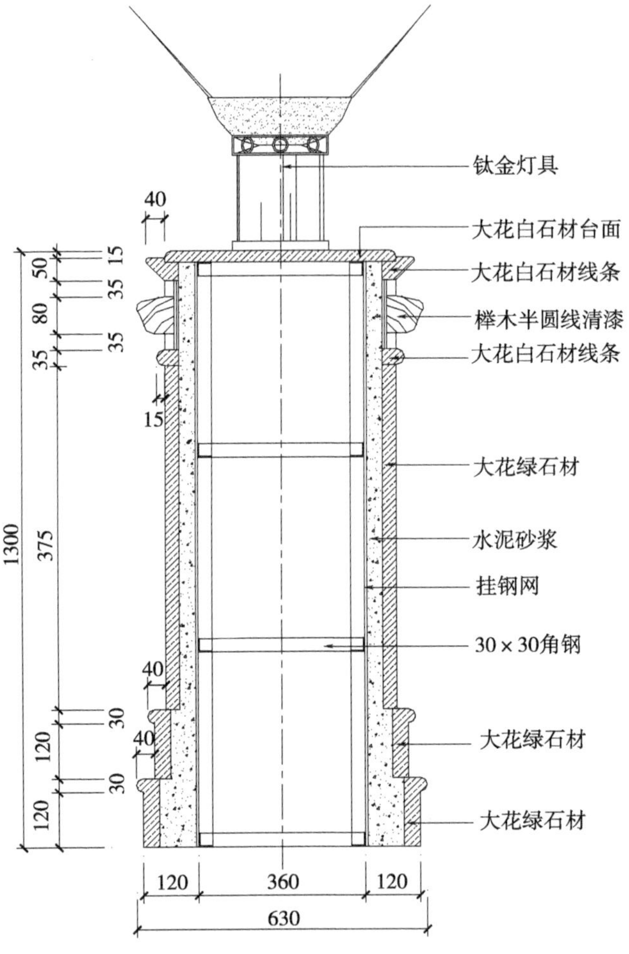


图 6-40　剖面详图

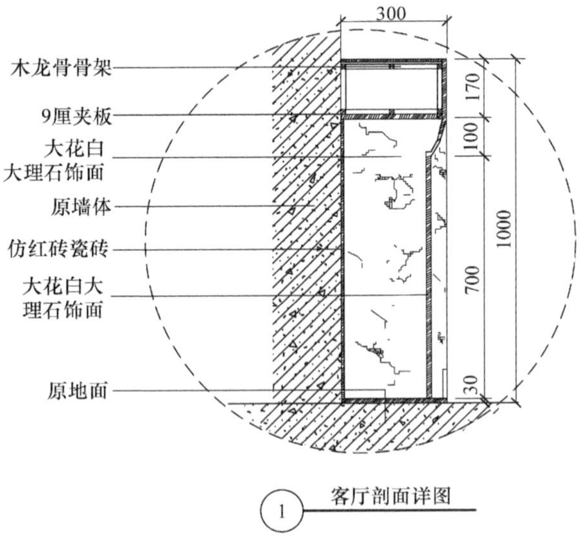


图 6-41　剖面详图

## 二、详图内容与画法

1）装饰详图常用比例有 1∶5、1∶10、1∶20、1∶50 等，有些大样图比例有 1∶1、1∶2 等。

2）详图索引与标志符号可使用建筑施工详图中的索引与标志符号的画法及编号方法。

3）详图所表现的装饰物体形状要真实准确，正投影要完整详尽。

4）详图中的尺寸也要完整详尽且准确无误。

5）详图中对装修部位的材料、色彩、种类、规格及施工工艺都要详细注明（图6-42）。

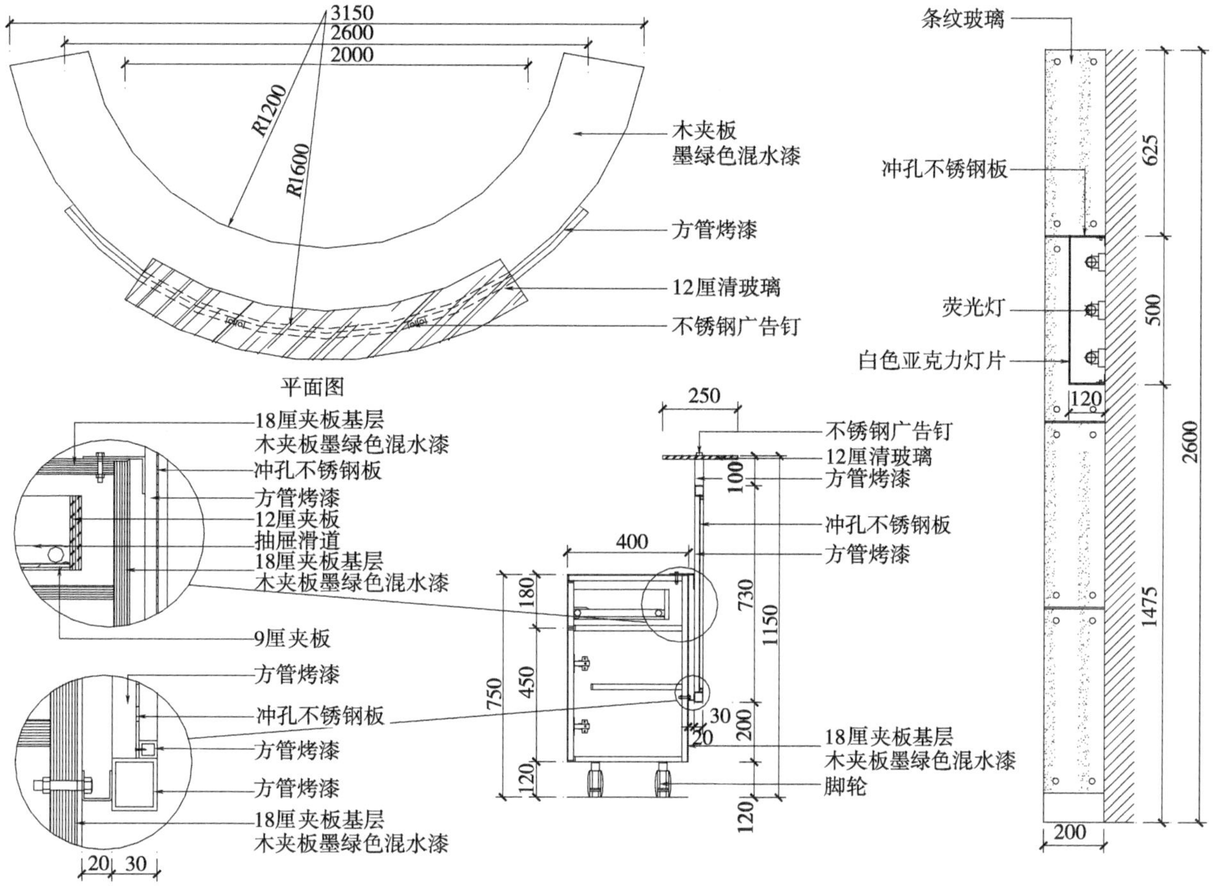


图6-42　详图

常见的室内装饰工程详图有：

（1）地面构造装修详图　一般若地面（坪）做有花饰或图案时，应绘出地面花饰平面图，并标出相应的材料与尺寸。对地面的构造则应用断面图标明，用分层注解方式标明（图6-43、图6-44）。

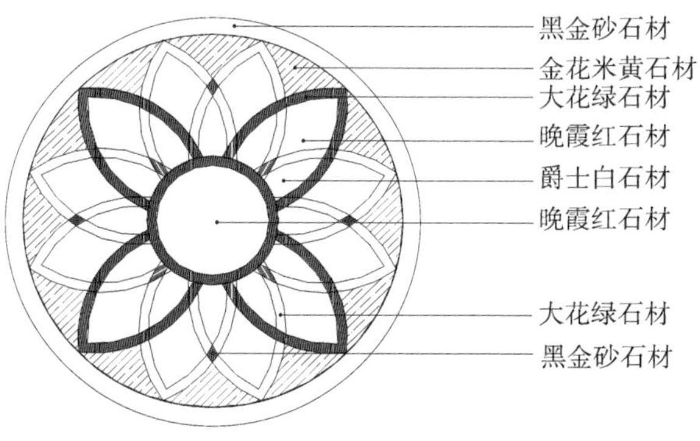


图6-43　地面花饰详图

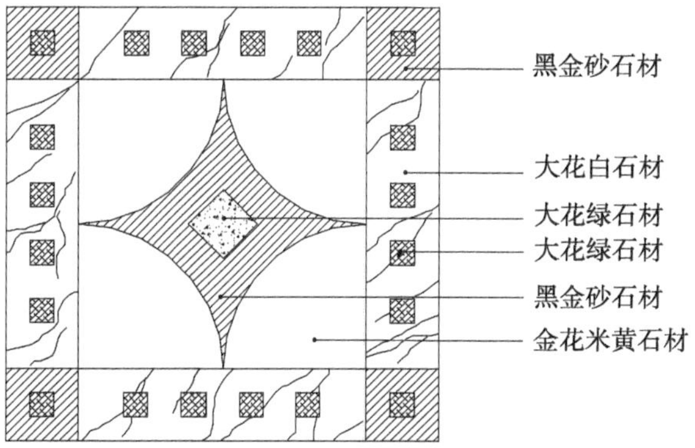


图6-44　地面花饰详图

（2）墙面构造装修详图　一般进行软包装或硬包装的墙面需绘制装修详图。墙面装修详图通常包括墙体装修立面图和墙体断面图（图6-45）。

(3) 隔断装修详图　隔断是室内设计时分割空间的有效手段，隔断的形式、风格及材料与做法种类繁多。其详图包括表示其结构、材料及做法的剖面图和节点图（图6-46～图6-49）。

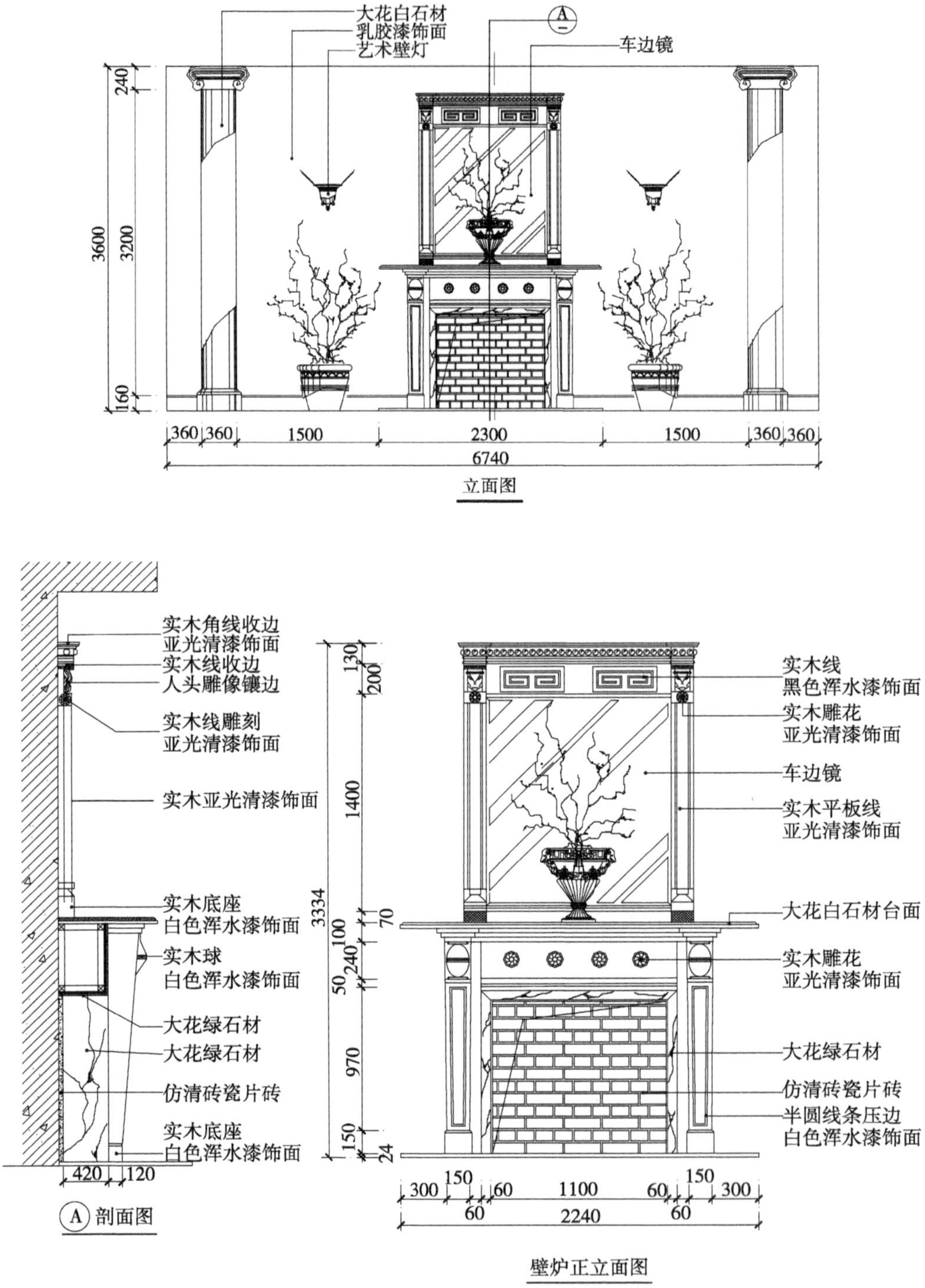


图6-45　墙面构造装修详图

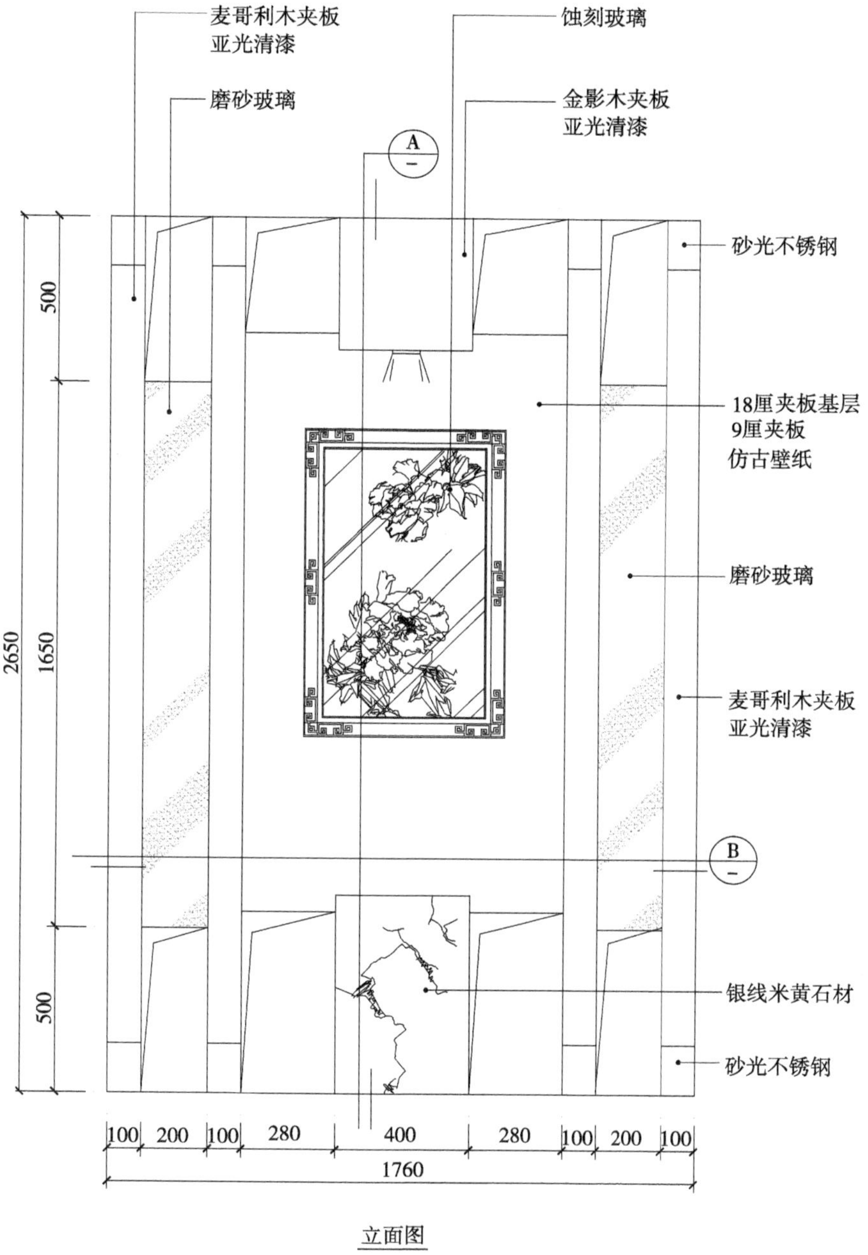
麦哥利木夹板
亚光清漆
磨砂玻璃
蚀刻玻璃
金影木夹板
亚光清漆
A
砂光不锈钢
18厘夹板基层
9厘夹板
仿古壁纸
磨砂玻璃
麦哥利木夹板
亚光清漆
B
银线米黄石材
砂光不锈钢
2650
500
1650
500
100
200
100
280
400
280
100
200
100
1760
立面图

图 6-46 隔断装修详图

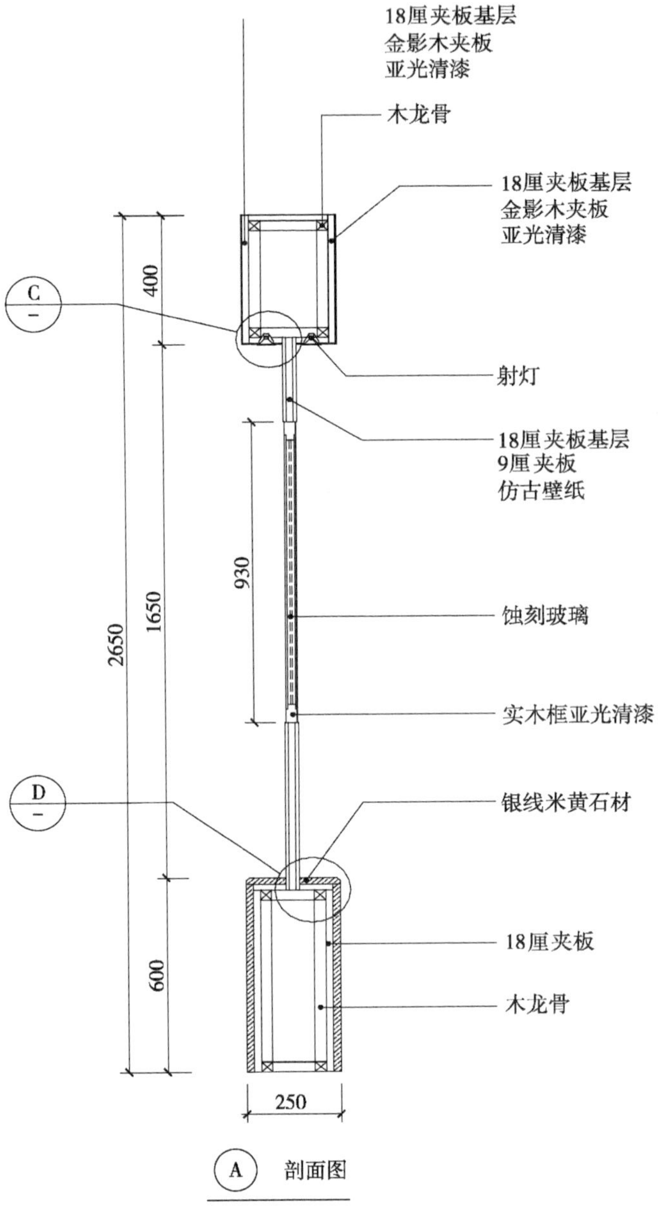
18厘夹板基层
金影木夹板
亚光清漆
木龙骨
18厘夹板基层
金影木夹板
亚光清漆
C
射灯
18厘夹板基层
9厘夹板
仿古壁纸
蚀刻玻璃
实木框亚光清漆
D
银线米黄石材
18厘夹板
木龙骨
400
1650
2650
930
600
250
A　剖面图

图6-47　隔断装修详图

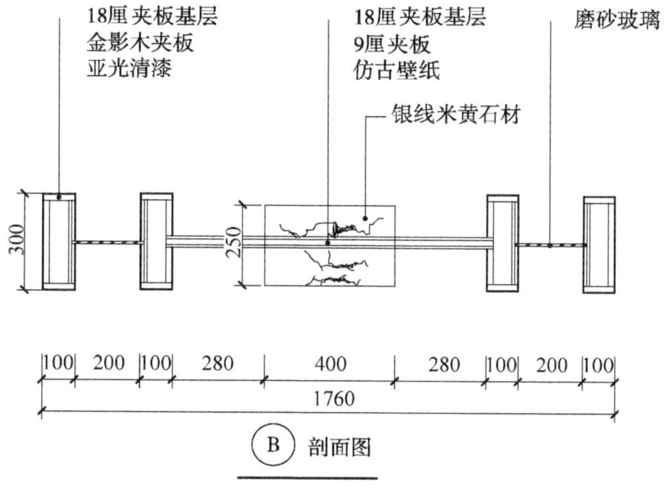


图 6-48　隔断装修详图

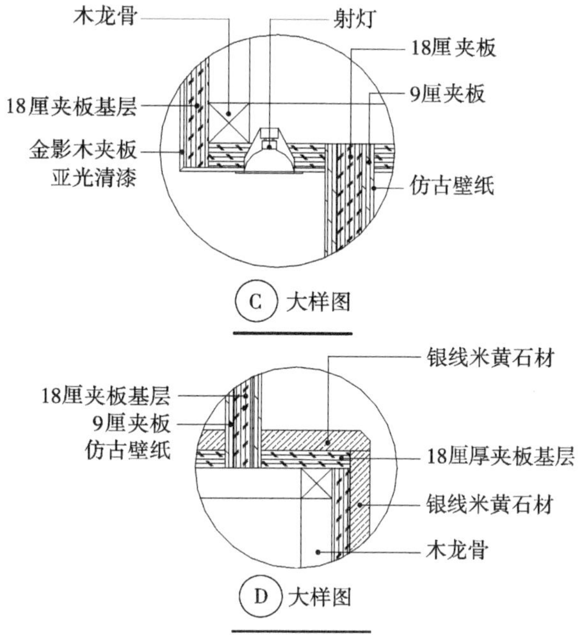


图 6-49　隔断装修详图

（4）装饰部件大样图　在室内设计中除了对建筑配件进行装饰处理外，还有一些装饰部件，如墙面壁画、顶棚的装饰浮雕、栏杆的图案构件及彩画装饰等，这些部件都是由不规则的曲线组成的，施工很难掌握。因此，设计人员常用 1∶1 的比例画出它们的实际尺寸大样图，以便于施工（图 6-50）。

a)

b)

图6-50　装饰部件大样图

## 复习思考与练习题

1. 依据人机工程学，按一定比例关系画出几种组合沙发的平面布置图，并标注出尺寸。

2. 依据人机工程学，按一定比例关系画出几种不同组合的家居平面布置图中常见的家具：餐桌与餐椅，并标注出尺寸。

3. 依据人机工程学，按一定比例关系画出家居平面布置图中的常见家具：单人床、标准双人床、加宽双人床、衣柜，并标注出尺寸。

4. 依据人机工程学，按一定比例关系画出家居平面布置图中的常见厨房用具：炉灶、洗碗盆、冰箱、洗衣机，并标注出尺寸。

5. 依据人机工程学，按一定比例关系画出家居平面布置图中的常见卫生间洁具：洗脸盆（台）、马桶、浴缸等，并标注出尺寸。

6. 画出室内装饰工程图的平面图中常见的几种立面索引图标。

7. 画出室内装饰工程图的平面图中不同的标高图标，并加以数字表示。

8. 画出一套家居室内装饰工程图，包括平面布置图、地面装饰平面图、顶棚平面图、立面图、剖面图及详图。要求功能设计合理、图面比例适当、尺寸标注规范清晰、图线粗细明确、图例符号正确、文字标写统一规范、画面整洁。

9. 画出平面图中欲要标出的剖面图和详图的投影方向和位置，并按剖面图和详图的表现方法画出其内容。

10. 画出家居设计的平面布置图，并标注出尺寸、标高、立面索引图标、详图和剖面图的位置和投影方向以及各房间功能分区的名称。

11. 画出家居设计的地面装饰平面图，并标注出尺寸、标高、装饰材料、详图和剖面图的位置和投影方向以及各房间功能分区的名称。

12. 画出家居设计的顶棚平面图，并标注出尺寸、标高、灯具等顶面电器设备图标、装饰材料以及各房间功能分区的名称。

13. 画出家居设计的顶棚平面欲要标出的详图和剖面图的位置和投影方向，并按详图和剖面图的表现方法画出其内容。

14. 画出家居设计的立面布置图，并标注出尺寸、装饰材料。

15. 画出家居设计的装修立面图，并标注出尺寸、装饰材料、详图和剖面图的位置和投影方向，并画出详图和剖面图的具体内容。

16. 画出剖面图中局部大样图的详细内容。

# 第七章 室外环境工程图

## 学习目标

1. 了解室外环境设计的基本要素和图示方法。
2. 掌握室外环境工程图中平面图、立面图、剖面图的图示原理。
3. 掌握室外环境工程图的主要内容和绘制方法。
4. 掌握室外环境工程图的阅读技巧。

## 第一节 地形的表示法

### 一、地形的平面表示法

地形的平面表示主要采用图示法和标注法。等高线法是地形最基本的图示表示方法，在此基础上可获得地形的其他直观表示法。标注法则主要用来标注地形上某些特殊点的高程。

**1. 等高线法**

等高线法是以某个参照水平面为依据，用一系列等距离的假想水平面切割地形后所获得的交线的水平正投影（标高投影）图表示地形的方法（图 7-1）。两相邻等高线切面之间的垂直距离 $h$ 称为等高距，水平投影图中两相邻等高线之间的垂直距离称为等高线平距，平距与所选位置有关，是个变值。地形等高线图上只有标注比例尺和等高距后才能解释地形。一般的地形图中只用两种等高线，一种是基本等高线，称为首曲线，常用细实线表示；另一种是每隔 4 根首曲线加粗一根并注上高程的等高线，称为计曲线（图 7-2）。

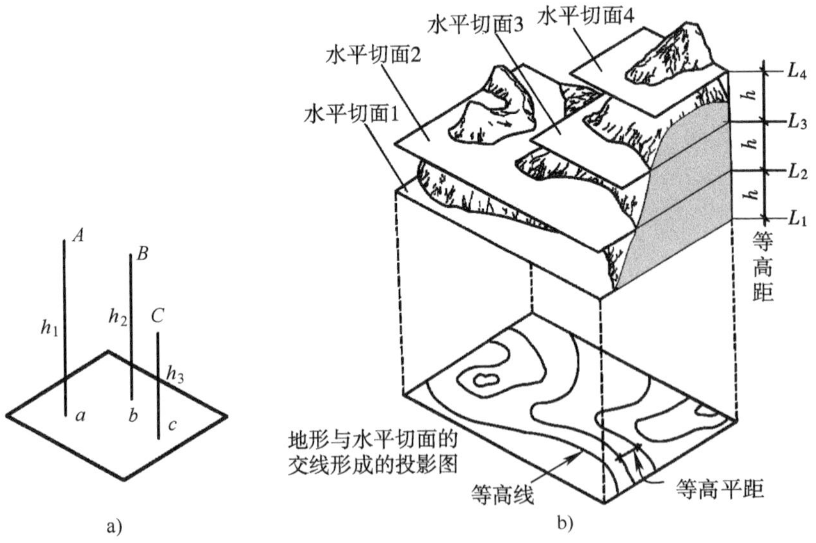


图 7-1 等高线的概念

a）标高投影示意 b）地形标高投影

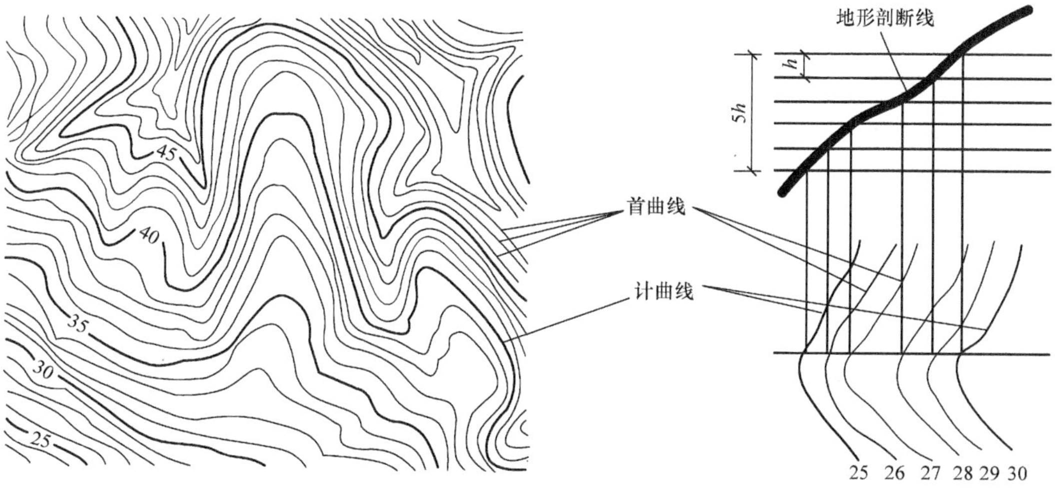


图 7-2　首曲线和计曲线图

**2. 坡级法**

在地形图上，用坡度等级表示地形的陡缓和分布的方法称作坡级法。这种图式方法较直观，便于了解和分析地形，常用于基地现状和坡度分析图中。坡度等级根据等高距的大小、地形的复杂程度以及各种活动内容对坡度的要求进行划分，如图 7-3 所示。

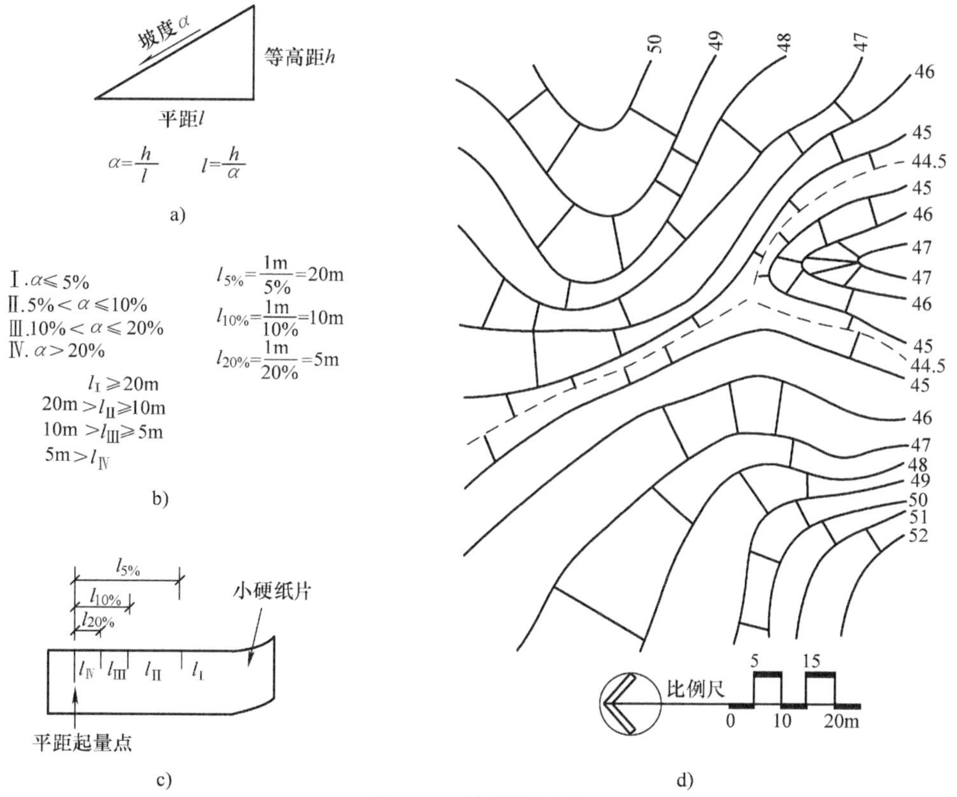


图 7-3　地形坡级法

a）坡度公式　b）坡级及平距范围　c）坡度尺　d）用坡度尺量出各级坡度界线

首先定出坡度等级，即根据拟定的坡度值范围，用坡度公式 $\alpha=(h/l)\times100\%$，算出临界平距5%、10%和20%，划分出等高线平距范围。然后，用硬纸片做的标有临界平距的坡度尺或者用直尺去量找相邻等高线间的所有临界平距位置。量找时，应尽量保证坡度尺或直尺与两根相邻等高线相垂直，当遇到间曲线中用虚线表示的等高距减半的等高线时，临界平距要相应地减半。最后，根据平距范围确定出不同坡度范围（坡级）内的坡面，并用线条或色彩加以区别。常用的区别方法有影线法和单色或复色渲染法，如图7-4所示。

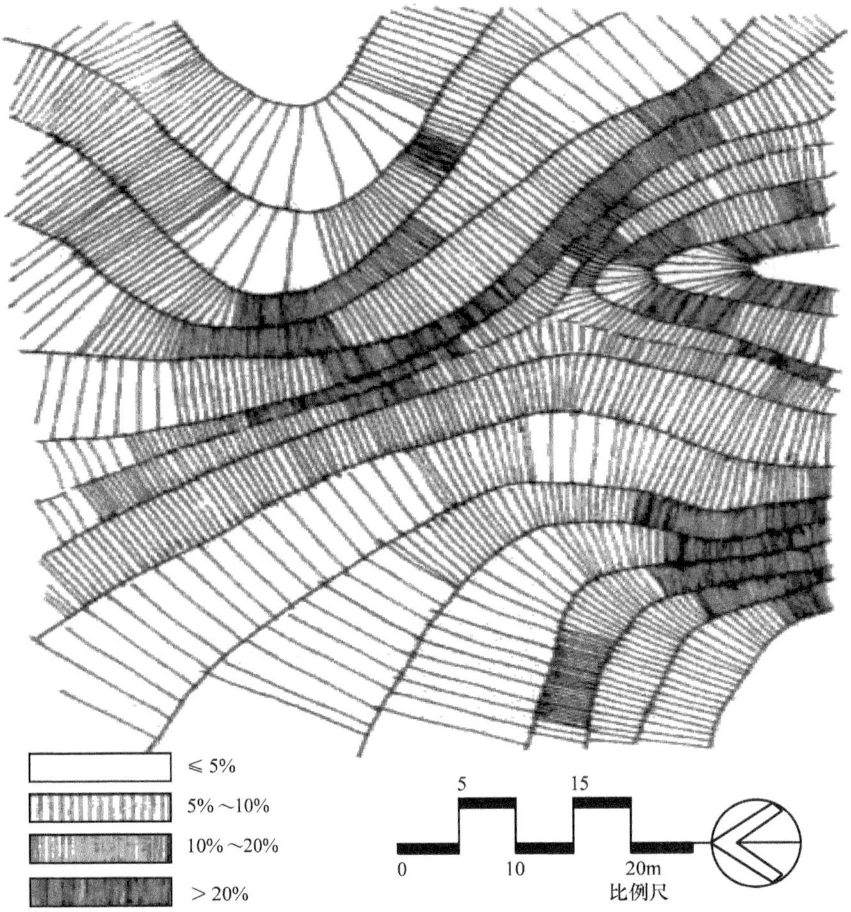


图7-4　地形坡度法图例

在绘有原地形等高线的底图上用设计等高线进行地形改造或创作，则在同一张图纸上便可表达原有地形、设计地形状况及地形范围内的平面布局、各部分的高程关系，大大方便了设计过程中进行方案的比较、修改，也便于进一步的土方计算工作。有时为了避免混淆，原地形等高线用虚线绘制，设计等高线用实线绘制。

**3. 分布法**

分布法是地形的另一种直观表示法，将整个地形的高程划分成间距相等的几个等级，并用单色加以渲染，各高度等级的色度随着高程从低到高的变化也逐渐由浅变深。地形分布图主要用于表示基地范围内地形变化的程度、地形的分布和走向，如图7-5所示。

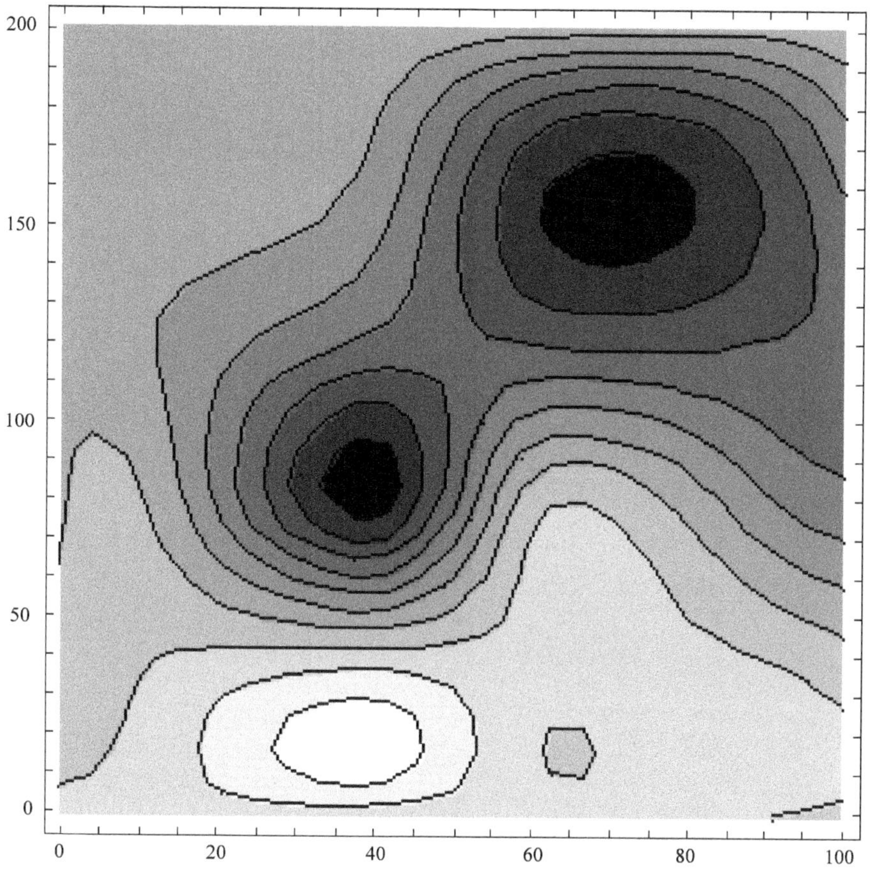


图 7-5　地形分布法

**4. 高程标注法**

当需表示地形图中某些特殊的地形点时，可用十字或圆点标记这些点，并在标记旁注上该点到参照面的高程，高程常注写到小数点后第二位，这些点常处于等高线之间，这种地形表示法称为高程标注法。高程标注法适用于标注建筑物的转角、墙体和坡面等顶面和底面的高程，以及地形图中最高和最低等特殊点的高程。因此，场地平整、场地规划等施工图中常用高程标注法，如图 7-6 所示。

## 二、地形剖面图的画法

一张完整的地形剖面图一般是由地形剖断线和地形轮廓线组成的。下面分别介绍地形剖断线和地形轮廓线的画法。

**1. 地形剖断线的画法**（图 7-7）

1）在描图纸上按比例画出间距等于地形等高距的平行线组。

2）将其覆盖到地形平面图上，使平行线组与剖切位置线相吻合。

3）用丁字尺和三角板作出等高线与剖切位置线的交点。

4）用光滑的曲线将这些点连接起来并加粗加深即得地形剖断线。

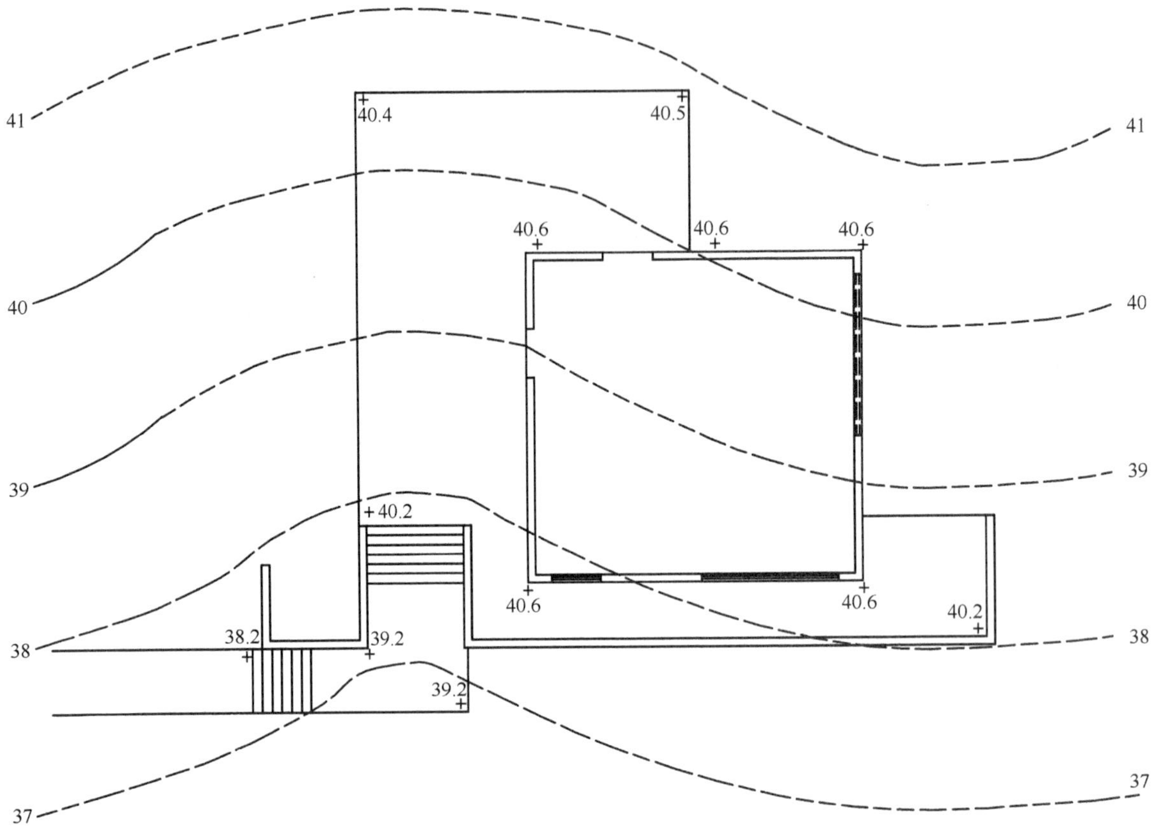


图7-6 地形高程标注法

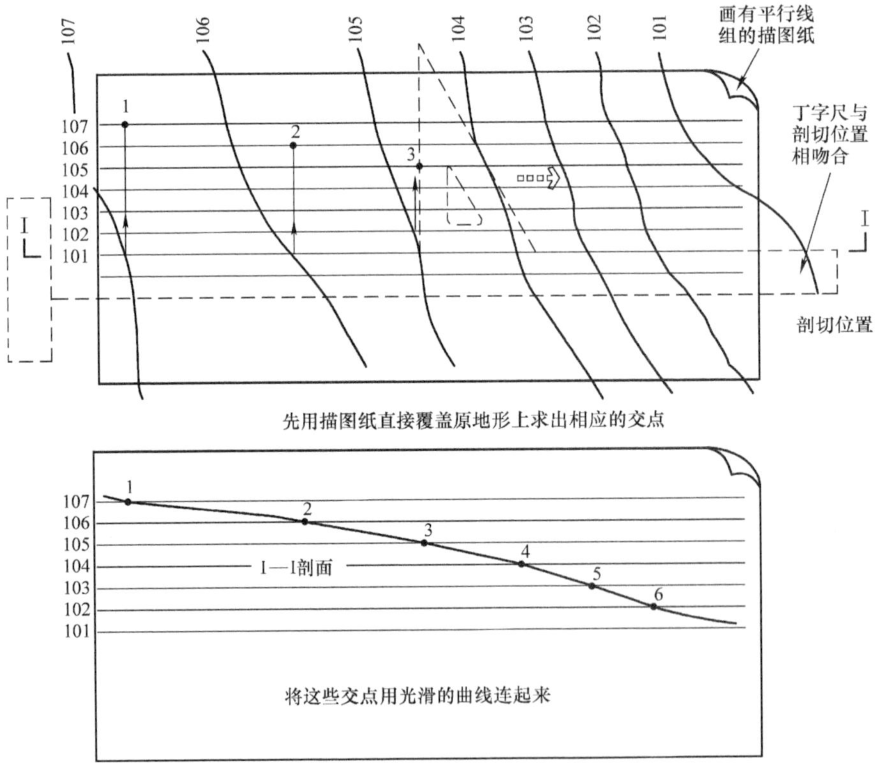


图7-7 地形剖断线的画法

**2. 地形轮廓线的画法**

地形剖面图中的水平比例应与地形平面图水平比例一致，垂直比例可以根据地形情况进行调整。当原地形平面图的比例过小、地形起伏不明显时，可将垂直比例扩大 5～20 倍。采用不同的垂直比例所作的地形剖面图的起伏不同，且水平比例与垂直比例不一致时，应在地形剖面图上同时标出这两种比例。当地形剖面图需要缩放时，最好还要分别加上图示比例尺。地形轮廓线的画法如图 7-8 所示。

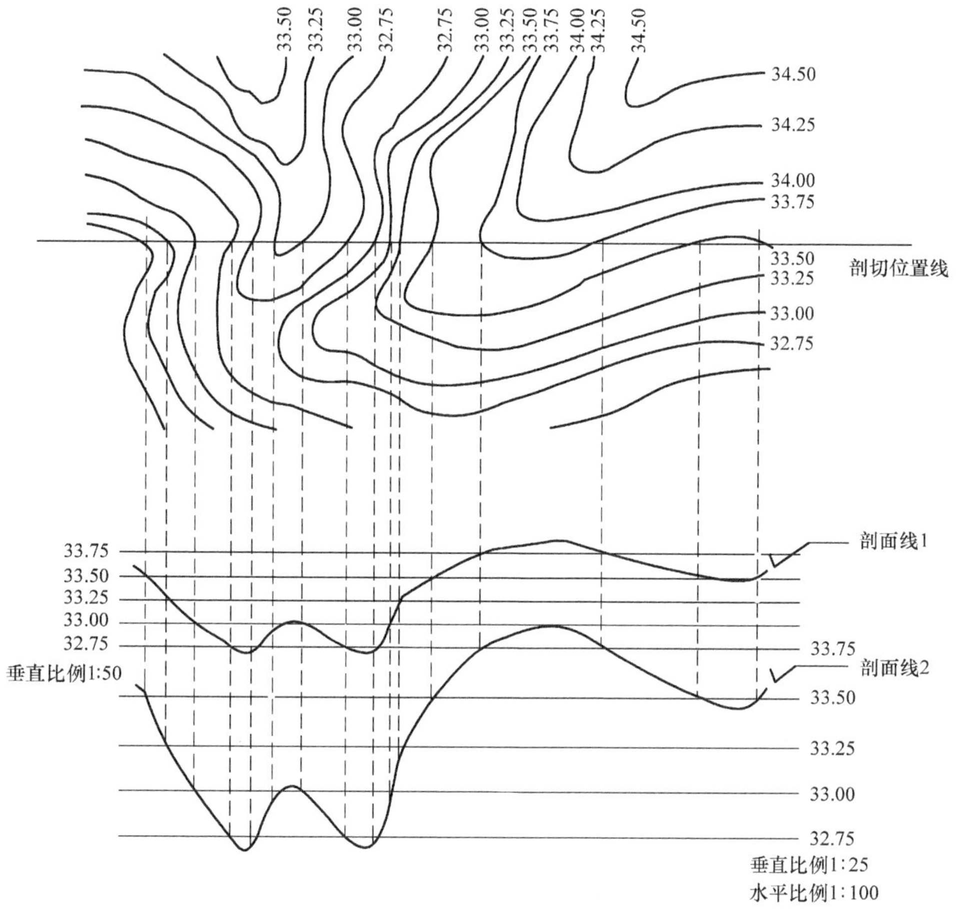


图 7-8 地形轮廓线的画法

1）在绘图纸上按比例绘出间距等于等高距的平行线组，作出垂直于剖切位置线的各条等高线的切线（图中虚线所示）。

2）将各切线延长与平行线组中相应高程的平行线相交得各交点，将交点连接成光滑的曲线，即为地形轮廓线。

3）将剖视方向上所有的树木、建筑及构筑物等垂直物体按其所在平面位置和所处高度定到地面上，作出其立面轮廓。

4）根据前挡后的原则，擦除被挡的图线，描绘出留下的图线，由此得到一张较为完整的地形轮廓线。

## 第二节　植物的表示法

植物是外部环境重要的构成要素之一。适合外部环境种植的植物品种繁多，一般可分为乔木、灌木及地被植物、草地几大类。这些植物的种类不同，形态各异，平面图无法详尽地表达，一般根据植物的特征，抽象其本质，形成“约定俗成”的图例来表现。

### 一、树木表示法

**1. 乔木的平面画法**

乔木的平面画法如图 7-9、图 7-10 所示。

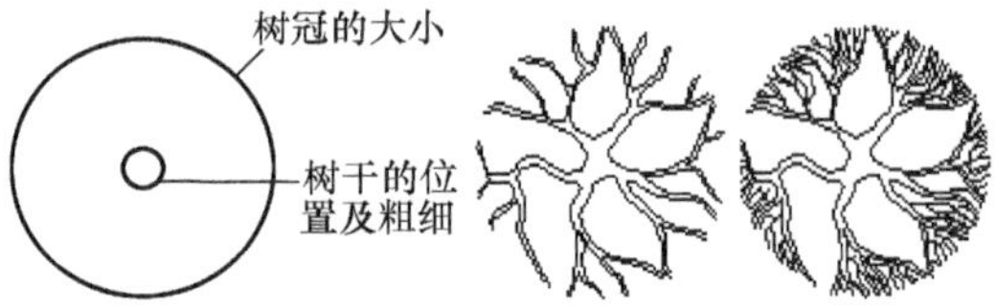


图 7-9　乔木平面画法

**2. 乔木表现手法**

根据不同的表现手法可将乔木的平面表示划分成四种类型（图 7-11）。

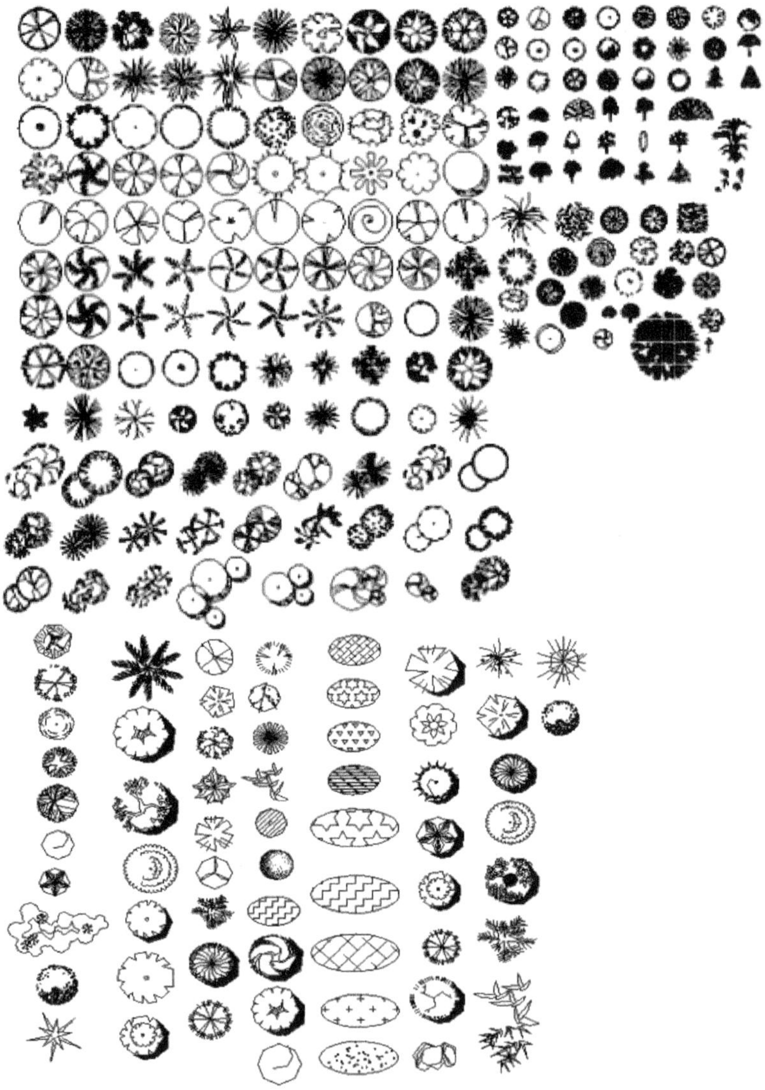

图 7-10　各种乔木平面画法

图 7-11 乔木平面表示的四种类型

1）轮廓型：树木平面只用线条勾勒出轮廓，线条可粗可细，轮廓可光滑也可带有缺口。

2）分枝型：在树木平面中只用线条的组合表示树枝或枝干的分叉。

3）枝叶型：在树木平面中既表示分枝又表示冠叶，树冠可用轮廓表示，也可用质感表示。这种类型可以看作是其他几种类型的组合。

4）质感型：在树木平面中只用线条的组合或排列表示树冠的质感。

树木可分为针叶和阔叶两大类，针叶的树冠以针刺状的波纹表示，若为常绿针叶树，则在树冠内加上平行的斜线（图 7-12）；阔叶的树冠一般以圆弧状波纹表示，常绿阔叶树以树冠内加上平行的斜线表示，落叶树则以树枝形状来表现（图 7-13）。

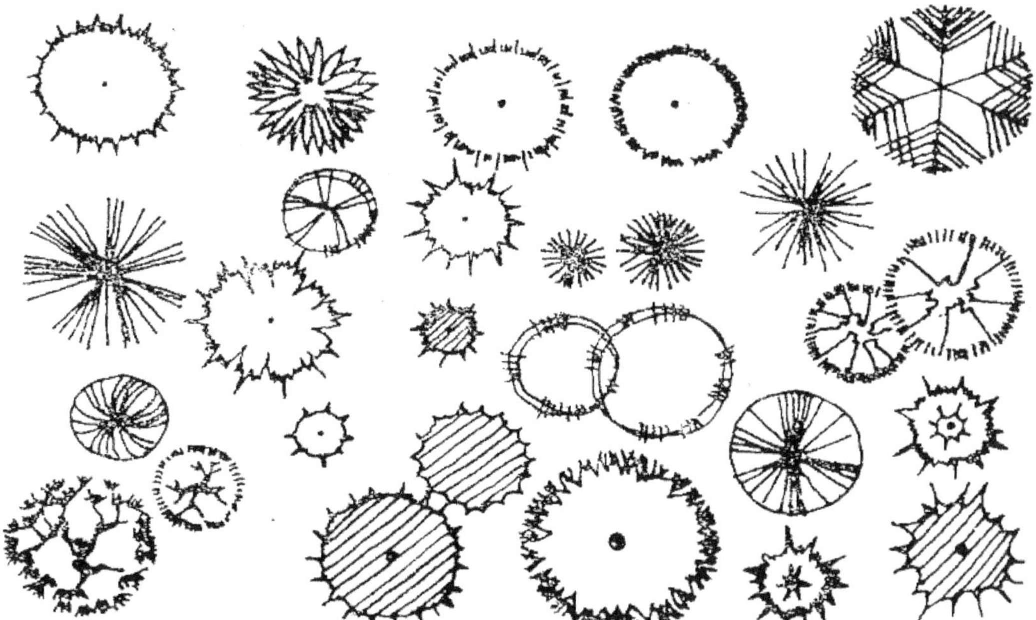

图 7-12 针叶树平面画法

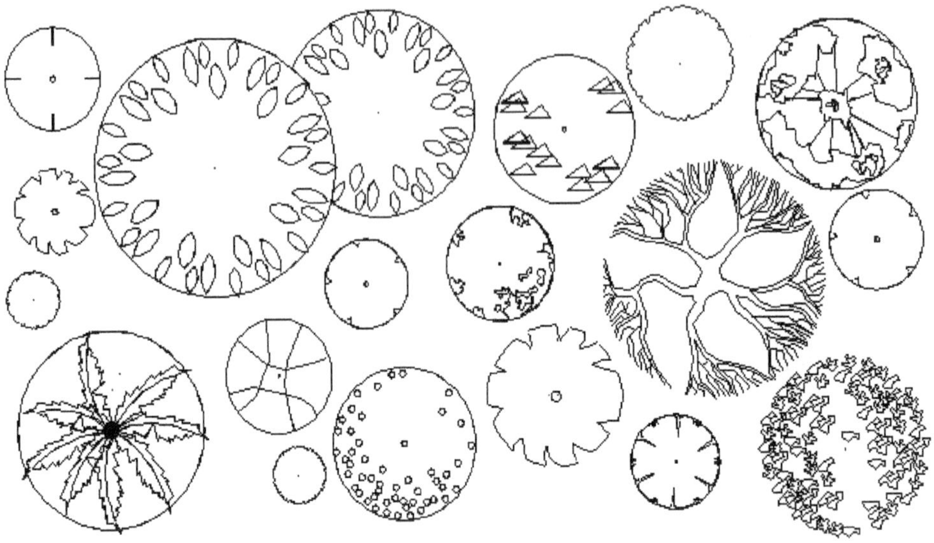

图 7-13 阔叶树平面画法

**3. 树丛、树林的表示方法**

树丛、树林的表示方法如图 7-14 所示。

图 7-14 树丛、树林的表示方法

**4. 树冠的避让**

为了使图面简洁清楚、避免遮挡，基地现状资料图、详图或施工图中的树木平面可用简单的轮廓线表示，有时甚至只用小圆圈标出树干的位置。在设计图中，当树冠下有花台、花坛、花境或水面、石块和竹丛等较低矮的设计内容时，树木平面也不应过于复杂，要注意避让，不要挡住下面的内容；但是，若只是为了表示整个树木群体的平面布置，则可以不考虑树冠的避让，应以强调树冠平面为主，如图 7-15所示。

**5. 树木的平面落影**

树木的平面落影是树木重要的表现方法，它可以增加图面的对比效果，使图面明快、有生气。树木的平面落影与树冠的形状、光线的角度和地面条件有关，在园林图中常用落影圆表示，有时也可根据树形稍稍作些变化。

树木落影的画法（图 7-16 ~ 图 7-18）：

1）先选定平面光线的方向，定出落影量，以等圆作树冠圆和落影圆。

2）然后擦去树冠下的落影，将其余的落影涂黑，并加以表现。

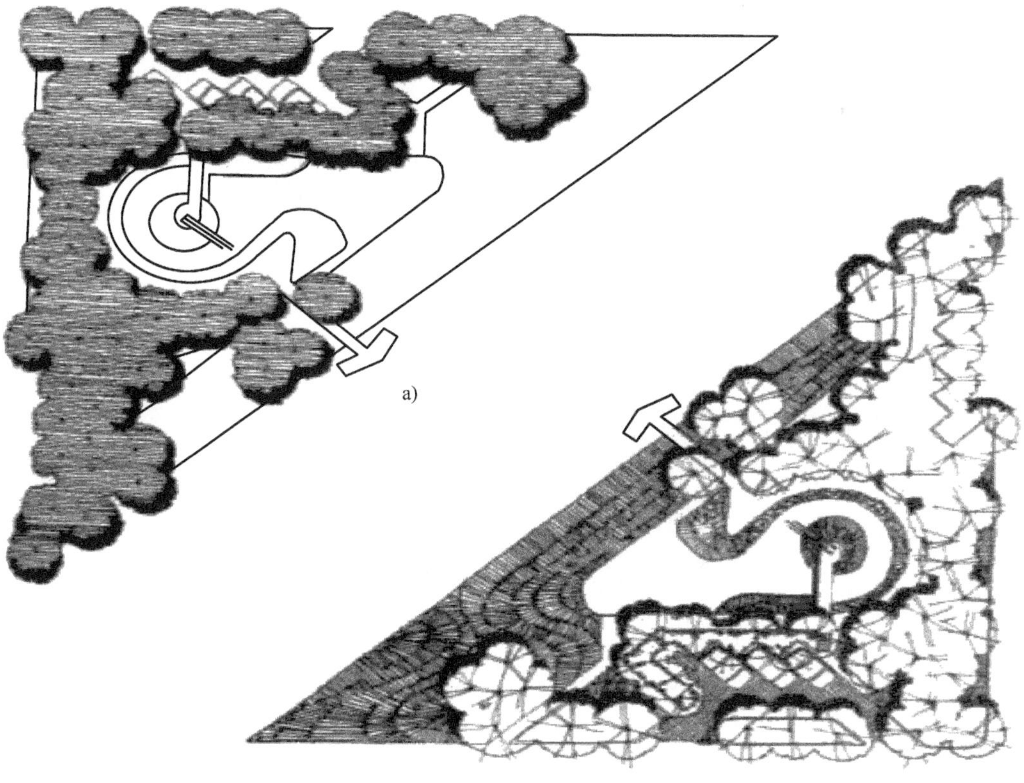


图 7-15　树冠的避让举例

a）强调树冠　b）树冠避让

3）对不同质感的地面可采用不同的树冠落影表现方法。

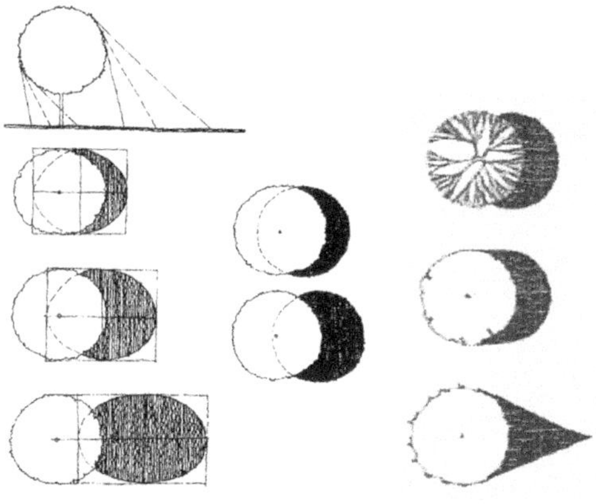


图 7-16　树木落影的画法（一）

**6. 树木的立面表示方法**

树木的立面表示方法也可分成轮廓、分枝和质感等几大类型（图 7-19），但有时并不十分严格。树木的表现形式有写实、图案和抽象变形三种。写实表现形式要求在抓住树木轮廓特征的同时，遵循树木生态、动态、生长规律，进行较细致、逼真地刻画（图 7-20）。图案表现形式较重视树木的某些特征，如树形、分枝等。通过适当地取舍、概括，运用线条的疏密组合，突出其图案的效果（图7-21）。抽象变形表现形式将树木的特征加以夸张变形，使画面风格别具一格（图7-22）。

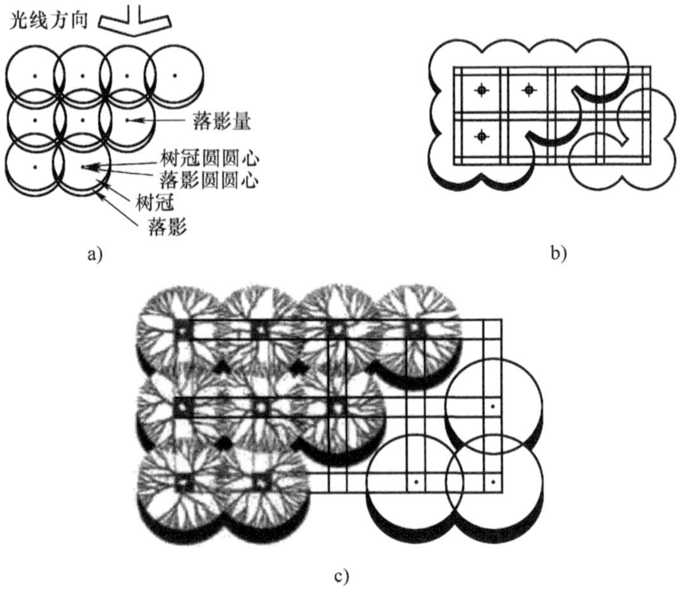


图7-17　树木落影的画法（二）
a）草稿　b）擦除树冠下的阴影　c）表现图

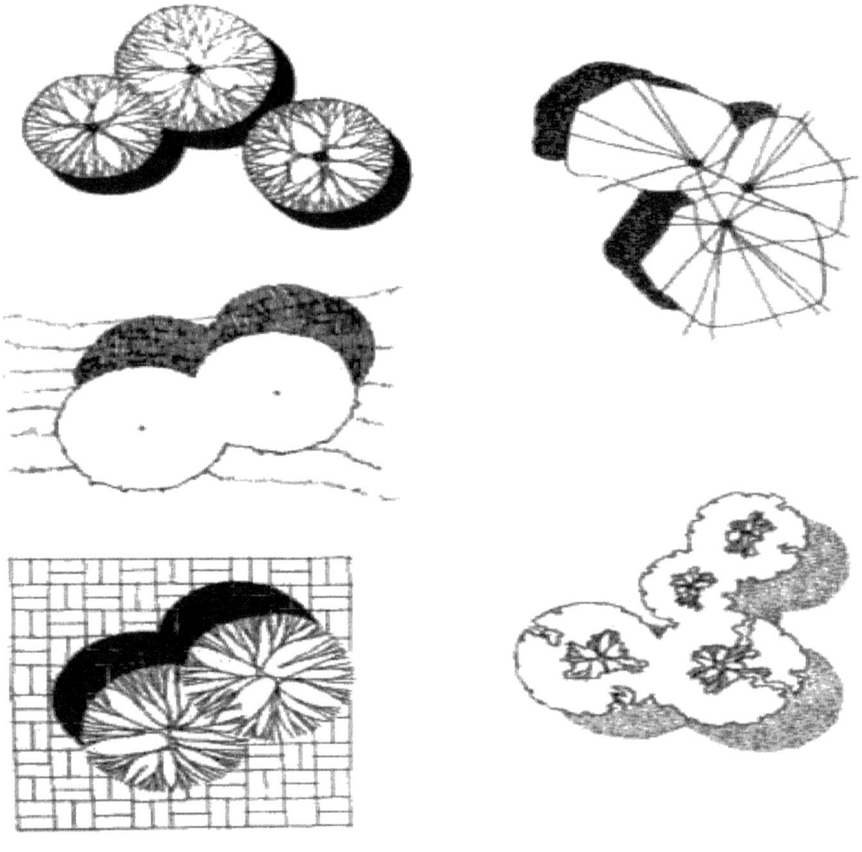

图7-18　树木落影图例

图 7-19　树冠轮廓的几何形态

图 7-20　树木的写实表现形式

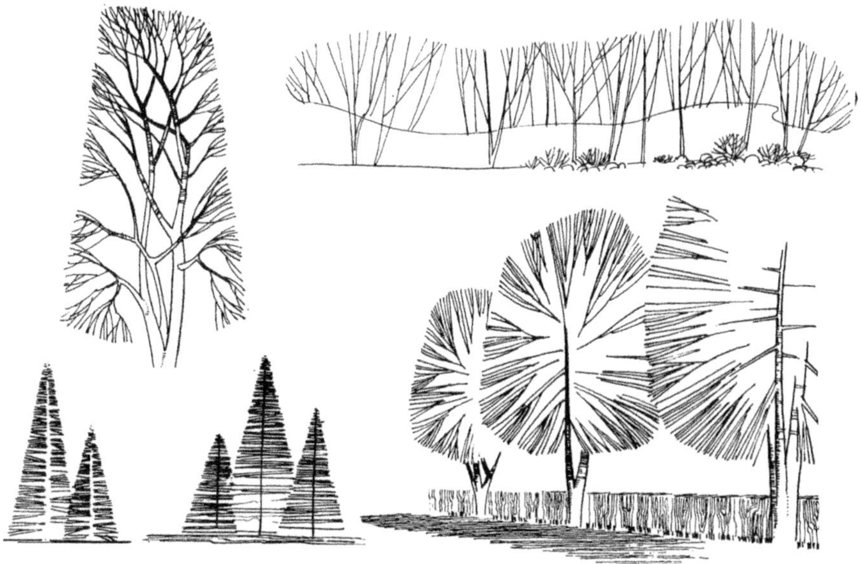

图 7-21　树木的图案表现形式

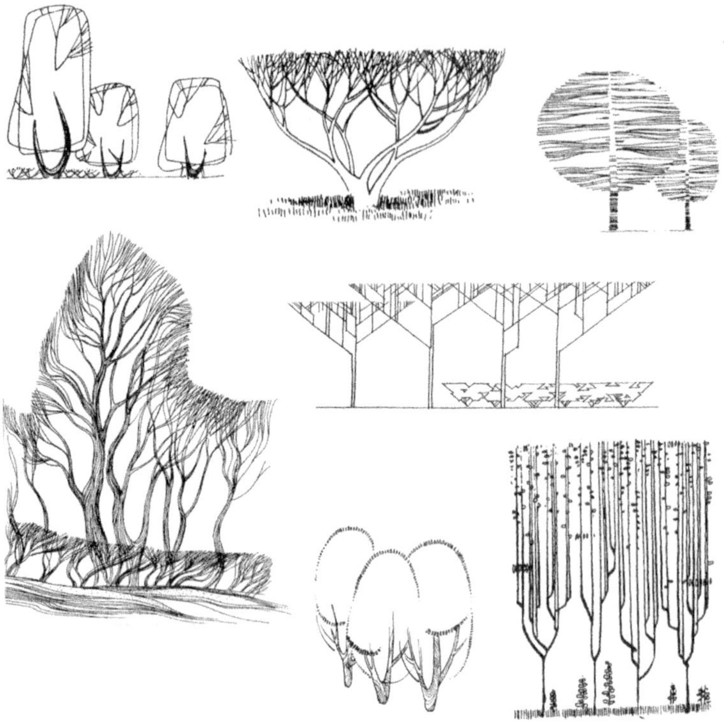

图 7-22　树木的抽象变形表现形式

**7. 树木平面、立面的统一**

树木在平面图、立（剖）面图中的表示方法应相同，表现手法和风格应一致，并保证树木的平面冠径与立面冠幅相等、平面与立面对应、树干的位置处于树冠圆的圆心。这样作出的平面图、立（剖）面图才和谐（图 7-23）。

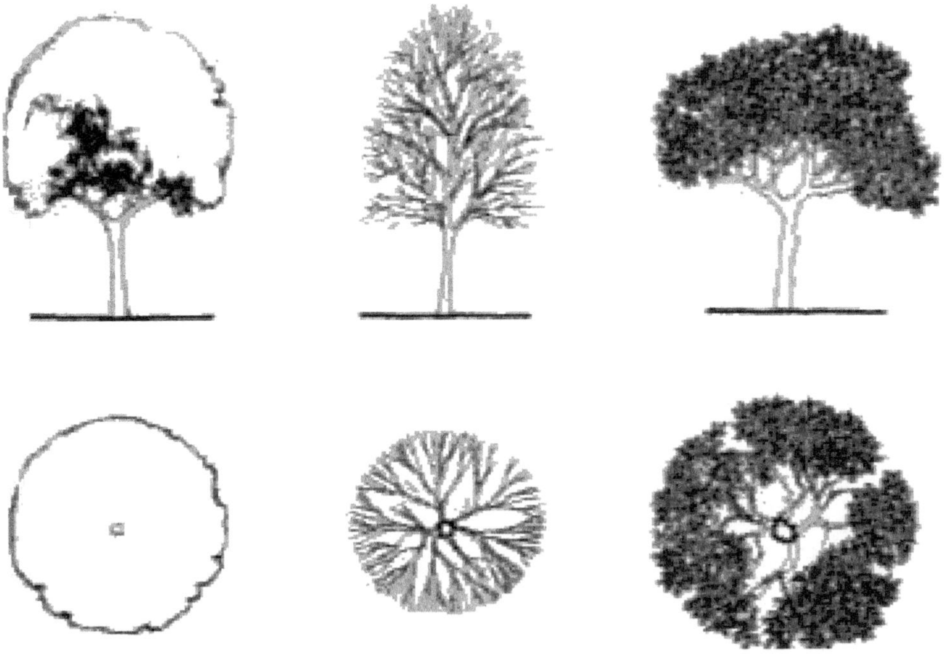

图 7-23　树木平面、立面表现风格保持一致

图 7-23　树木平面、立面表现风格保持一致（续）

## 二、灌木及绿篱表示法

灌木没有明显的主干，平面形状有曲有直。自然式栽植灌木丛的平面形状多不规则，修剪的灌木和绿篱的平面形状多为规则的或不规则但平滑的。灌木的平面表示方法与树木类似，通常修剪规整的灌木可用轮廓型、分枝型或枝叶型表示，不规则形状的灌木平面宜用轮廓型和质感型表示，表示时以栽植范围为准。由于灌木通常丛生、没有明显的主干，因此灌木平面很少会与树木平面相混淆。地被物宜采用轮廓勾勒和质感表现的形式，作图时应以地被栽植的范围线为依据，用不规则的细线勾勒出地被的范围轮廓，如图 7-24、图 7-25 所示。

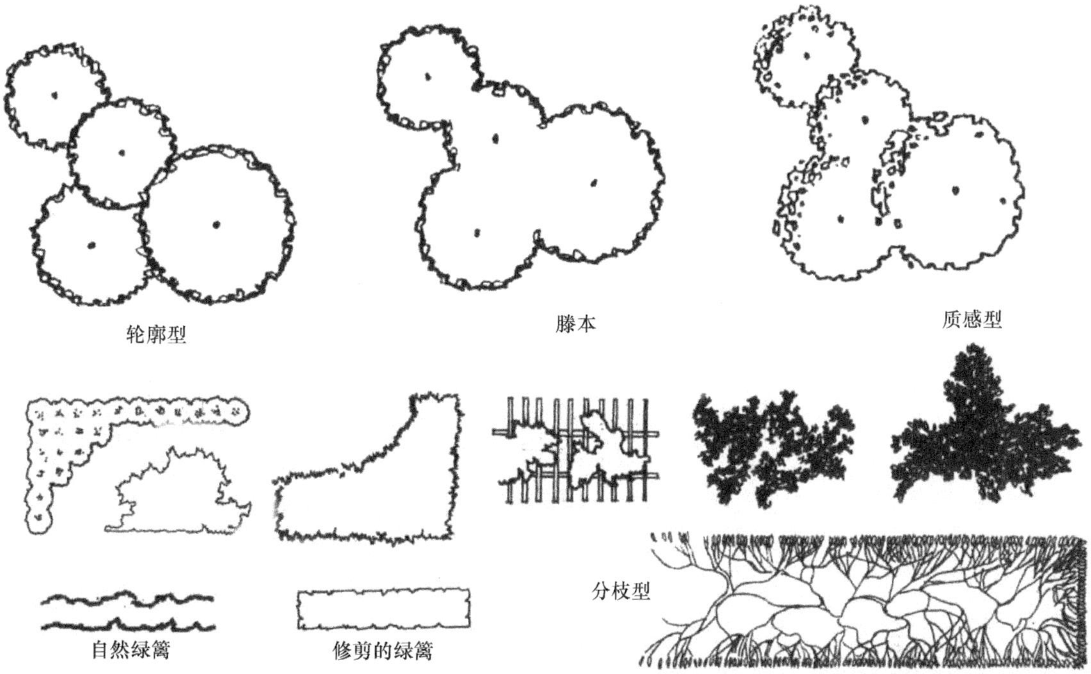


图 7-24　灌木及绿篱的平面表示法

图 7-25　灌木及绿篱的立面表示法

## 三、草地、草坪表示法

地被物宜采用轮廓勾勒的形式。草地和草坪的表示方法很多，下面介绍几种常用的画法。

**1. 打点法**

打点法是较简单的一种表示方法。用打点法画草坪时所打的点的大小应基本一致，无论疏密，点都要打得相对均匀，如图 7-26a 所示。

**2. 小短线法**

将小短线排列成行，每行之间的间距相近。排列整齐的可用来表示草坪，排列不规整的可用来表示草地或管理粗放的草坪，如图 7-26b 所示。

**3. 线段排列法**

线段排列法是最常用的方法，要求线段排列整齐，行间有断断续续的重叠，也可稍许留些空白或行间留白（图 7-26c）。另外，也可用斜线排列表示草坪，排列方式可规则，也可随意。

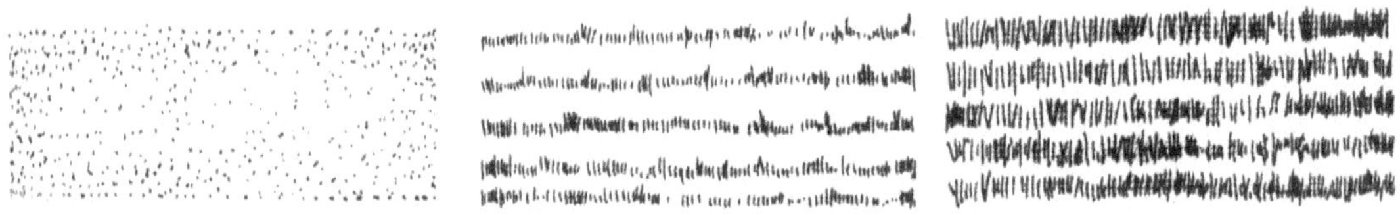

a)　　b)　　c)

图 7-26　草地、草坪表示法

a）打点法　b）小短线法　c）线段排列法

草地和草坪的表示方法除上述外，还可采用乱线法或 m 型线条排列法。用小短线法或线段排列法等表示草坪时，应先用淡铅在图上作平行稿线，根据草坪的范围可选用 2～6mm 间距的平行线组。若有地形等高线时，也可按上述的间距标准，依地形的曲折方向勾绘稿线，并使得相邻等高线间的稿线分布均匀。最后，用小短线或线段排列起来即可。图 7-27 和图 7-28 为草地、草坪表示法，图 7-29 为草地、草坪图例。

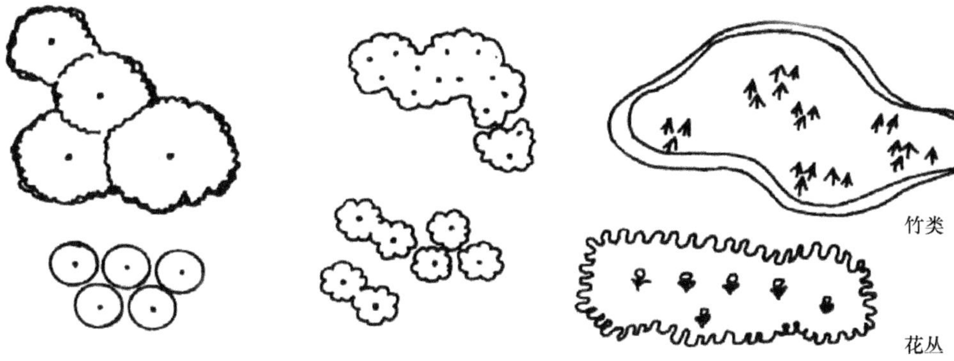


图 7-27　草地、草坪表示法（一）

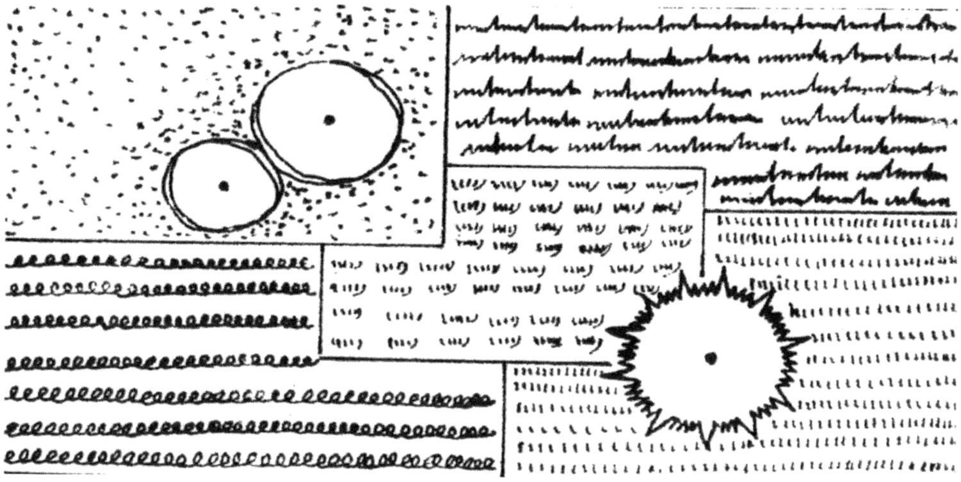

图 7-28　草地、草坪表示法（二）

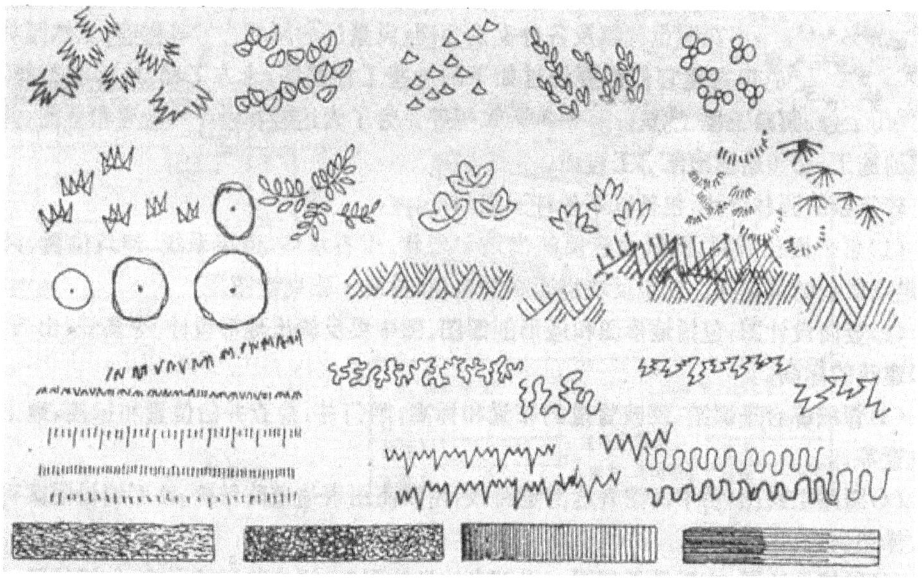

图 7-29　草地、草坪图例

## 第三节　山石的表示法

平面、立面图中的石块通常只用线条勾勒轮廓，很少采用光线、质感的表现方法，以免失之零乱。用线条勾勒时，轮廓线要粗一些，石块面、纹理可用较细较浅的线条稍加勾绘，以体现石块的体积感。不同的石块纹理不同，有的圆浑，有的棱角分明，在表现时应采用不同的笔触和线条。

**1. 山石的平面画法**

山石的平面画法如图7-30所示。

1）根据山石形状特点，用细实线绘出其几何体形状。

2）用细实线切割或累叠出山石的基本轮廓。

3）依据不同山石材料的质地、纹理特征，用细实线画出其石块面、纹理等细部特征。

4）根据山石的形状特点、阴阳背向，依次描深各线条，其中外轮廓线用粗实线绘制，石块面、纹理线用细实线绘制。

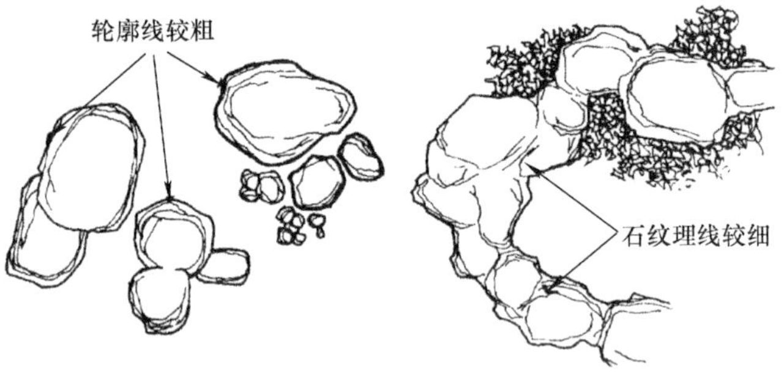


图7-30　山石的平面画法

**2. 山石的立面画法**

山石立面图的画法与平面图基本一致，如图7-31所示。

**3. 山石的剖面画法**

剖面上的石块，轮廓线应用剖断线，石块剖面上还可加上斜纹线，如图7-32所示。

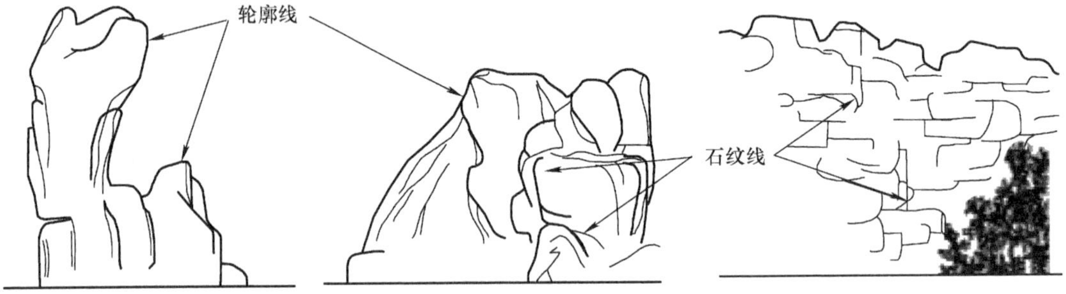


图7-31　山石的立面画法

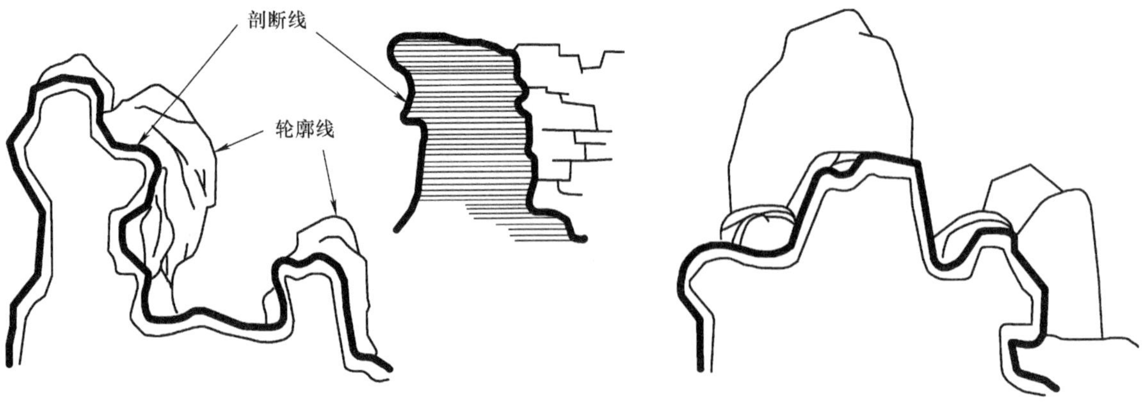


图7-32　山石的剖面画法

## 第四节　水体的表示法

水面表示一般采用线条法、等深线法、平涂法和添景物法。前三种为直接的水面表示法，最后一种为间接表示法，如图 7-33 所示。

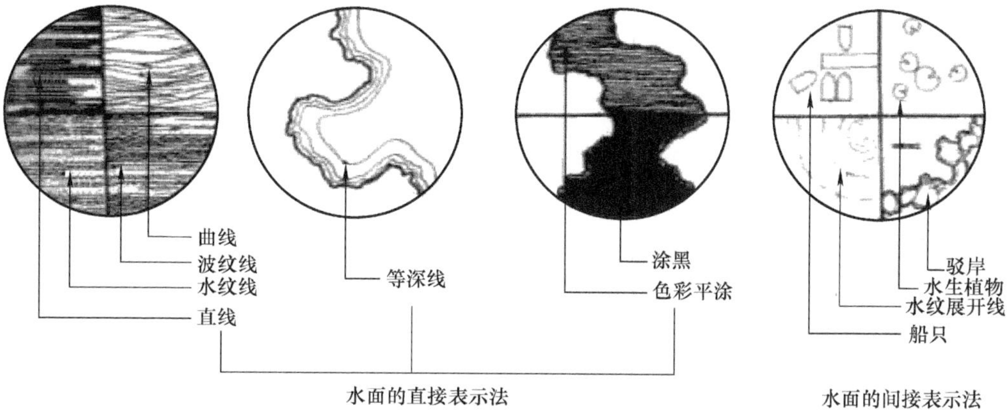


图 7-33　水面表示法

### 一、线条法

用工具或徒手排列的平行线条表示水面的方法称为线条法。作图时，既可以将整个水面全部用线条均匀地布满，也可以局部留有空白，或者只局部画些线条。线条可采用波纹线、水纹线、直线或曲线，组织良好的曲线还能表现出水面的波动感（图 7-34 ~ 图 7-36）。

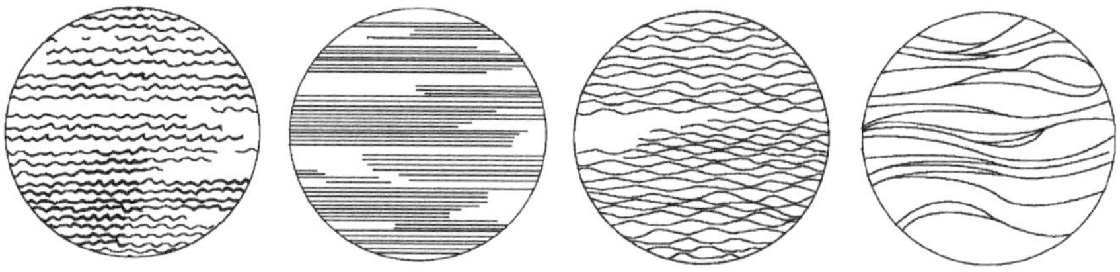

图 7-34　水面的几种线条表示法

### 二、等深线法

在靠近岸线的水面中，依照岸线的曲折作两三根曲线，这种类似等高线的闭合曲线称为等深线。通常，形状不规则的水面用等深线法表达，如图 7-37 所示。

### 三、平涂法

用水彩或墨水平涂表示水面的方法称为平涂法。用水彩平涂时，可将水面渲染成类似等深线的效果。先用淡铅笔线作为等深线稿线，等深线之间的间距应比等深线法大一些，然后再一层层地渲染，使离岸较远的水面颜色较深，如图 7-38 所示。

图 7-35　水面线条的表现

图 7-36　水面图例

## 四、添景物法

添景物法是利用与水面有关的一些内容表示水面的一种方法。与水面有关的内容包括一些水生植物（如荷花、睡莲）、水上活动物体（湖中的船只、游艇）、码头和驳岸、露出水面的石块及其周围的水纹线、石块落入湖中产生的水圈等。水面添景物法的表现如图 7-39 所示。

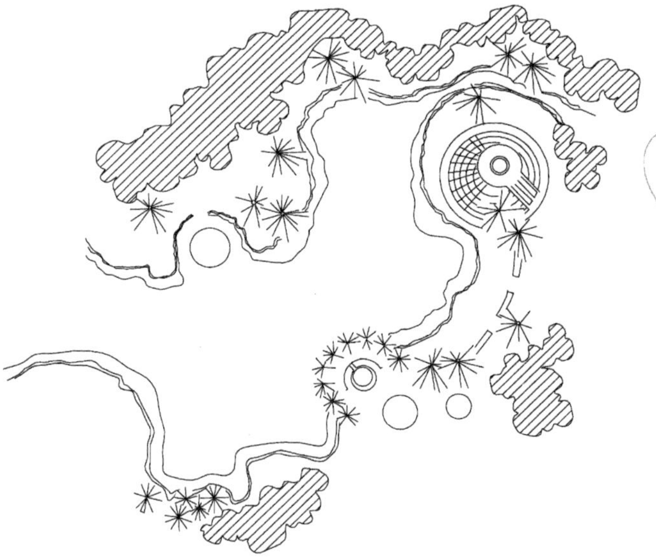

图 7-37　水面的等深线表现

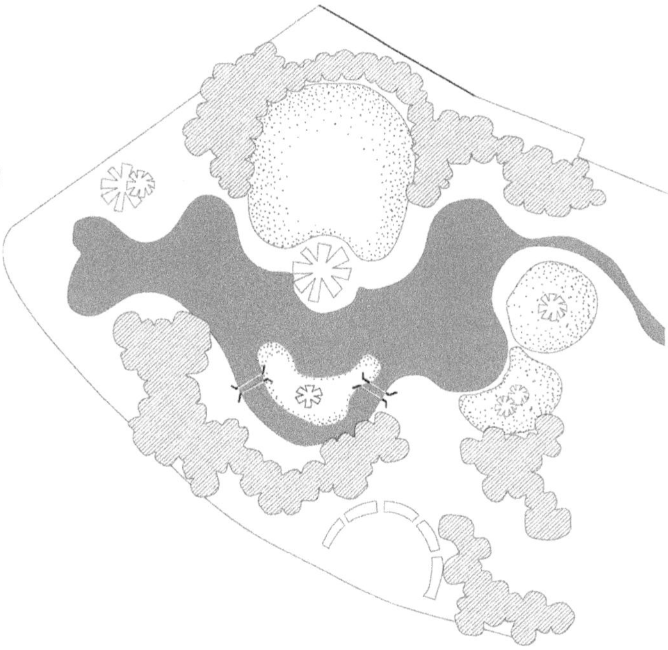

图 7-38　水面平涂的表现

图 7-39　水面添景物法的表现

## 第五节　道路的表示法

### 一、道路的表示

在规划设计阶段，道路的作用是与地形、水体、植物、建筑物、铺装场地及其他设施合理结合，形成完整的构图，连续展示景观的空间，并使道路的转折、衔接通顺，符合人的行为规律。因此，此阶段道路的表示以平面图形为主，重点在于道路的线形、路宽、形式及路面式样，基本不涉及数据标注。

道路按使用功能可分为主要道路、次要道路、游息小路和异型路四种类型。

**1. 主要道路和次要道路**

主要道路和次要道路是通向各个景区、主要景点、主要建筑或主要广场及管理区的道路。它们的路面宽度分别为4～6m及2～4m，且路面平坦，路线自然流畅。它们的画法较简单，一般用流畅的曲线画出路面的两条边线即可，较宽的道路线型相对较粗，如图7-40所示。

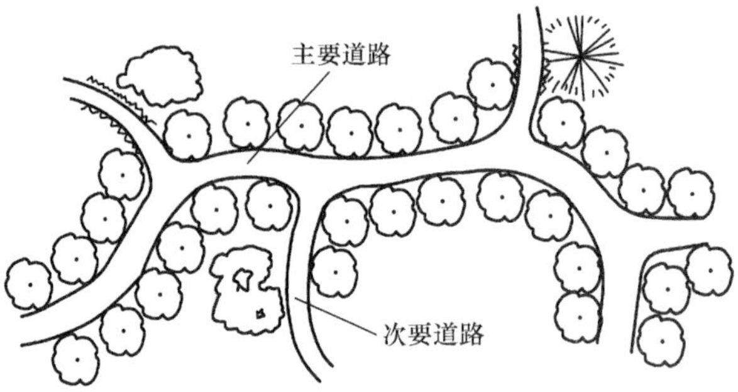


图7-40　主要道路及次要道路平面图画法

**2. 游息小路**

游息小路是指散步休息、引导游人更深入地到达园林各个角落的园林道路。宽度多为1.2～2m，最小宽度为0.9m，路面多平坦，也可根据地势的变化有上有下。其平面图的画法可用两根细线画出路面宽度或按照路面的材料示意画出，如图7-41所示。

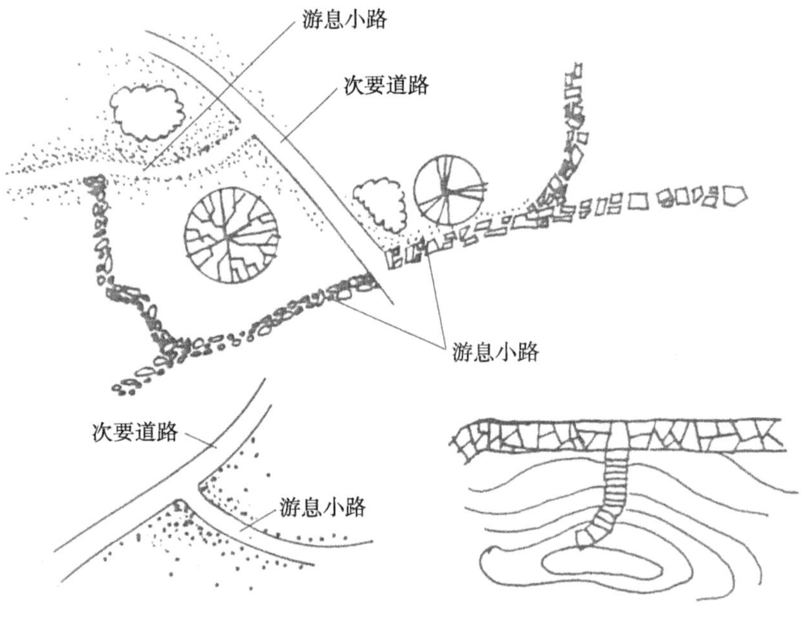


图7-41　游息小路平面图画法

游息小路常用的路面铺装材料有各种水泥预制块、方砖、条石、碎石、卵石、瓦片、碎瓷片等，这些材料可单独使用，也可以相互组合形成具有装饰性和艺术性的图案，丰富景观。图7-42为各种道路铺装纹样的画法举例。

**3. 异型路**

根据游赏功能的要求，还有很多异型的路，如步石、汀步等。步石是置于地上的石块，多在草坪、

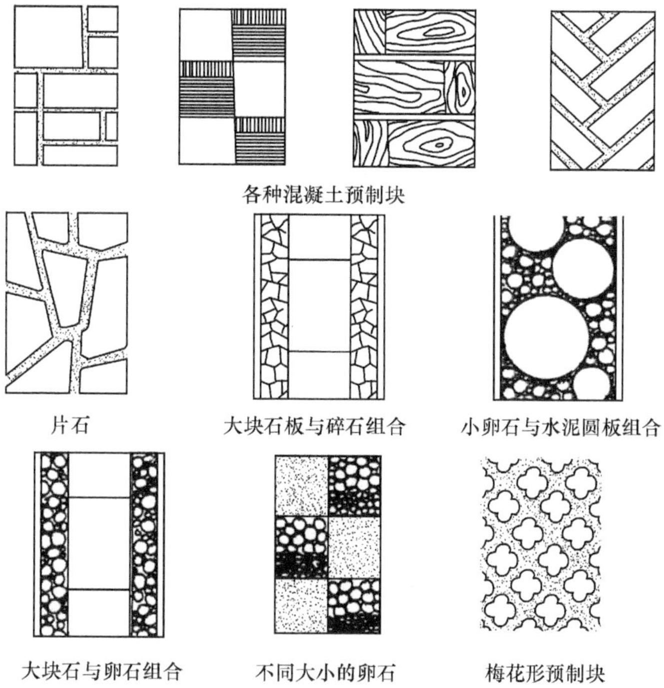


图 7-42　园林道路铺装纹样

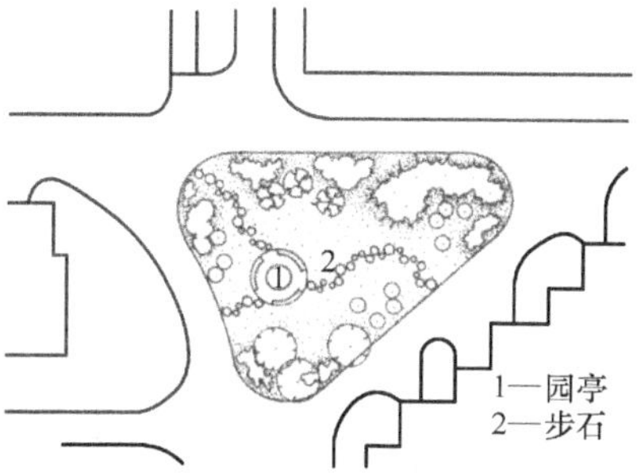


图 7-43　步石画法

林间、岸边或庭院等较小的空间使用（图 7-43）。汀步是水中步石，点缀在浅水滩地、小溪等处（图 7-44）。在平面图中根据步石的大小绘出平面形状即可，应注意表现出一定的规律。

## 二、园桥的表示

园桥是园路的特殊形式，它不仅有联系交通、组织游览的作用，还有分割水面、构成景点的作用，既有园林道路的特征，又有园林建筑的特征。园桥的种类繁多，形式千变万化，下面介绍常见园桥的画法。

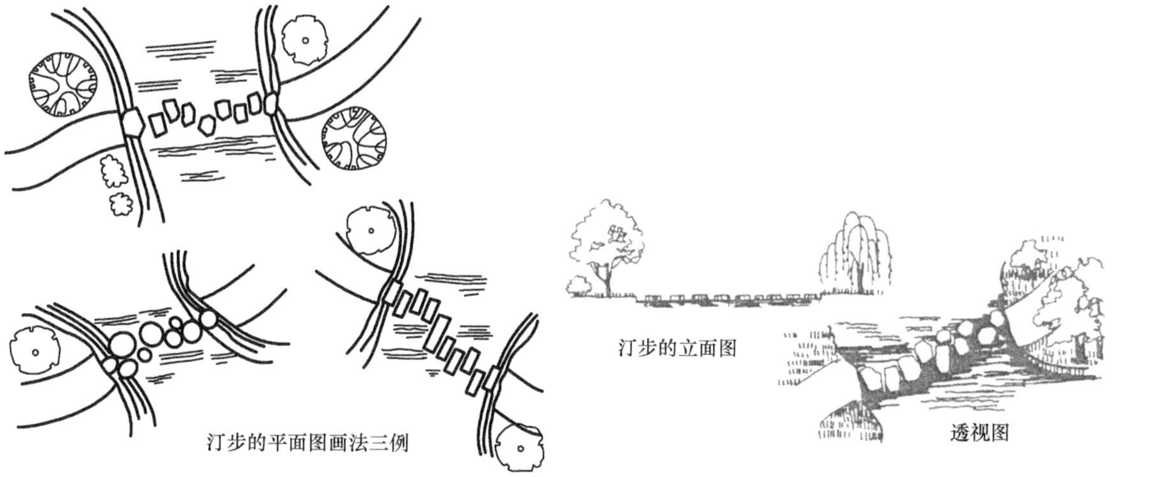


图 7-44　汀步画法

**1. 平桥**

平桥是贴临水面的平板桥，它与两岸等高，造型小巧简洁，如图7-45所示。

**2. 拱桥**

拱桥是起伏带孔的桥，中间高、两端低，拾级上桥可眺望风景。跨度较大时，桥下可通船。拱桥造型别致，立面效果较丰富，如图7-46所示。

**3. 曲桥**

曲桥是曲折变换的桥，且桥面平坦与两岸等高。曲折的桥面不但为水面增添了景致，也为游人提供了各种不同角度的观赏点，丰富了园林景观，如图7-47所示。

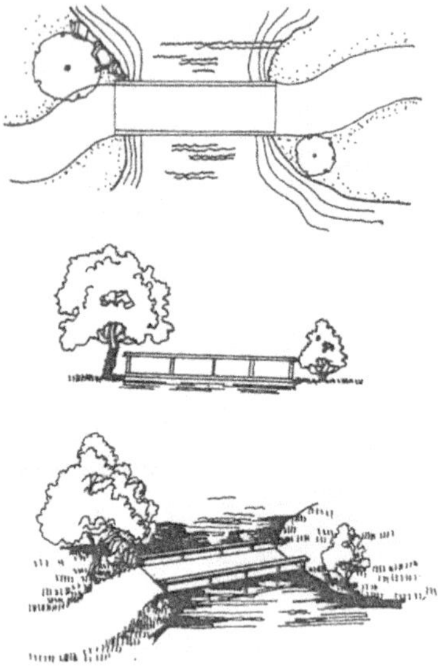

图7-45　平桥画法

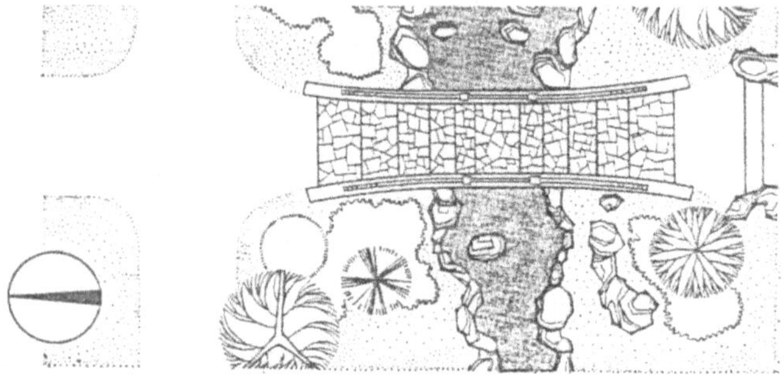

平面图

立面图

图7-46　拱桥画法

图7-47　曲桥画法

## 第六节　室外环境工程图的绘制

室外环境工程图是在掌握了相关的设计原理、艺术理论及制图基本知识的基础上所绘制的专业图纸。本节介绍室外环境工程平面图、立面图、剖面图的绘制。

### 一、室外环境设计平面图

室外环境设计平面图是表现设计范围内的各要素（地形、植物、水体、山石、建筑等）布局位置的水平投影图。平面图能表示整个设计的布局和结构、景观和空间构成以及诸设计要素之间的关系，也是绘制其他专项设计图纸及施工、管理的主要依据。

**1. 绘制方法与要求**

1）地形：地形的高低变化及其分布情况通常用等高线表示。原地形等高线用细虚线绘制，设计等高线用细实线绘制，设计平面图中等高线可以不注高程。

2）植物：由于植物种类繁多、姿态各异，平面图中无法详尽表达，一般采用图例作概括地表示，所绘图例应区分出针叶树、阔叶树，常绿树、落叶树，乔木、灌木、绿篱、花卉、草坪等，对常绿树应在图例中绘出间距相等的细斜线。绘制植物图例时，要注意曲线过渡自然，图形应形象、概括。树冠要按成龄以后的树冠大小画。

3）山石：山石均采用其水平投影轮廓线概括表示，以粗实线绘出边缘轮廓，以细实线概括绘出纹理。

4）水体：水体可用等深线法表示，一般绘制两三条线，外面一条表示水体边界线（即驳岸线），用粗实线绘制；里面一条或两条表示水面，用细实线绘制。

5）建筑：在大比例图纸中，建筑可用水平剖面图表示（即建筑平面图）。用粗实线画出剖切到的实体部分（墙、柱等），用中实线画出其他可见部分轮廓线。此外，对于坡屋顶和曲面屋顶可采用屋顶平面图表示，用粗实线画出外轮廓，细实线画出屋面。花坛、花架等建筑小品用细实线绘制。

6）园路及场地：用细实线画出路边线、场地的分划线，对铺装路面及场地可按设计图案简略绘出。

图 7-48、图 7-49 为室外环境设计平面图示例——云松书舍总平面图。

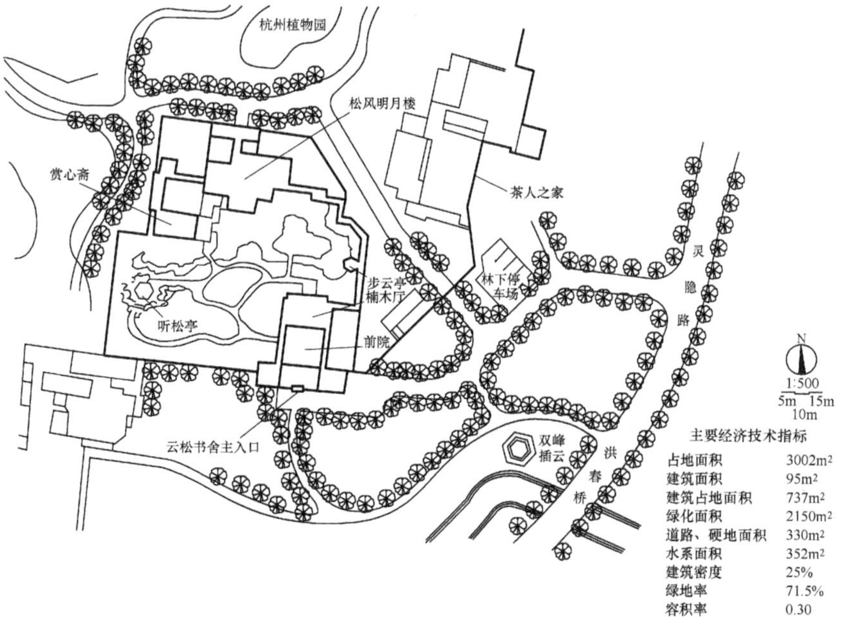


图 7-48　云松书舍总平面图

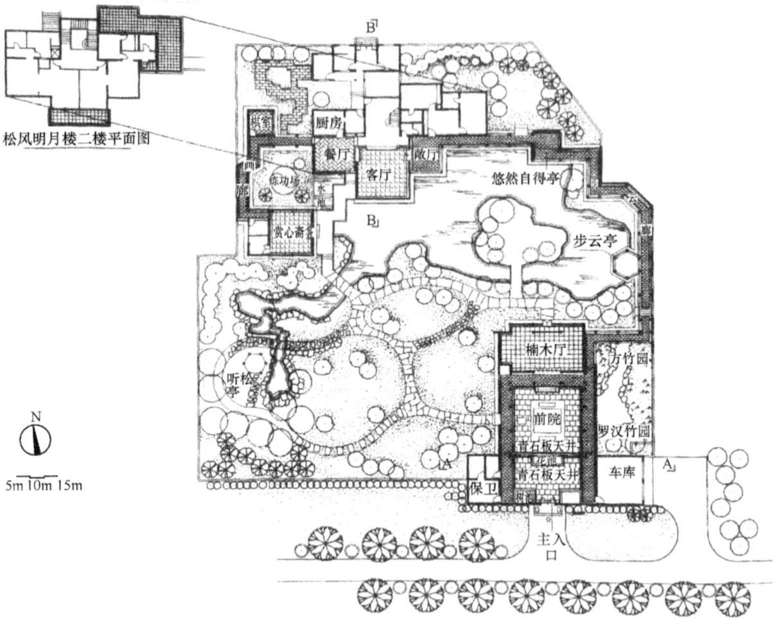


图 7-49　云松书舍总平面布置图

**2. 标注尺寸或坐标网进行定位**

设计平面图中定位方式有两种，一是用尺寸标注的方法，以图中某一原有景物为参照物，标注新设计主要内容与原景物之间的相互尺寸，从而确定它们的相对位置；另一种是采用直角坐标网定位，有建筑坐标网及测量坐标网两种形式。建筑坐标网以某一点为零点，并以水平方向为 *B* 轴，垂直方向为 *A* 轴，按一定距离绘制出方格网。测量坐标网是根据测量基准点的坐标来确定方格网的坐标，以水平方向为 *Y* 轴，垂直方向为 *X* 轴，按一定距离绘制出方格网。坐标网均用细实线绘制。

**3. 编制图例表**

图中所用图例应予以编号，在图上适当位置编制图例表说明含义，如主要建筑、小品、景点等。

**4. 编写设计说明**

设计说明是用文字来进一步表达设计思想及艺术效果的，或者作为图纸内容的补充。对于图中需强调的部分或未尽事宜也可用文字说明，如影响设计而图中却没有反映出来的因素——地下水位、土壤状况、地理、人文情况等。

**5. 其他**

注写图名、标题栏等。平面图的绘制应注意图面的整体效果，主次分明，避免杂乱无章。

## 二、室外环境设计立面图

立面图是基地范围内的所有设计元素在某个方向的垂直面上的正投影所形成的视图。如同建筑的立面图一样，可根据需要选择多个方向的立面图绘制。立面图中也有一条地坪线，但并不反映景园范围内的地形情况。景观立面图主要表达各元素宽度、高度、造型及其与水平形状之间的对应关系（图 7-50 ~ 图 7-53），绘制方法与要求如下。

1）绘制地坪线。可能因地形的变化导致地坪线不是水平的。涉及水体时，应画出其水位线。

2）根据立面图与平面图的对应关系，确定各设计元素在立面图中的位置。

3）确定各设计元素的宽度、高度。

4）根据设计意图描绘各设计元素的细部造型。按照前挡后的原则，擦去被遮挡部分。

5）加深地坪线，建筑物或构筑物轮廓线次之，其余最细。

6）绘制比例，注写图名、标题栏等。对于主要建筑物或构筑物及地形显著变化处应注写标高。

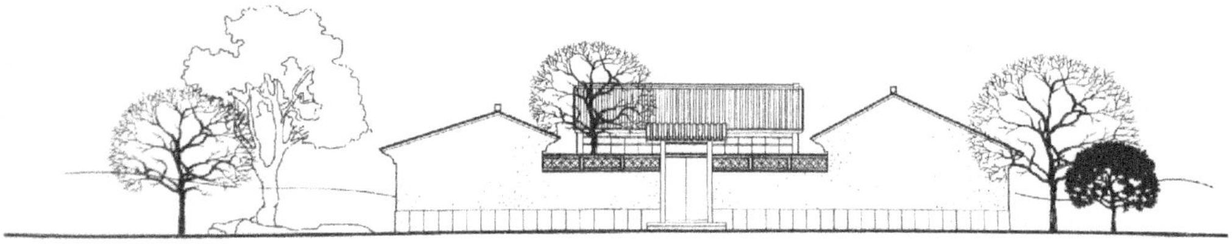

图 7-50　主入口立面图

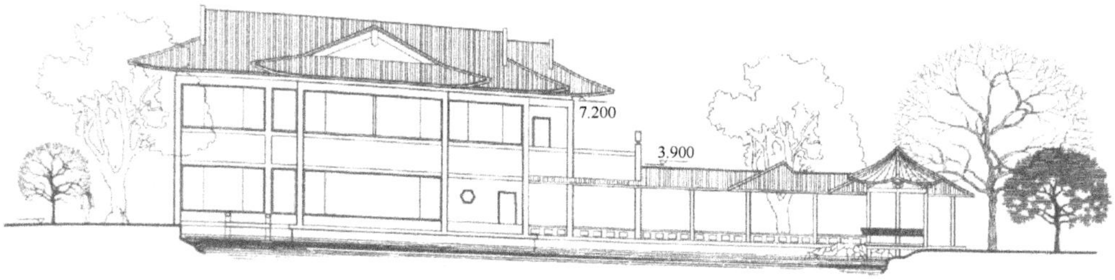


图 7-51　松风明月楼正立面图

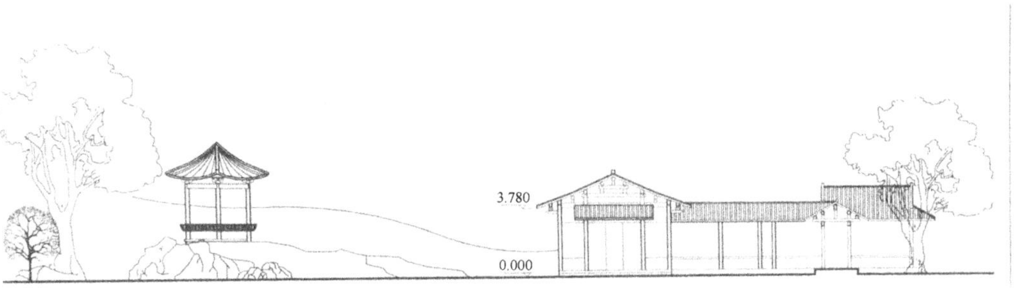


图 7-52　赏心斋东立面图

图 7-53　松风明月楼东立面图

## 三、室外环境设计剖面图

剖面图是指某园景被一假想的垂直面在某位置剖切后，沿某一剖视方向作正投影所得到的视图，因此剖切位置必定处在园景图之中，通常需要在设计平面图中绘出剖切符号，标明剖切位置与剖视方向。

剖面图显示的内容为被剖切的各元素表面轮廓线以及在剖视方向上剖切位置线前的所有元素（绘图者可自行决定哪些元素要表现出来）。因此，景观剖面图中会有一条明显的地形剖断线，主要表达基地范围内地形的起伏、标高的变化、水体宽度和深度以及建筑物或构筑物等的高度、造型。剖面图绘制方法与要求如下。

（1）确定剖切位置和剖视方向　在设计平面图中绘制剖切符号，确定剖切位置和剖视方向，并编号；也可在剖面图上说明其相对应的平面位置。

（2）绘制地形剖断线和地形轮廓线　地形剖断线和地形轮廓线绘制方法见本章第一节地形的表示法。地形剖断线用粗实线绘制，地形轮廓线用细实线绘制。涉及水体时，应画出其水位线。其中地形轮廓线可根据地形复杂程度决定是否绘制。

（3）同一比例绘制所有垂直物体　将处于剖切位置线上的所有被剖切到的物体定点到地形剖断线上，并确定其垂直高度；将其他可见物体定点到地形轮廓线上，并确定其垂直高度。确定垂直高度时，可以用与平面图相同的比例，也可放大1.5~2倍。

（4）按照设计思想描绘各垂直物体的剖面或立面　剖面图中，地形剖断线和被剖切到的建筑物的实体部分（墙体、柱子等）用粗实线绘制，其他位于剖切位置线上的和较近的物体以较深的线条来绘制，较远的物体以较轻的轮廓线概括绘出。对于剖切到的或需进一步表达的景点、建筑物（或构筑物）等应以较大比例单独绘出平面图、立面图、剖面图（图7-54、图7-55）。

（5）绘制比例、注写图名、标题栏等　对于主要建筑物或构筑物及地形显著变化处应注写标高。

（6）其他　根据设计内容多少与地形复杂程度，一个设计平面图可绘制几个剖面图，但应注意剖面图图名及编号应与平面图中剖切符号的编号一一对应。

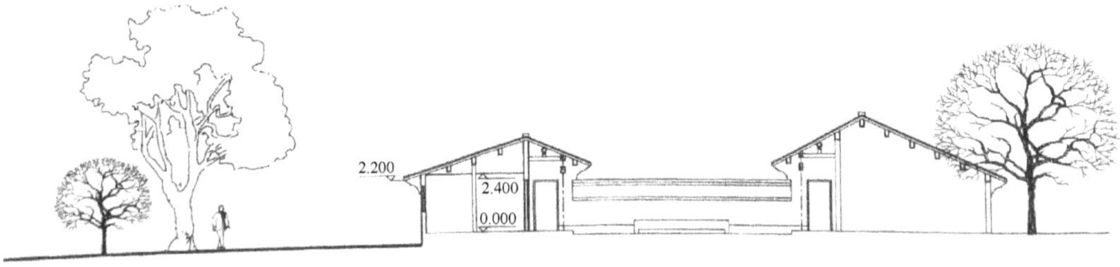


图7-54　A—A剖面图

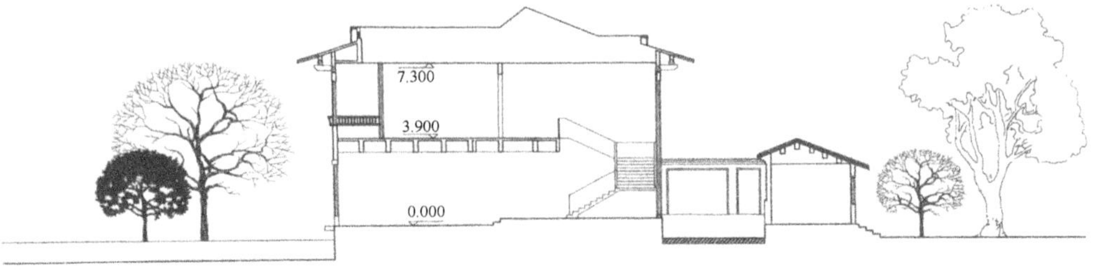


图7-55　B—B剖面图

## 第七节　室外环境工程图案例

杭州云松书舍，由香港知名人士查良镛（金庸）先生出资，杭州市政府拨址兴建，位于“钱塘十八景”之一的“九里云松”起点，与“双峰插云”景点比邻。云松书舍，庭院深深，藏书万卷，翰墨共碧茶丹桂飘香，楼阁为湖光山色增秀。云松书舍主要有耕耘轩、松风明月楼及赏心斋三组建筑。其中，松风明月楼为钢筋混凝土框架结构，其余为木结构。建筑色彩以白墙、黑瓦、木本色为基调。造园手法上师法自然，从中国优秀的传统建筑文化中获得营养，得到启示，进而创作出能满足当代人、社会、环境所需的建筑。整座书舍其间山石玲珑，涧溪潺潺，松竹与亭阁交相掩映，廊回路转，移步换景。云松书舍占地3200m$^2$，建筑面积为1100m$^2$，工程于1996年6月完工（图7-56）。

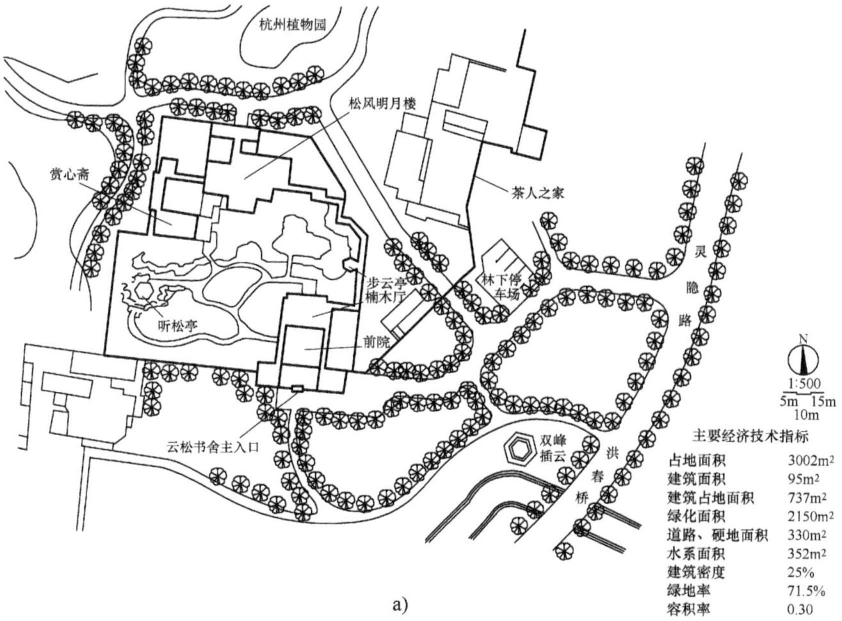


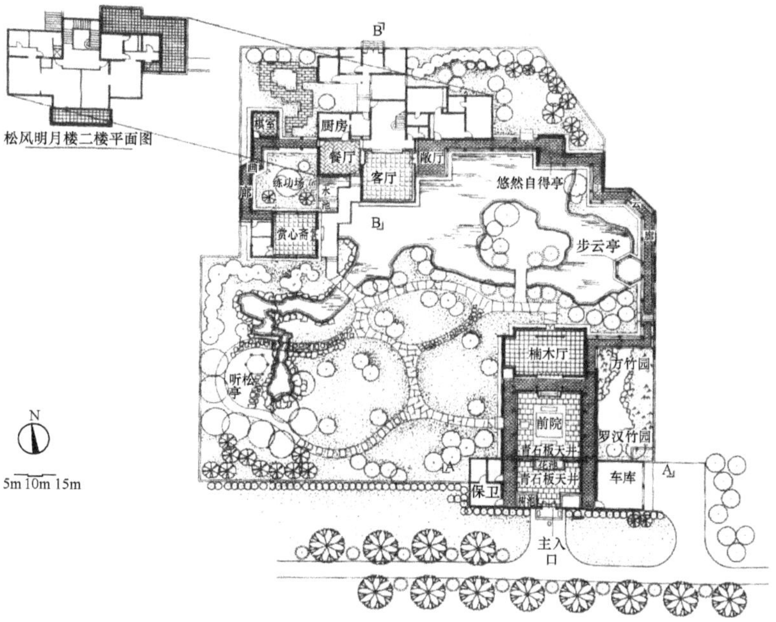

b)

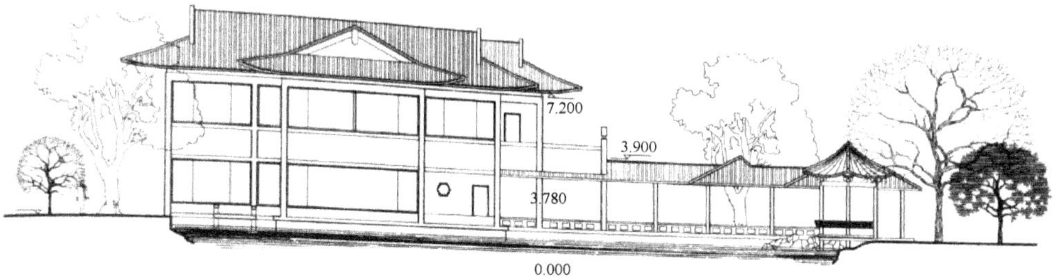

c)

图 7-56　杭州云松书舍

a）云松书舍总平面图　b）云松书舍总平面布置图　c）松风明月楼正立面图

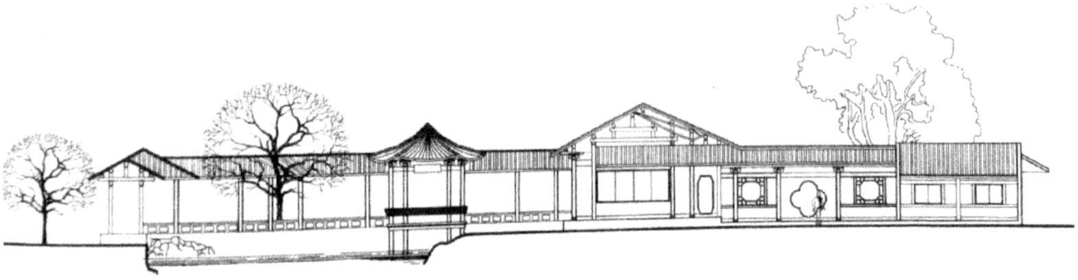

d)

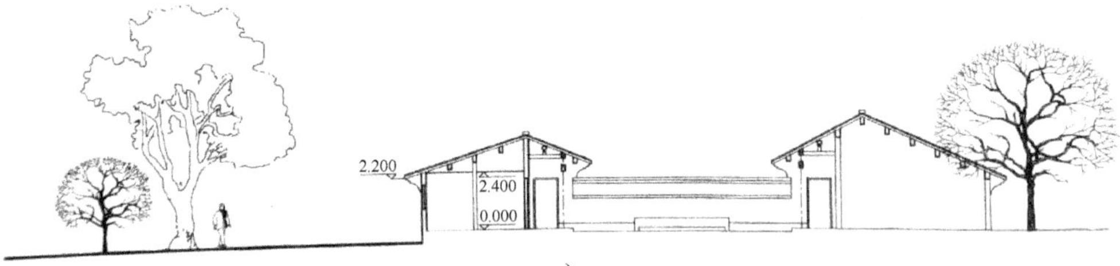


e)

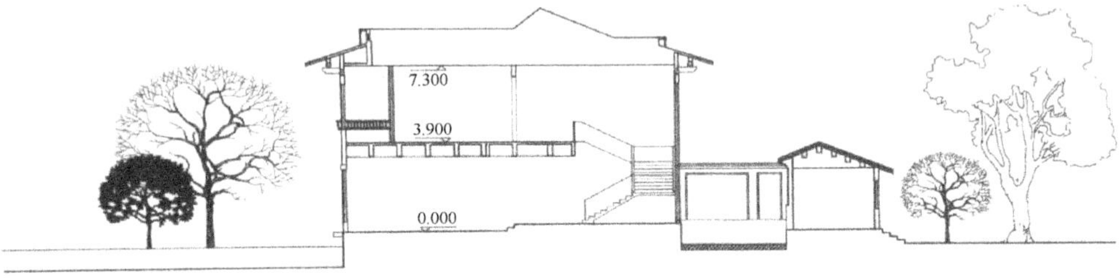


f)

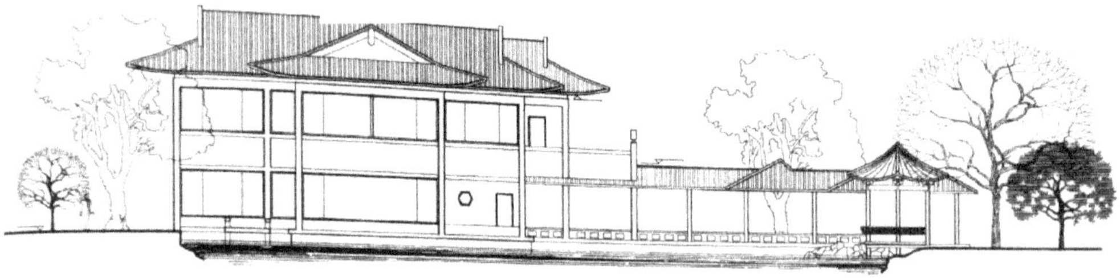

g)

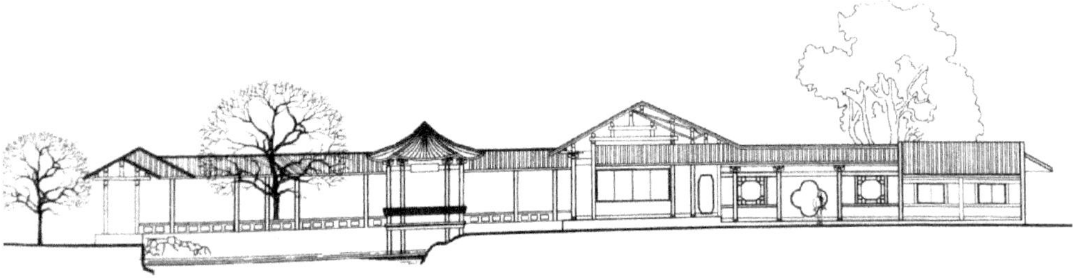

h)

图7-56　杭州云松书舍（续）

d）松风明月楼东立面图　e）A—A剖面图

f）B—B剖面图　g）赏心斋东立面图　h）主入口立面图

## 复习思考与练习题

1. 室外环境工程图主要有哪些设计要素？

2. 简述常用的地形平面表示法。

3. 什么是等高线？等高线有何特性？

4. 地形剖断线与地形轮廓线有何区别？如何绘制？

5. 室外环境工程平面图、立面图、剖面图是如何形成的？

6. 简述室外环境工程平面图、立面图、剖面图的绘制方法与要求。

7. 选择植物、水体、山石等设计图例进行抄绘。

8. 景点测绘练习：选择校园或公园中具有较多设计元素的典型景点进行测绘，按比例完成平面图、立面图、剖面图，并绘制轴测图或透视图。

# 附　　录

## 附录 A　总图制图图线（摘自 GB/T 50103—2010）

| 名称 | | 线型 | 线宽 | 用途 |
|---|---|---|---|---|
| 实线 | 粗 | | $b$ | 1. 新建建筑物 ±0.00 高度可见轮廓线<br>2. 新建铁路、管线 |
| | 中 | | 0.7$b$<br>0.5$b$ | 1. 新建构筑物、道路、桥涵、边坡、围墙、运输设施的可见轮廓线<br>2. 原有标准轨距铁路 |
| | 细 | | 0.25$b$ | 1. 新建建筑物 ±0.00 高度以上的可见建筑物、构筑物轮廓线<br>2. 原有建筑物、构筑物、原有窄轨、铁路、道路、桥涵、围墙的可见轮廓线<br>3. 新建人行道、排水沟、坐标线、尺寸线、等高线 |
| 虚线 | 粗 | | $b$ | 新建建筑物、构筑物地下轮廓线 |
| | 中 | | 0.5$b$ | 计划预留扩建的建筑物、构筑物、铁路、道路、运输设施、管线、建筑红线及预留用地各线 |
| | 细 | | 0.25$b$ | 原有建筑物、构筑物、管线的地下轮廓线 |
| 单点长画线 | 粗 | | $b$ | 露天矿开采界限 |
| | 中 | | 0.5$b$ | 土方填挖区的零点线 |
| | 细 | | 0.25$b$ | 分水线、中心线、对称线、定位轴线 |
| 双点长画线 | | | $b$ | 用地红线 |
| | | | 0.7$b$ | 地下开采区塌落界限 |
| | | | 0.5$b$ | 建筑红线 |
| 折断线 | | | 0.5$b$ | 断线 |
| 不规则曲线 | | | 0.5$b$ | 新建人工水体轮廓线 |

注：根据各类图纸所表示的不同重点确定使用不同粗细线型。

## 附录 B　园林景观绿化图例（摘自 GB/T 50103—2010）

| 序号 | 名称 | 图　　例 | 备　　注 |
|---|---|---|---|
| 1 | 常绿针叶乔木 |  | — |
| 2 | 落叶针叶乔木 |  | — |
| 3 | 常绿阔叶乔木 | 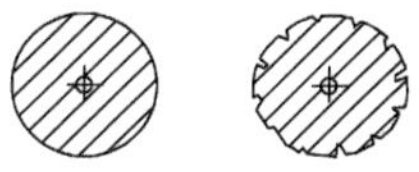 | — |
| 4 | 落叶阔叶乔木 | 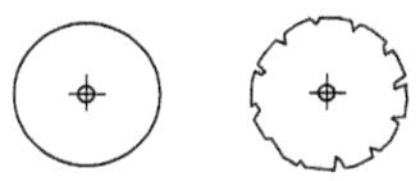 | — |
| 5 | 常绿阔叶灌木 |  | — |
| 6 | 落叶阔叶灌木 |  | — |
| 7 | 落叶阔叶乔木林 |  | — |
| 8 | 常绿阔叶乔木林 | 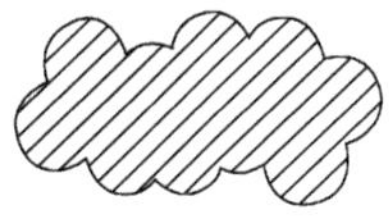 | — |
| 9 | 常绿针叶乔木林 | 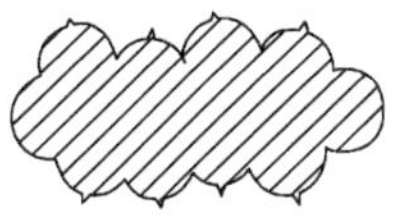 | — |
| 10 | 落叶针叶乔木林 | 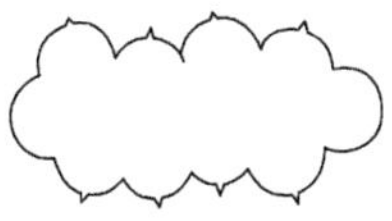 | — |

（续）

| 序号 | 名称 | 图　例 | 备　注 |
|---|---|---|---|
| 11 | 针阔混交林 | 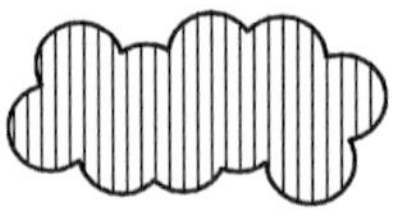 | — |
| 12 | 落叶灌木林 | 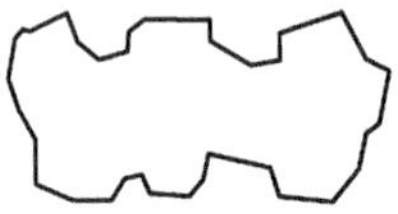 | — |
| 13 | 整形绿篱 |  | — |
| 14 | 草坪 | 1. 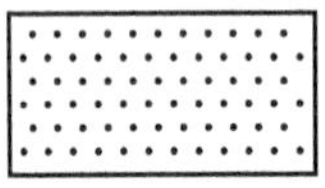<br>2. 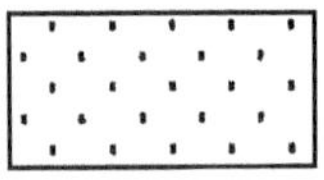<br>3. 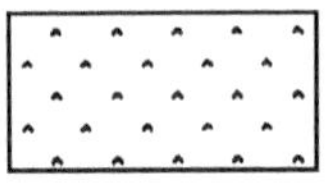 | 1. 草坪<br>2. 表示自然草坪<br>3. 表示人工草坪 |
| 15 | 花卉 |  | — |
| 16 | 竹丛 | 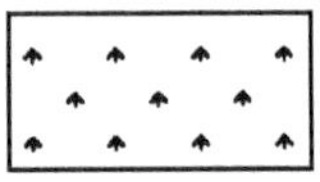<br>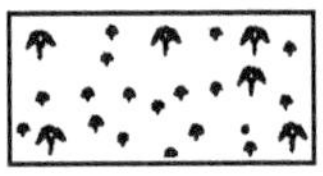 | — |
| 17 | 棕榈植物 |   | — |
| 18 | 水生植物 | 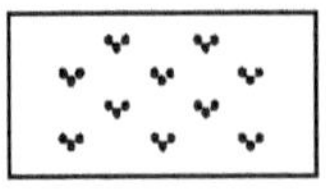 | — |

（续）

| 序号 | 名称 | 图　例 | 备　注 |
|---|---|---|---|
| 19 | 植草砖 | 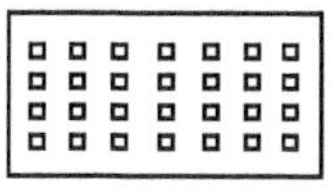 | — |
| 20 | 土石假山 | 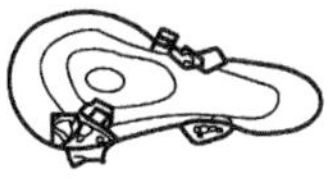 | 包括“土包石”“石抱土”及假山 |
| 21 | 独立景石 |  | — |
| 22 | 自然水体 | 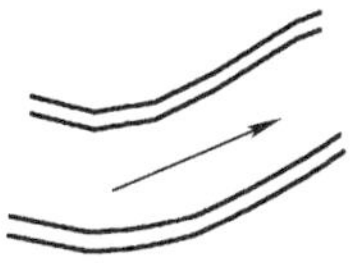 | 表示河流以箭头表示水流方向 |
| 23 | 人工水体 |  | — |
| 24 | 喷泉 |  | — |

## 附录 C　构造及配件图例（摘自 GB/T 50104—2010）

| 序号 | 名称 | 图　例 | 备　注 |
|---|---|---|---|
| 1 | 墙体 | 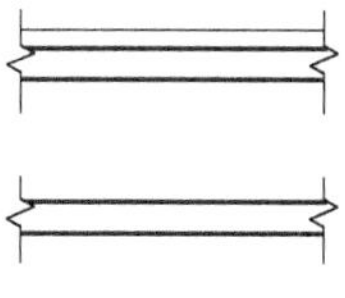 | 1. 上图为外墙，下图为内墙<br>2. 外墙细线表示有保温层或有幕墙<br>3. 应加注文字或涂色或图案填充表示各种材料的墙体<br>4. 在各层平面图中防火墙宜着重以特殊图案填充表示 |
| 2 | 隔断 |  | 1. 加注文字或涂色或图案填充表示各种材料的轻质隔断<br>2. 适用于到顶与不到顶隔断 |
| 3 | 玻璃幕墙 |  | 幕墙龙骨是否表示由项目设计决定 |
| 4 | 栏杆 |  | — |

（续）

| 序号 | 名称 | 图 例 | 备 注 |
|---|---|---|---|
| 5 | 楼梯 | 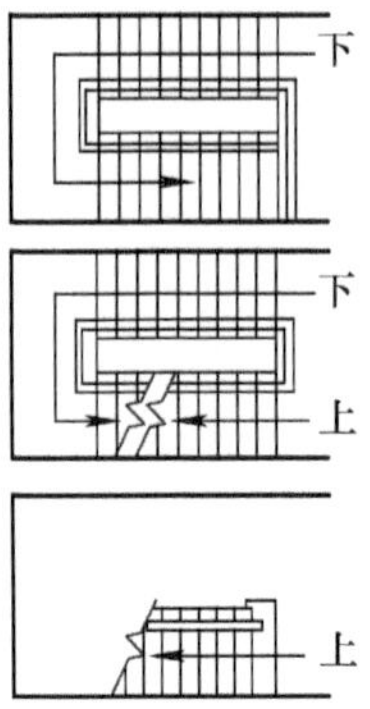 | 1. 上图为顶层楼梯平面，中图为中间层楼梯平面，下图为底层楼梯平面<br>2. 需设置靠墙扶手或中间扶手时，应在图中表示 |
| 6 | 坡道 | 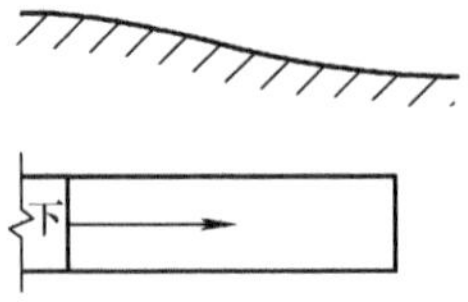 | 长坡道 |
| | | 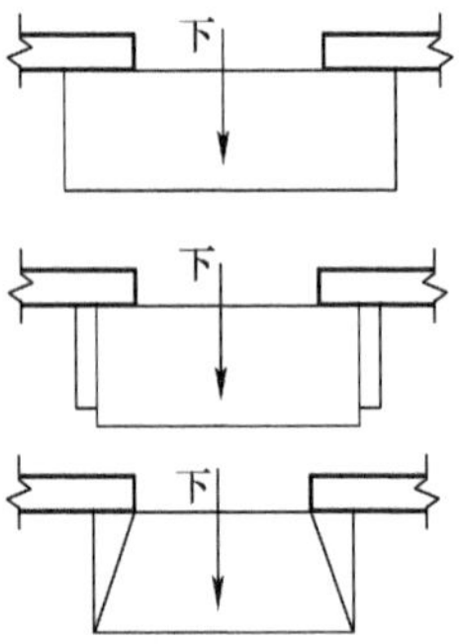 | 上图为两侧垂直的门口坡道，中图为有挡墙的门口坡道，下图为两侧找坡的门口坡道 |
| 7 | 台阶 | 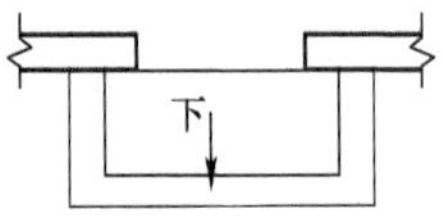 | — |
| 8 | 平面高差 | 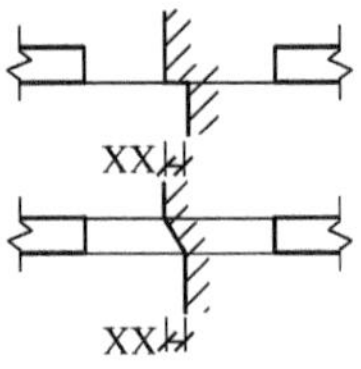 | 用于高差小的地面或楼面交接处，并应与门的开启方向协调 |
| 9 | 检查口 |   | 左图为可见检查口，右图为不可见检查口 |
| 10 | 孔洞 |   | 阴影部分可填充灰度或涂色代替 |

（续）

| 序号 | 名称 | 图　　例 | 备　　注 |
|---|---|---|---|
| 11 | 坑槽 |  | — |
| 12 | 墙预留洞、槽 | 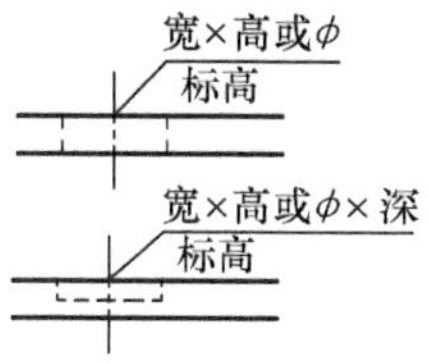 | 1. 上图为预留洞，下图为预留槽<br>2. 平面以洞（槽）中心定位<br>3. 标高以洞（槽）底或中心定位<br>4. 宜以涂色区别墙体和预留洞（槽） |
| 13 | 地沟 | 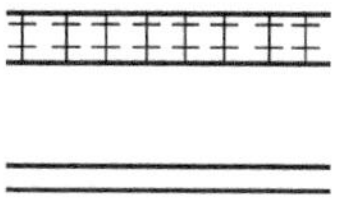 | 上图为有盖板地沟，下图为无盖板明沟 |
| 14 | 烟道 | 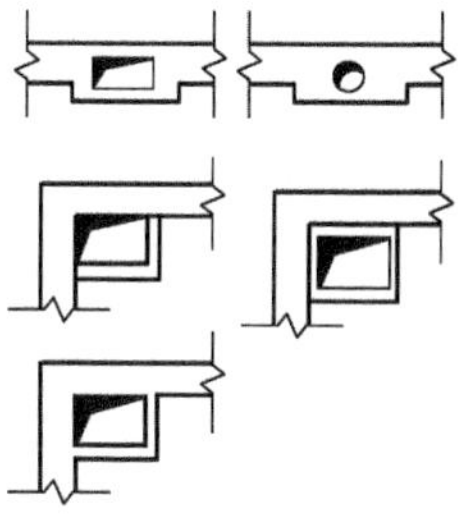 | 1. 阴影部分可填充灰度或涂色代替<br>2. 烟道、风道与墙体为相同材料，其相接处墙身线应连通<br>3. 烟道、风道根据需要增加不同材料的内衬 |
| 15 | 风道 | 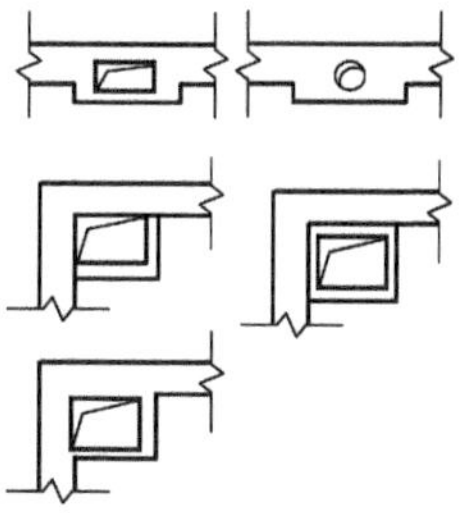 | |
| 16 | 新建的墙和窗 | 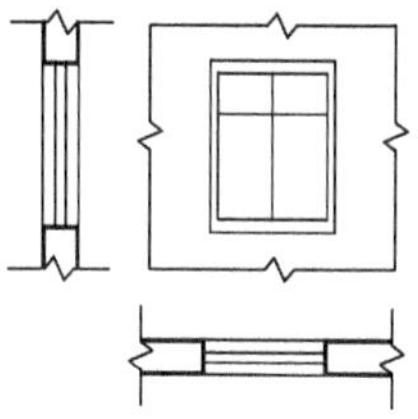 | — |
| 17 | 改建时保留的墙和窗 | 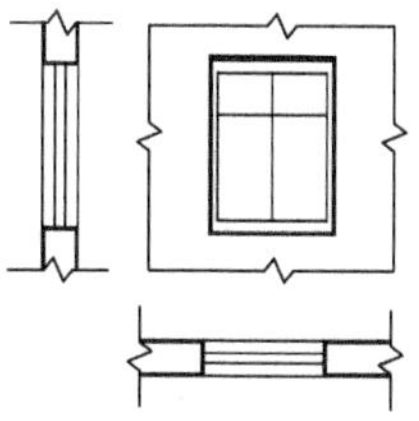 | 只更换窗，应加粗窗的轮廓线 |

（续）

| 序号 | 名称 | 图　　例 | 备　　注 |
|---|---|---|---|
| 18 | 拆除的墙 | 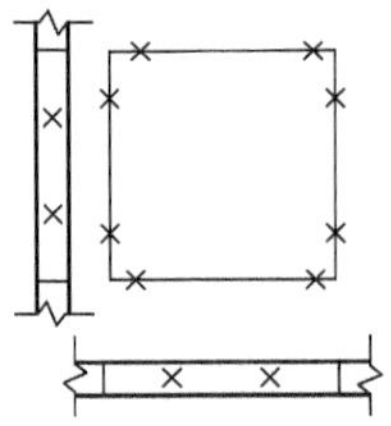 | — |
| 19 | 改建时在原有墙或楼板新开的洞 | 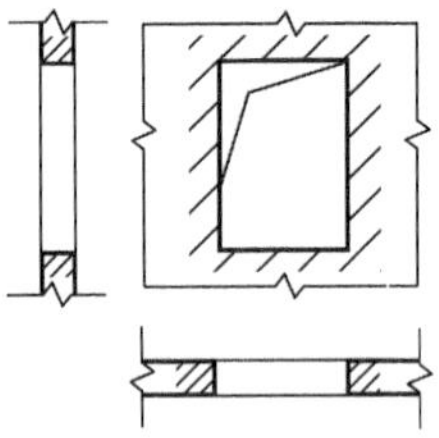 | — |
| 20 | 在原有墙或楼板洞旁扩大的洞 | 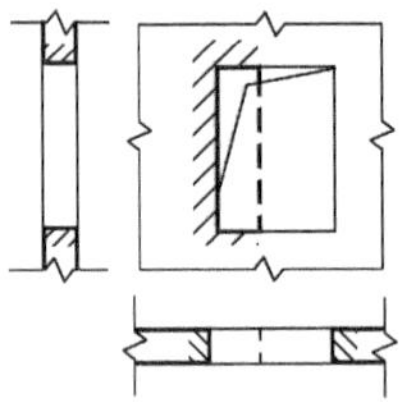 | 图示为洞口向左边扩大 |
| 21 | 在原有墙或楼板上全部填塞的洞 | 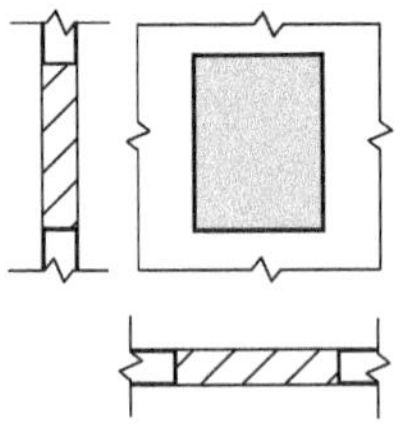 | 全部填塞的洞<br>图中立面填充灰度或涂色 |
| 22 | 在原有墙或楼板上局部填塞的洞 | 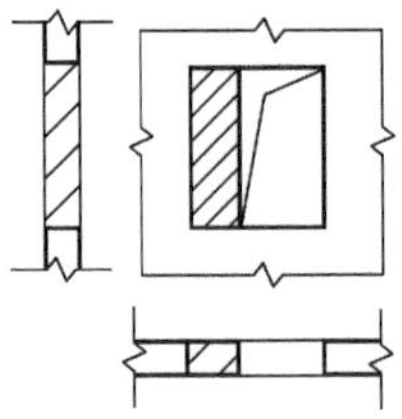 | 左侧为局部填塞的洞<br>图中立面填充灰度或涂色 |
| 23 | 空门洞 | 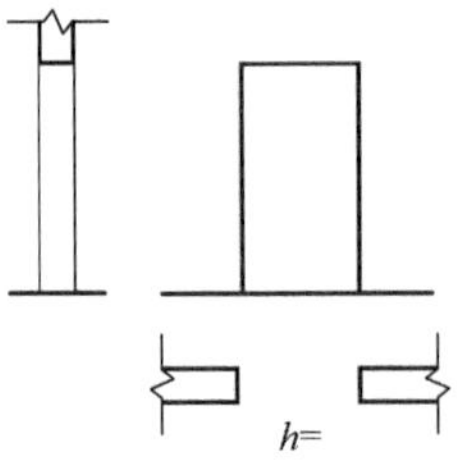 | $h$ 为门洞高度 |

（续）

| 序号 | 名称 | 图　例 | 备　注 |
|---|---|---|---|
| 24 | 单面开启单扇门（包括平开或单面弹簧） | 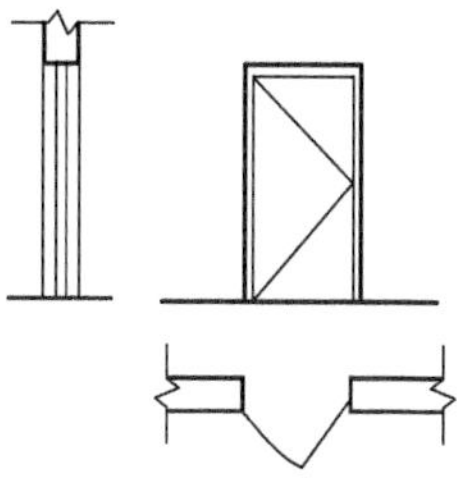 | 1. 门的名称代号用 M 表示<br>2. 平面图中，下为外，上为内。门开启线为 90°、60° 或 45°，开启弧线宜绘出<br>3. 立面图中，开启线实线为外开，虚线为内开，开启线交角的一侧为安装合页一侧。开启线在建筑立面图中可不表示，在立面大样图中可根据需要绘出<br>4. 剖面图中，左为外，右为内<br>5. 附加纱扇应以文字说明，在平、立、剖面图中均不表示<br>6. 立面形式应按实际情况绘制 |
| | 双面开启单扇门（包括双面平开或双面弹簧） | 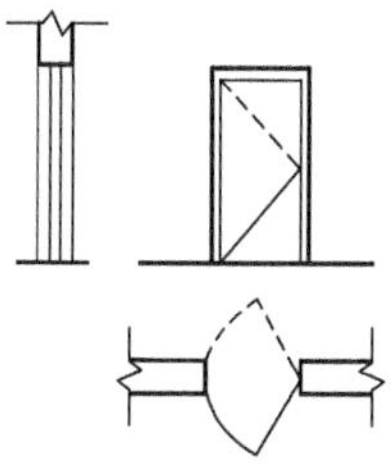 | |
| | 双层单扇平开门 | 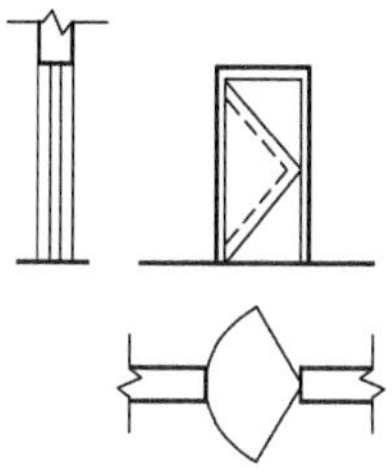 | |
| 25 | 单面开启双扇门（包括平开或单面弹簧） | 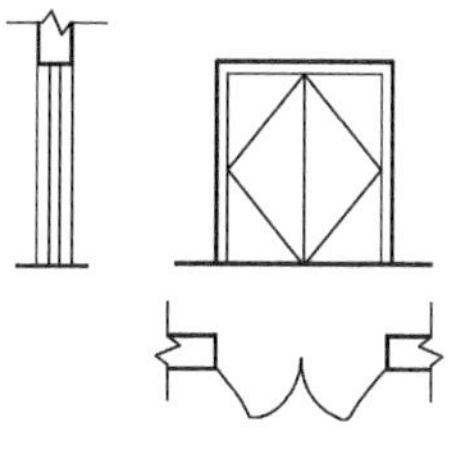 | 1. 门的名称代号用 M 表示<br>2. 平面图中，下为外，上为内。门开启线为 90°、60° 或 45°，开启弧线宜绘出<br>3. 立面图中，开启线实线为外开，虚线为内开。开启线交角的一侧为安装合页一侧。开启线在建筑立面图中可不表示，在立面大样图中可根据需要绘出<br>4. 剖面图中，左为外，右为内<br>5. 附加纱扇应以文字说明，在平、立、剖面图中均不表示<br>6. 立面形式应按实际情况绘制 |
| | 双面开启双扇门（包括双面平开或双面弹簧） | 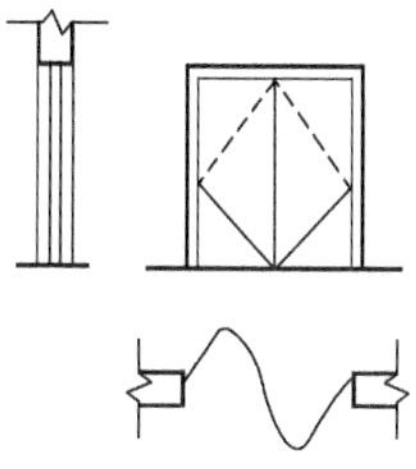 | |
| | 双层双扇平开门 | 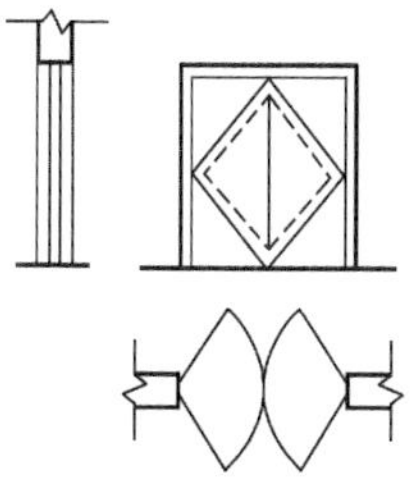 | |

（续）

| 序号 | 名称 | 图　　例 | 备　　注 |
| --- | --- | --- | --- |
| 26 | 折叠门 | 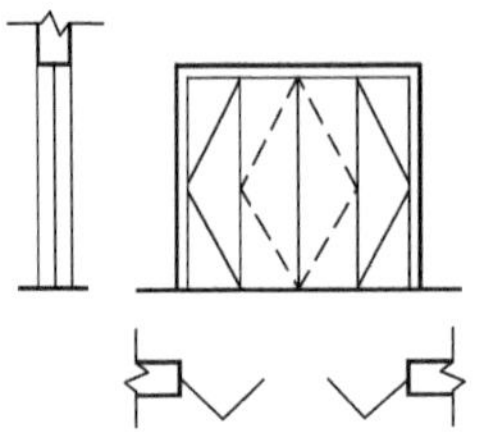 | 1. 门的名称代号用M表示<br>2. 平面图中，下为外，上为内<br>3. 立面图中，开启线实线为外开，虚线为内开。开启线交角的一侧为安装合页一侧<br>4. 剖面图中，左为外，右为内<br>5. 立面形式应按实际情况绘制 |
|  | 推拉折叠门 | 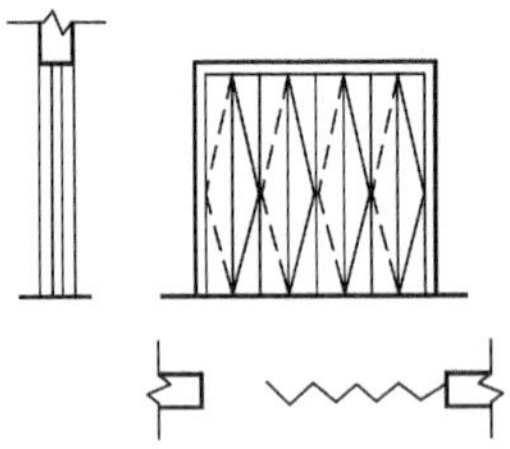 |  |
| 27 | 墙洞外单扇推拉门 | 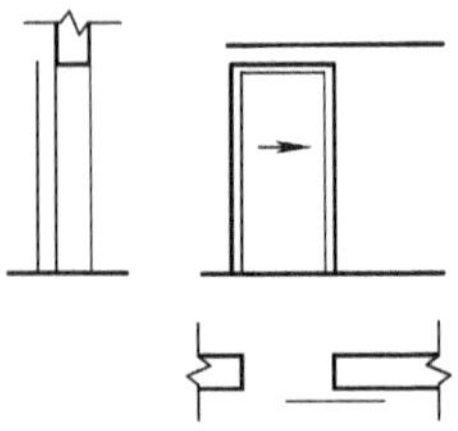 | 1. 门的名称代号用M表示<br>2. 平面图中，下为外，上为内<br>3. 剖面图中，左为外，右为内<br>4. 立面形式应按实际情况绘制 |
|  | 墙洞外双扇推拉门 | 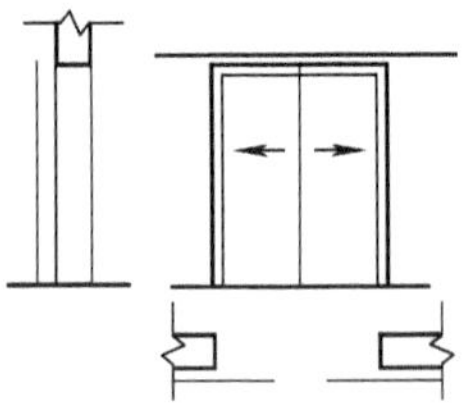 |  |
|  | 墙中单扇推拉门 | 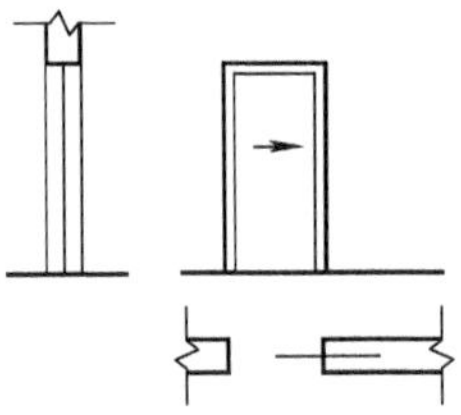 | 1. 门的名称代号用M表示<br>2. 立面形式应按实际情况绘制 |
|  | 墙中双扇推拉门 | 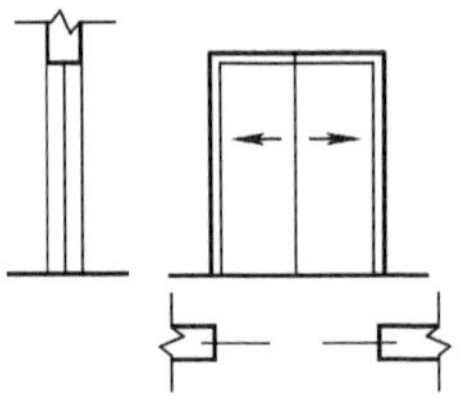 |  |

（续）

| 序号 | 名称 | 图　例 | 备　注 |
|---|---|---|---|
| 28 | 推杠门 | 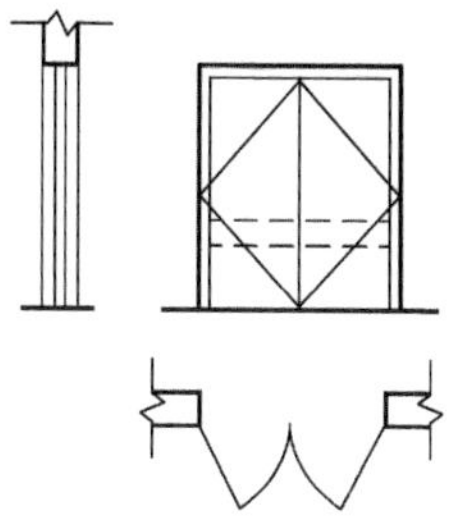 | 1. 门的名称代号用 M 表示<br>2. 平面图中，下为外，上为内。门开启线为 90°、60°或 45°<br>3. 立面图中，开启线实线为外开，虚线为内开。开启线交角的一侧为安装合页一侧。开启线在建筑立面图中可不表示，在室内设计门窗立面大样图中需绘出<br>4. 剖面图中，左为外，右为内<br>5. 立面形式应按实际情况绘制 |
| 29 | 门连窗 | 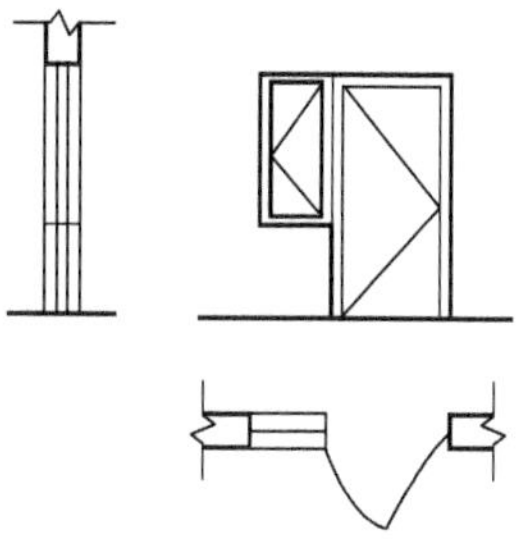 | |
| 30 | 旋转门 | 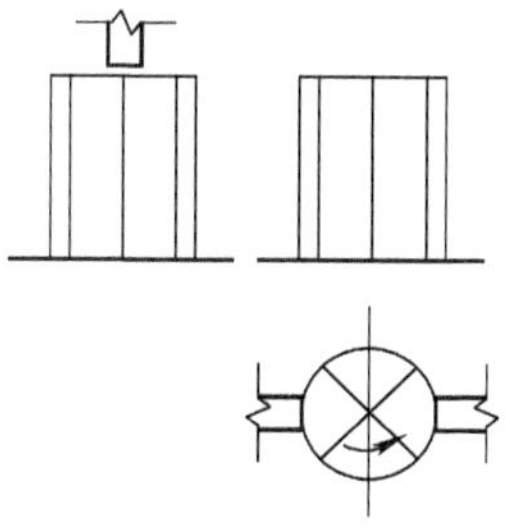 | 1. 门的名称代号用 M 表示<br>2. 立面形式应按实际情况绘制 |
| | 两翼智能旋转门 | 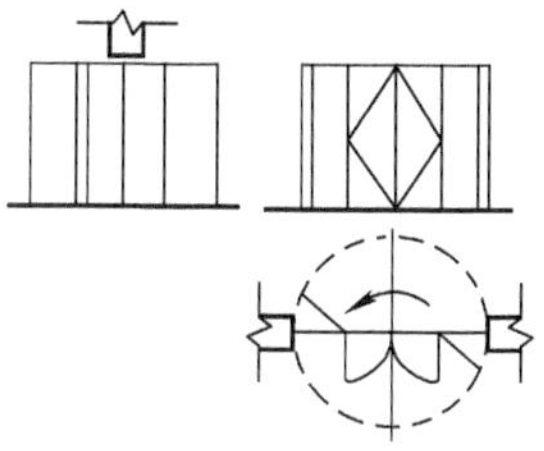 | |
| 31 | 自动门 | 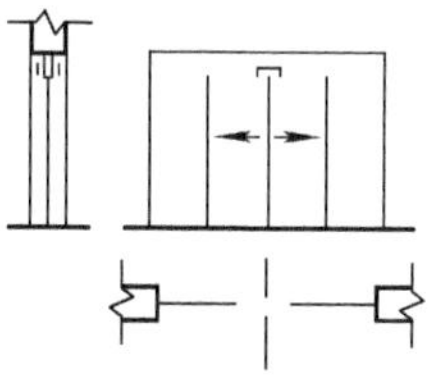 | 1. 门的名称代号用 M 表示<br>2. 立面形式应按实际情况绘制 |
| 32 | 折叠上翻门 | 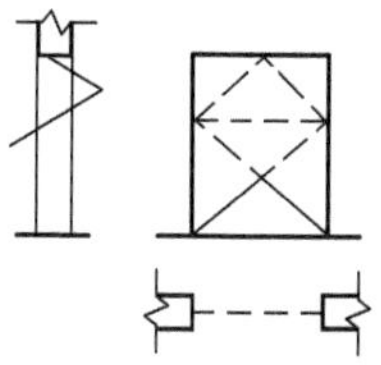 | 1. 门的名称代号用 M 表示<br>2. 平面图中，下为外，上为内<br>3. 剖面图中，左为外，右为内<br>4. 立面形式应按实际情况绘制 |

（续）

| 序号 | 名称 | 图　例 | 备　注 |
|---|---|---|---|
| 33 | 提升门 | 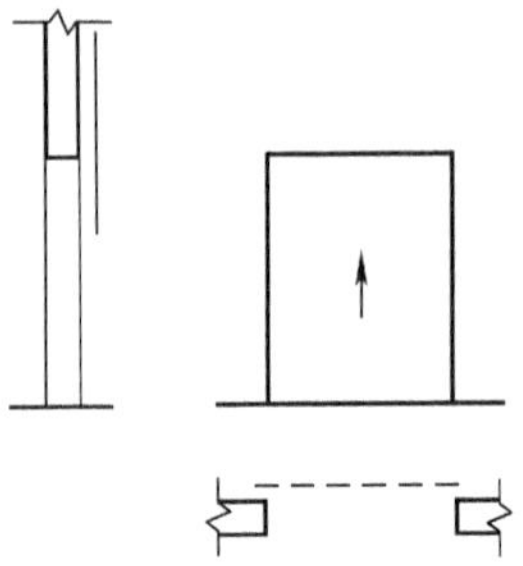 | 1. 门的名称代号用M表示<br>2. 立面形式应按实际情况绘制 |
| 34 | 分节提升门 | 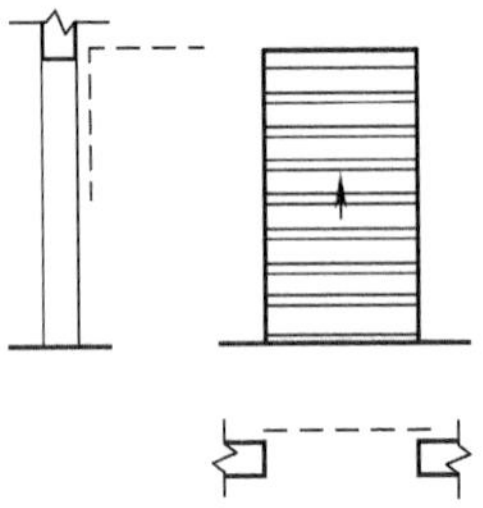 | |
| 35 | 人防单扇防护密闭门 | 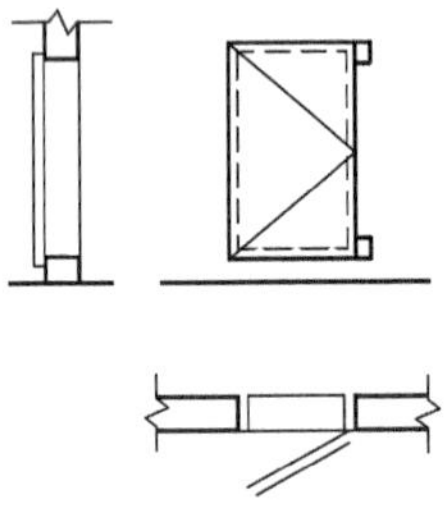 | 1. 门的名称代号按人防要求表示<br>2. 立面形式应按实际情况绘制 |
| | 人防单扇密闭门 | 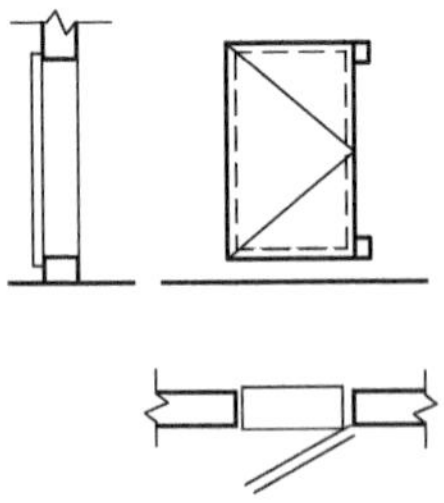 | |

（续）

| 序号 | 名称 | 图 例 | 备 注 |
|---|---|---|---|
| 36 | 人防双扇防护密闭门 | 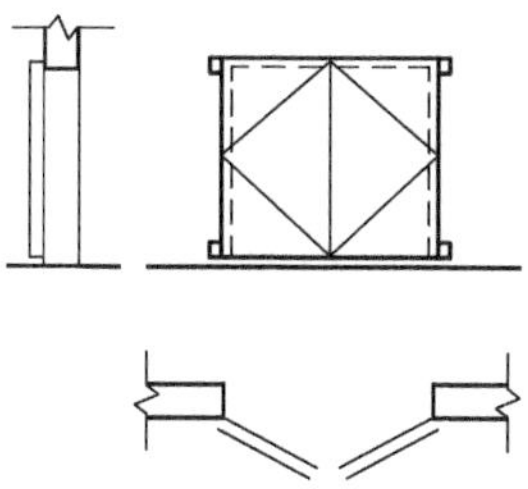 | 1. 门的名称代号按人防要求表示<br>2. 立面形式应按实际情况绘制 |
| | 人防双扇密闭门 | 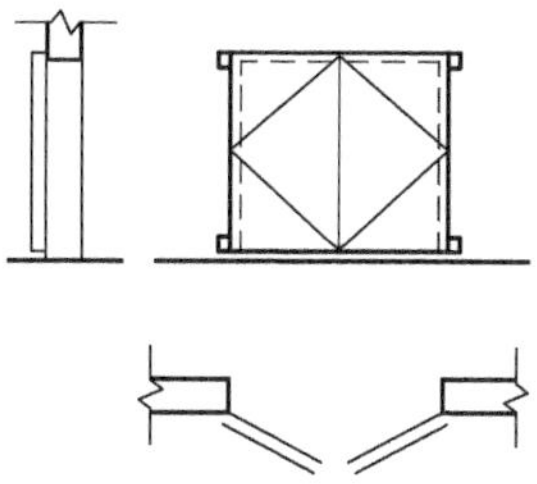 | |
| 37 | 横向卷帘门 | 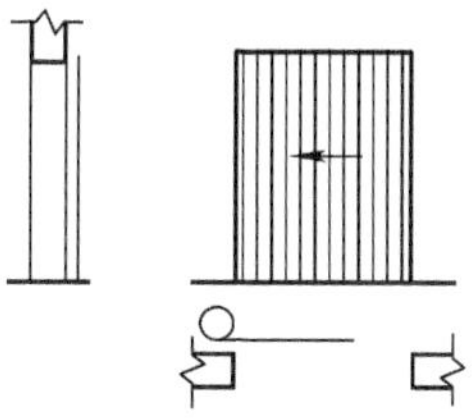 | — |
| | 竖向卷帘门 | 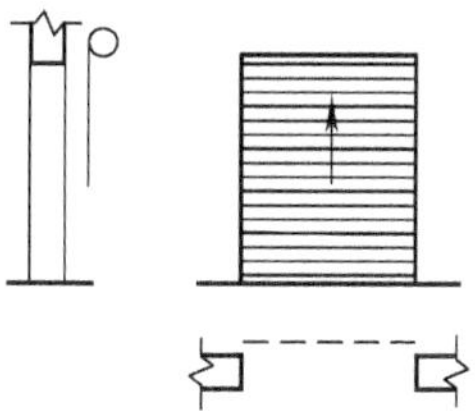 | |
| | 单侧双层卷帘门 | 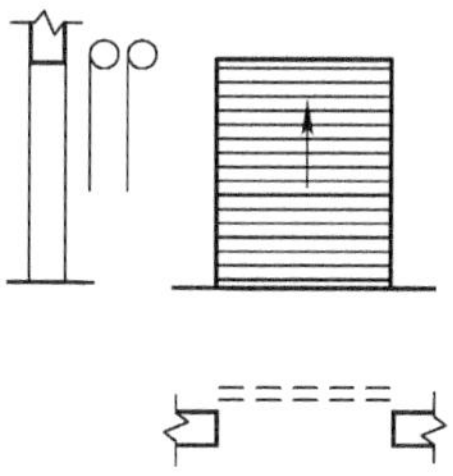 | |
| | 双侧单层卷帘门 | 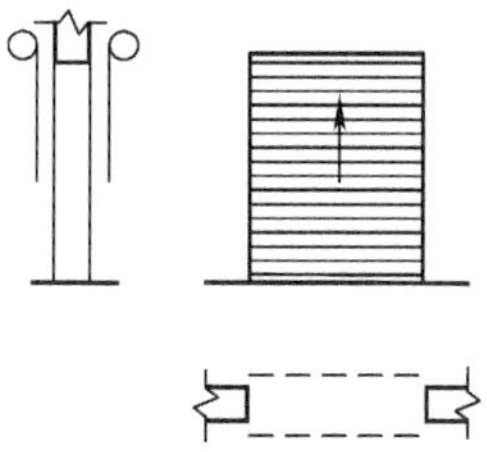 | |

（续）

| 序号 | 名称 | 图　　例 | 备　　注 |
| --- | --- | --- | --- |
| 38 | 固定窗 | 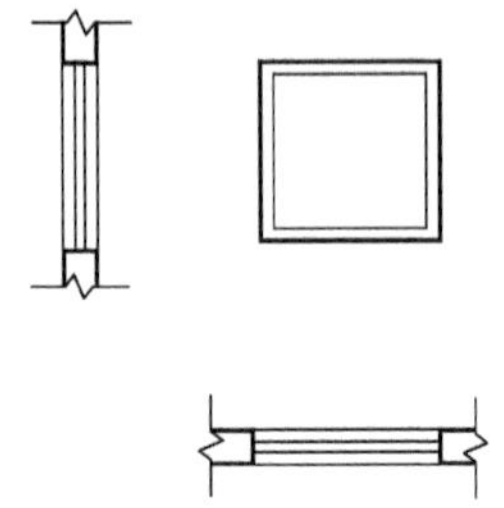 | 1. 窗的名称代号用C表示<br>2. 平面图中，下为外，上为内<br>3. 立面图中，开启线实线为外开，虚线为内开。开启线交角的一侧为安装合页一侧。开启线在建筑立面图中可不表示，在门窗立面大样图中需绘出<br>4. 剖面图中，左为外，右为内。虚线仅表示开启方向，项目设计不表示<br>5. 附加纱窗应以文字说明，在平、立、剖面图中均不表示<br>6. 立面形式应按实际情况绘制 |
| 39 | 上悬窗 | 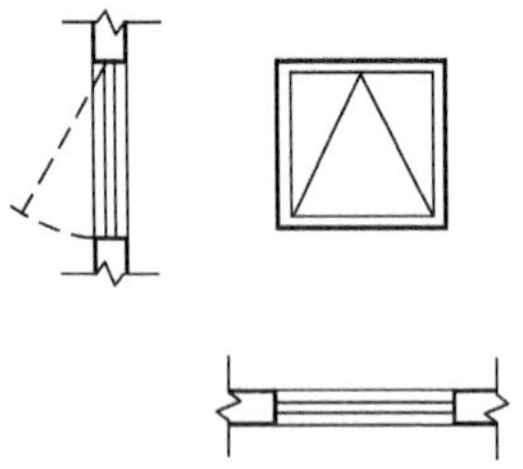 | |
| | 中悬窗 | 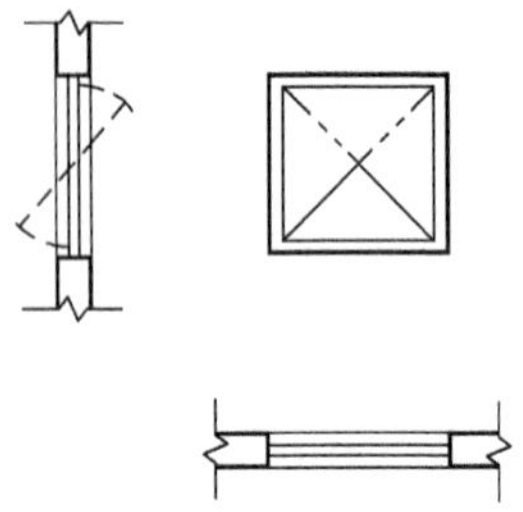 | |
| 40 | 下悬窗 | 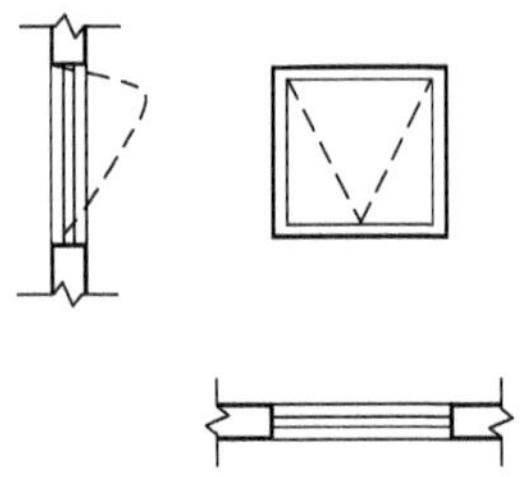 | |
| 41 | 立转窗 | 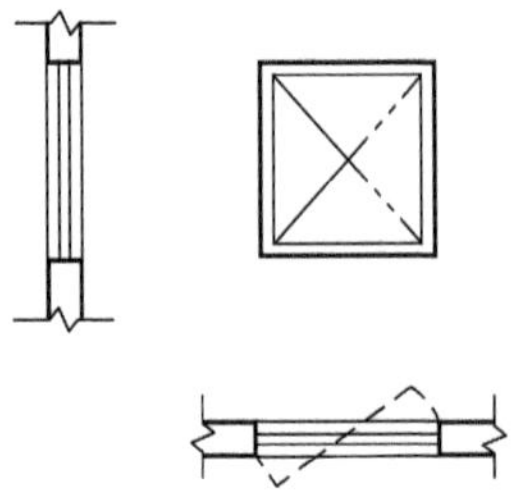 | |

（续）

| 序号 | 名称 | 图　例 | 备　注 |
|---|---|---|---|
| 42 | 内开平开内倾窗 | 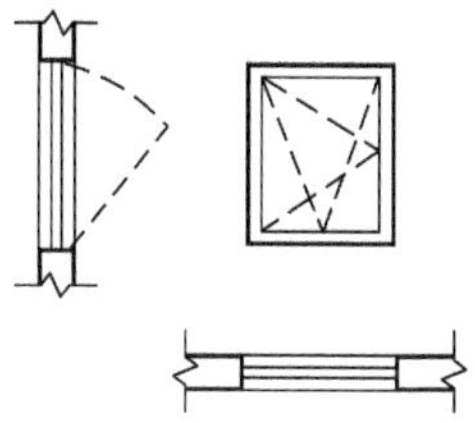 | 1. 窗的名称代号用 C 表示<br>2. 平面图中，下为外，上为内<br>3. 立面图中，开启线实线为外开，虚线为内开。开启线交角的一侧为安装合页一侧。开启线在建筑立面图中可不表示，在门窗立面大样图中需绘出<br>4. 剖面图中，左为外，右为内。虚线仅表示开启方向，项目设计不表示<br>5. 附加纱窗应以文字说明，在平、立、剖面图中均不表示<br>6. 立面形式应按实际情况绘制 |
| 43 | 单层外开平开窗 | 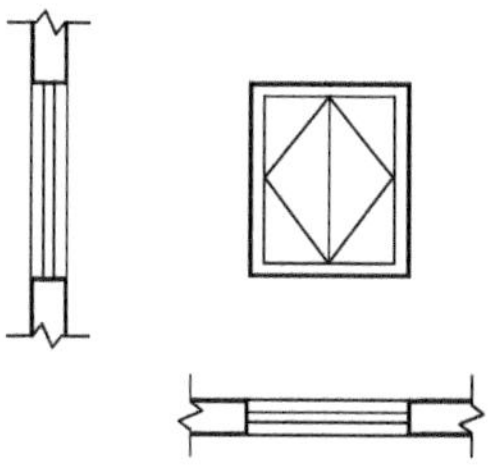 | |
| | 单层内开平开窗 | 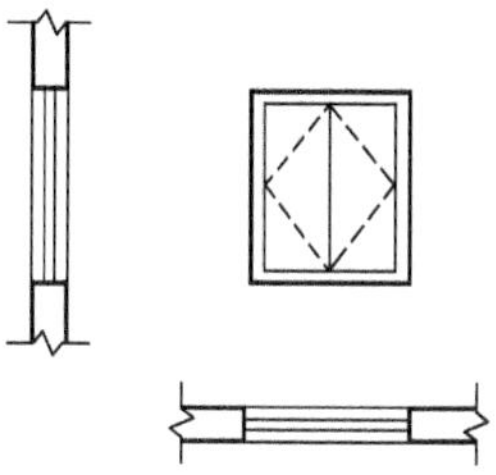 | |
| | 双层内外开平开窗 | 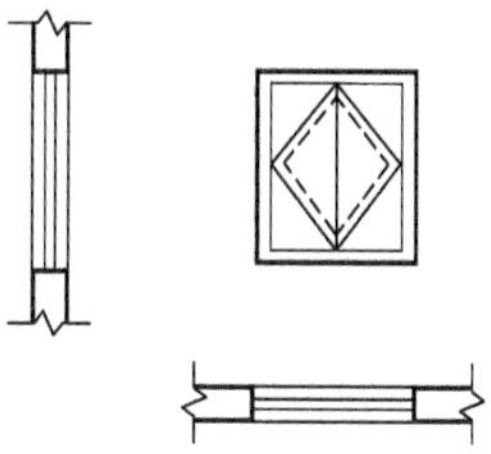 | |
| 44 | 单层推拉窗 | 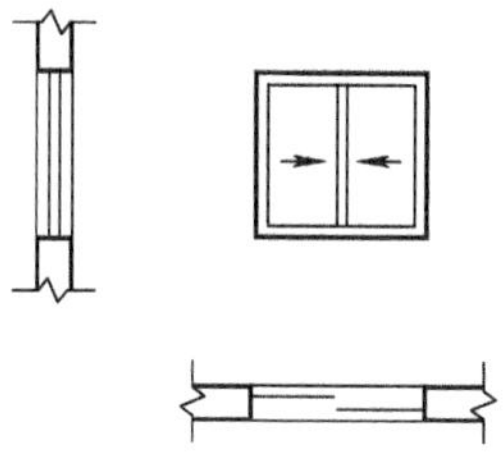 | 1. 窗的名称代号用 C 表示<br>2. 立面形式应按实际情况绘制 |
| | 双层推拉窗 | 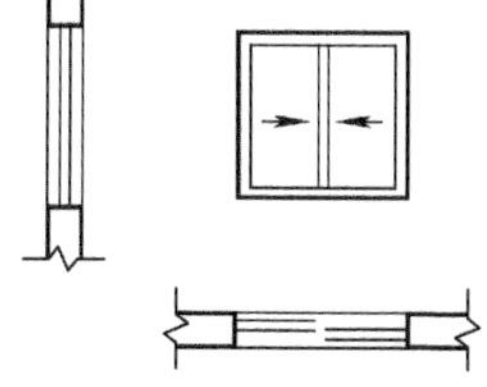 | |

（续）

| 序号 | 名称 | 图　例 | 备　注 |
| --- | --- | --- | --- |
| 45 | 上推窗 | 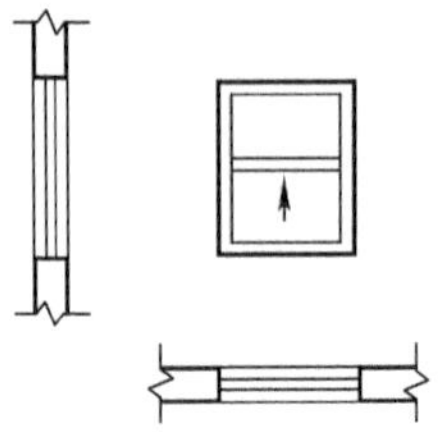 | 1. 窗的名称代号用C表示<br>2. 立面形式应按实际情况绘制 |
| 46 | 百叶窗 | 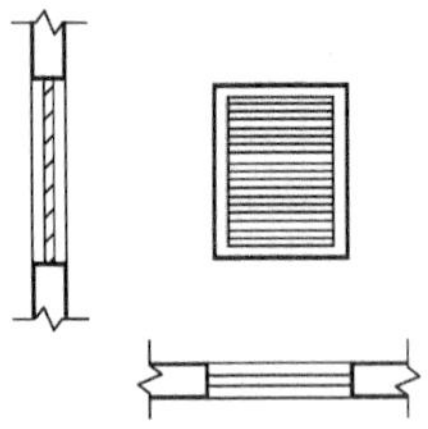 | |
| 47 | 高窗 | 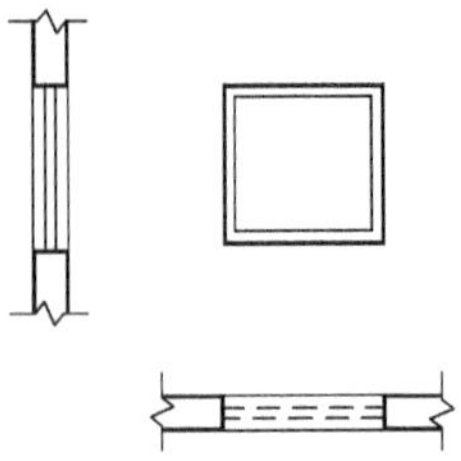 | 1. 窗的名称代号用C表示<br>2. 立面图中，开启线实线为外开，虚线为内开。开启线交角的一侧为安装合页一侧。开启线在建筑立面图中可不表示，在门窗立面大样图中需绘出<br>3. 剖面图中，左为外，右为内<br>4. 立面形式应按实际情况绘制<br>5. $h$ 表示高窗底距本层地面高度<br>6. 高窗开启方式参考其他窗型 |
| 48 | 平推窗 | 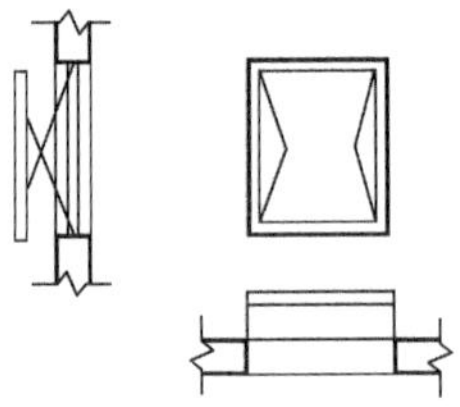 | 1. 窗的名称代号用C表示<br>2. 立面形式应按实际情况绘制 |

## 附录D　建筑专业、室内设计专业制图图线（摘自GB/T 50104—2010）

| 名称 | | 线　型 | 线宽 | 用　途 |
| --- | --- | --- | --- | --- |
| 实线 | 粗 | | $b$ | 1. 平、剖面图中被剖切的主要建筑构造（包括构配件）的轮廓线<br>2. 建筑立面图或室内立面图的外轮廓线<br>3. 建筑构造详图中被剖切的主要部分的轮廓线<br>4. 建筑构配件详图中的外轮廓线<br>5. 平、立、剖面的剖切符号 |
| | 中粗 | | $0.7b$ | 1. 平、剖面图中被剖切的次要建筑构造（包括构配件）的轮廓线<br>2. 建筑平、立、剖面图中建筑构配件的轮廓线<br>3. 建筑构造详图及建筑构配件详图中的一般轮廓线 |

（续）

| 名称 | | 线　型 | 线宽 | 用　途 |
|---|---|---|---|---|
| 实线 | 中 | | 0. 5$b$ | 小于 0. 7$b$ 的图形线、尺寸线、尺寸界限、索引符号、标高符号、详图材料做法引出线、粉刷线、保温层线、地面、墙面的高差分界线等 |
| | 细 | | 0. 25$b$ | 图例填充线、家具线、纹样线等 |
| 虚线 | 中粗 | | 0. 7$b$ | 1. 建筑构造详图及建筑构配件不可见的轮廓线<br>2. 平面图中的起重机（吊车）轮廓线<br>3. 拟建、扩建建筑物轮廓线 |
| | 中 | | 0. 5$b$ | 投影线、小于 0. 5$b$ 的不可见轮廓线 |
| | 细 | | 0. 25$b$ | 图例填充线、家具线等 |
| 单点长划线 | 粗 | | $b$ | 起重机（吊车）轨道线 |
| | 细 | | 0. 25$b$ | 中心线、对称线、定位轴线 |
| 折断线 | 细 | | 0. 25$b$ | 部分省略表示时的断开界线 |
| 波浪线 | 细 | | 0. 25$b$ | 部分省略表示时的断开界线，曲线形构件断开界限<br>构造层次的断开界限 |

注：地平线宽可用 1. 4$b$。

# 参 考 文 献

[1] 关俊良，孙世青．土建工程制图与 AutoCAD［M］．北京：科学出版社，2008.
[2] 孙世青．土建工程制图与 AutoCAD 习题集［M］．北京：科学出版社，2004.
[3] 李国生，黄水生．室内设计制图［M］．广州：华南理工大学出版社，2005.
[4] 张绮曼，郑曙旸．室内设计资料集［M］．北京：中国建筑工业出版社，1991.
[5] 武峰，尤逸南．CAD 室内设计施工图常用图块［M］．北京：中国建筑工业出版社，2001.
[6] 马光红，伍培．建筑制图与识图［M］．2 版．北京：中国电力出版社，2008.
[7] 莫章金，毛家华．建筑工程制图与识图［M］．2 版：北京：高等教育出版社，2006.
[8] 尚久明．建筑识图与房屋构造［M］．2 版：北京：电子工业出版社，2012.
[9] 周为．园林景观设计详细图集［M］．北京：中国建筑工业出版社，2002.
[10] 马建武．园林绿地规划［M］．北京：中国建筑工业出版社，2007.